スッキリわかる
Pythonによる
機械学習入門 第2版

須藤秋良・著
株式会社フレアリンク・監修

JN129524

インプレス

本書をスムーズに読み進めるためのコツ！

・本書掲載の主要なソースコードや各章で利用するデータファイルは**特設サイト**「**sukkiri.jp**」からダウンロード可能です。また、解説中に登場するツールの導入手順も「sukkiri.jp」で解説していますのでご参照ください（URLはp.524参照）。

・「ソースコードをちゃんと入力しているのにうまくいかない」「なぜか警告が出る」などの問題が起きましたら、まずは、陥りやすいエラーや落とし穴をまとめた**巻末付録**「**エラー解決・虎の巻**」（p.525）をご確認いただくと、解決できる場合があります。

インプレスの書籍ホームページ

書籍の新刊や正誤表など最新情報を随時更新しております。

https://book.impress.co.jp/

・本書の内容については正確な記述につとめましたが、著者、株式会社インプレスは本書の内容に一切責任を負いかねますので、あらかじめご了承ください。
・本文中の製品名およびサービス名は、一般に各開発メーカーおよびサービス提供元の商標または登録商標です。なお、本文中には©および®、™は明記していません。

・本書は、「著作権法」によって、著作権者の権利が保護されている著作物です。
・本書の複製権・翻案権・上演権・上映権・譲渡権・公衆送信権（送信可能化権を含む）は著作権者が保有しています。
・本書の一部、あるいは全部において、無断で、著作権法における引用の範囲を超えた転載や剽窃、複写複製、電子的装置への入力を行うと、著作権等の権利侵害となる場合があります。
・また代行業者等の第三者によるスキャニングやデジタル化は、たとえ個人や家庭内の利用であっても著作権法上認められておりませんので、ご注意ください。
・本書の無断複写は、著作権法上の制限事項を除き、禁じられています。本書の複写複製を希望される際は、その都度事前に株式会社インプレスへ連絡して、許諾を得てください。

無許可の複写複製などの著作権侵害を発見、確認されましたら、株式会社インプレスにお知らせください。
株式会社インプレスの問い合わせ先：info@impress.co.jp

まえがき

　著者は、エンジニアを志すさまざまな方の学習を、研修を通じてお手伝いしています。初版の発刊以来、多くの読者のみなさまからのフィードバックをいただき、学習の手助けになったという声に感謝しています。近年はAI開発の需要がさらに高まり、初版でも触れた機械学習の研修の要望も、より具体的で高度な内容へと変化してきました。その中で「初版を参考にして、さらに知識を深めたい」というご意見も多くいただくようになり、今回の第2版はそのようなニーズに応えるべく執筆することになりました。

　第2版では、初版の内容をより発展させ、現場の最新のニーズに対応した章を追加しています。

1. 読者はどのような方たちか

　本書はPythonプログラミングを利用した機械学習の入門書です。Pythonの基本文法は習得済みで機械学習をゼロから学びたい、という方を対象としています。読者が一歩ずつ確実に学習を進めていけるよう、ていねいな解説を心がけ、さまざまなデータを利用して反復練習を行える構成としました。本書を読了した暁には、表データならば「基本的な機械学習によるデータ分析」を「自分1人の力」で行える力がついていることでしょう。

2. 機械学習入門書として志していること

　本書で重きを置いたことは「読んだ内容を自分の血肉にできる」という点です。よって、ひたすら数式を並べることも、Pythonライブラリのさまざまな使い方を単純に一覧で紹介することもありません。データ分析の一連のストーリーの中で、必要なタイミングで必要な分析手法を都度紹介しています。

　もちろん、学んだ内容を振り返り、復習するときのことも考えて、本書のメインパートである第II部の冒頭に学習項目の一覧を備えました。付録Cにも、本書での学びに必須なpandasライブラリの構文一覧をまとめています。

3. 1人でも楽しく学べる内容

　本書は、プログラミングをとおして機械学習の基礎を習得することを目指しています。著者の経験上、プログラミング学習で最も肝要なことは、文法を覚えることではなく、エラーに直面した際のトラブルシューティングです。本書では、初心者が陥りがちなミスとその解決策を「エラー解決・虎の巻」として付録Bにまとめています。

　本書を通じて読者の方たちが機械学習をはじめとするデータサイエンスの面白さに触れ、それが今後もデータサイエンスの研鑽を続けていくきっかけになれば、著者としてこれ以上の喜びはありません。

著者

【謝辞】
本書の企画から発売まで多くのアドバイスとご支援をくださった株式会社フレアリンクのみなさん、本書の立ち上げに尽力いただいた坂井さん、インプレス編集部、イラストを担当してくださった高田様、教え方を教えてくれた受講生のみなさん、応援してくれた家族、その他この本に直接、間接的に関わったすべての方々に心より感謝申し上げます。

本書の見方

本書には、理解の助けとなるさまざまな用意があります。押さえるべき重要なポイントや覚えておくと便利なトピックなどを要所要所に楽しいデザインで盛り込みました。読み進める際にぜひ活用してください。

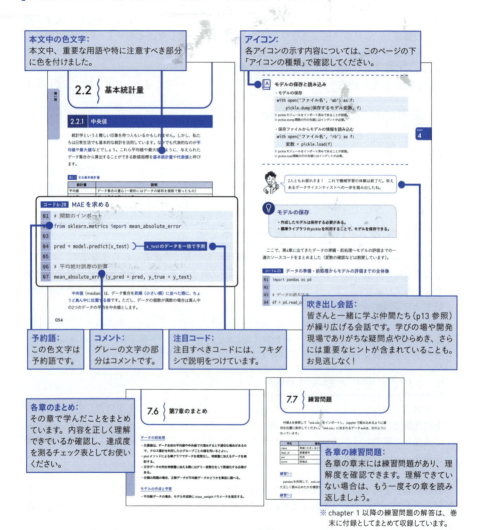

アイコンの種類

 構文紹介:
構文の記述ルールと文法上の留意点などを紹介します。

ポイント紹介:
本文における解説で、特に重要なポイントをまとめています。

  コラム:
本書では詳細に取り上げないものの、知っておくと重宝する補足知識やトリビアなどを紹介します。

contents 目次

まえがき 003
本書の見方 004

chapter 0　Python基本文法の復習 011
- 0.1　ようこそ機械学習の世界へ 012
- 0.2　Python基本文法の習熟度を確認する練習問題 ... 014
- 0.3　確認用練習問題の解答 020

第I部　ようこそ機械学習の世界へ

chapter 1　AIと機械学習 031
- 1.1　人工知能（AI）とは 032
- 1.2　機械学習とは 035
- 1.3　第1章のまとめ 048
- 1.4　練習問題 049

chapter 2　機械学習に必要な基礎統計学 051
- 2.1　データの種類 052
- 2.2　基本統計量 054
- 2.3　統計学でよく使われるグラフ 067
- 2.4　第2章のまとめ 070
- 2.5　練習問題 071

chapter 3　機械学習によるデータ分析の流れ 073
- 3.1　目的の明確化 074
- 3.2　データの収集と前処理 077
- 3.3　モデルの選択と学習 080
- 3.4　モデルの評価 082
- 3.5　第3章のまとめ 085

005

| 3.6 | 練習問題 | 086 |

chapter 4　機械学習の体験　087

4.1	きのこ派とたけのこ派に分類する	088
4.2	pandas超入門	090
4.3	データの前処理	102
4.4	モデルの準備と機械学習の実行	105
4.5	モデルの評価	111
4.6	モデルの保存	115
4.7	第4章のまとめ	119
4.8	練習問題	120

第II部　教師あり学習の理解を深めよう

第II部で新たに学ぶトピック一覧 125

chapter 5　分類1：アヤメの判別　127

5.1	アヤメの花を分類する	128
5.2	データの前処理	131
5.3	モデルの作成と学習	146
5.4	モデルの評価	155
5.5	決定木の図の作成	161
5.6	第5章のまとめ	167
5.7	練習問題	168

chapter 6　回帰1：映画の興行収入の予測　171

6.1	映画の興行収入を予測する	172
6.2	データの前処理	175
6.3	モデルの作成と学習	195
6.4	モデルの評価	204
6.5	回帰式による影響度の分析	209
6.6	第6章のまとめ	212
6.7	練習問題	213

chapter 7 分類2：客船沈没事故での生存予測 ... 215

- 7.1 客船沈没事故から生き残れるかを予測 ... 216
- 7.2 データの前処理 ... 218
- 7.3 モデルの作成と学習 ... 225
- 7.4 モデルの評価 ... 226
- 7.5 決定木における特徴量の考察 ... 251
- 7.6 第7章のまとめ ... 254
- 7.7 練習問題 ... 255

chapter 8 回帰2：住宅の平均価格の予測 ... 257

- 8.1 住宅平均価格を予測する ... 258
- 8.2 データの前処理 ... 261
- 8.3 モデルの作成と学習 ... 287
- 8.4 モデルの評価とチューニング ... 288
- 8.5 第8章のまとめ ... 304
- 8.6 練習問題 ... 305

chapter 9 教師あり学習の総合演習 ... 309

- 9.1 第Ⅱ部で学習した内容のまとめ ... 310
- 9.2 練習問題：金融機関のキャンペーン分析 ... 312

第Ⅲ部　中級者への最初の1歩を踏み出そう

chapter 10 より実践的な前処理 ... 317

- 10.1 さまざまなデータの読み込み ... 318
- 10.2 より高度な欠損値の処理 ... 335
- 10.3 より高度な外れ値の処理 ... 345
- 10.4 第10章のまとめ ... 356
- 10.5 練習問題 ... 357

chapter 11　さまざまな教師あり学習：回帰　359

- 11.1　リッジ回帰　360
- 11.2　ラッソ回帰　378
- 11.3　回帰木　381
- 11.4　第11章のまとめ　385
- 11.5　練習問題　386

chapter 12　さまざまな教師あり学習：分類　389

- 12.1　ロジスティック回帰　390
- 12.2　ランダムフォレスト　402
- 12.3　アダブースト　410
- 12.4　第12章のまとめ　421
- 12.5　練習問題　422

chapter 13　さまざまな予測性能評価　425

- 13.1　回帰の予測性能評価　426
- 13.2　分類の予測性能評価　432
- 13.3　K分割交差検証　440
- 13.4　第13章のまとめ　452
- 13.5　練習問題　453

chapter 14　教師なし学習1：次元の削減　455

- 14.1　次元削減の概要　456
- 14.2　データの前処理　465
- 14.3　主成分分析の実施　468
- 14.4　結果の評価　472
- 14.5　第14章のまとめ　486
- 14.6　練習問題　487

chapter 15　教師なし学習2：クラスタリング　489

- 15.1　クラスタリングの概要　490
- 15.2　データの前処理　499
- 15.3　クラスタリングの実行　503

15.4	結果の評価	506
15.5	第15章のまとめ	514
15.6	練習問題	515

chapter 16　まだまだ広がる機械学習の世界　517

16.1	さまざまな機械学習	518

付録 A　sukkiri.jp について　523

A.1	sukkiri.jp について	524

付録 B　エラー解決・虎の巻　525

B.1	エラーとの上手な付き合い方	526
B.2	トラブルシューティング	529

付録 C　Pandas虎の巻　539

C.1	シリーズの基本操作	540
C.2	データフレームの基本操作	546
C.3	データフレームの応用操作	555
C.4	データの可視化	563

付録 D　速習　Polars入門　565

D.1	データフレームの作成と表示	566
D.2	列の抽出や加工	568
D.3	行の抽出	571
D.4	集計	572
D.5	練習問題1	574
D.6	欠損値の処理	577
D.7	データの並び替え	579
D.8	データフレームの結合	580
D.9	その他	582
D.10	練習問題2	584
D.11	練習問題3	587

付録E　機械学習の数学（基礎編） ... 589

- E.1　データとデータの距離（高校数学）... 590
- E.2　データの総和を表すΣ（高校数学）... 595
- E.3　微分（高校数学の基礎レベル）... 598
- E.4　線形代数（大学数学の基礎レベル）... 604
- E.5　偏微分（大学数学の基礎レベル）... 616

付録F　最小2乗法の数学理論に挑戦 ... 621

- F.1　重回帰分析の係数の導出（最小2乗法）... 622

付録G　練習問題の解答 ... 631

索引 ... 653

column

- range関数の応用的な使い方 ... 019
- リストの内包表記 ... 028
- 強化学習 ... 044
- 3度目のAIブーム ... 050
- 深層学習（ディープラーニング）... 050
- 2項目の関係を考える共分散 ... 065
- データサイエンティストに必要な技術 ... 089
- polarsの導入とデータの読み込み ... 121
- Numpyで数値計算を効率的に行う ... 126
- matplotlibで細かい描画を行う ... 126
- 決定木の描画関数 ... 166
- 決定係数がマイナスになるときは ... 306
- 予測結果は逆変換する ... 307
- locの親戚iloc ... 314
- 文字コードとエンコーディング ... 324
- リレーショナルデータベースとの接続 ... 344
- データフレームの各列のデータ型（dtype）... 353
- グラフの保存 ... 354
- subplotsによる分割 ... 355
- 教師あり学習の落とし穴：リーク ... 387
- ロジスティック回帰の回帰式 ... 391
- 分類木も予測結果を確率で表示する ... 393
- 不均衡データに対する処理：アンダーサンプリング ... 424
- k-means法の初期値の選択 ... 498
- どうして決定木では標準化しなかったのか？ ... 502
- ブースティングアルゴリズム ～Light GBM～ ... 522
- sukkiri.jp ... 524

chapter 0
Python
基本文法の復習

本書は機械学習（Machine Learning：ML）の入門書です。
機械学習を実践的に学習するには、
前提となるPythonというプログラミング言語の
基礎知識が必要となります。
この第0章を通して、
自身のPythonの知識が正確に身についているか確認しましょう。

contents

0.1 ようこそ機械学習の世界へ
0.2 Python基本文法の習熟度を確認する練習問題
0.3 確認用練習問題の解答

0.1 ようこそ機械学習の世界へ

0.1.1 ML（機械学習）で可能になること

　機械学習（machine learning：ML）とは、コンピュータにデータ間の法則を自動的に導き出させる手法の総称です。機械学習は、マーケティングでのデータ分析や、AI開発、医学生物学でのデータ解析など、さまざまな分野で注目されています。

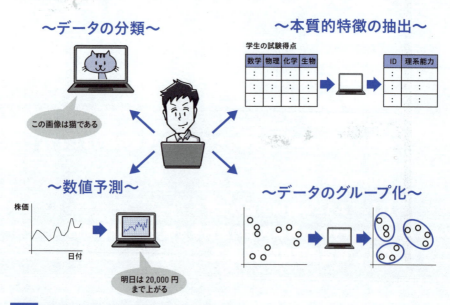

図0-1　機械学習（ML）でできること

　プログラミング言語のPython（パイソン）は、データ分析や機械学習に関するライブラリが特に充実しています。そのため、Pythonは多くの**データサイエンティスト**（data scientist：DS）や機械学習エンジニアに使用されています。本書でも、Pythonを利用して機械学習の基本事項を学んでいきます。

0.1.2　一緒にMLを学ぶ仲間たち

『スッキリわかるPython入門』と同様、みなさんと一緒にこの本でMLを学ぶ仲間を紹介しましょう。

工藤 慎平(30)
(株)ミヤビリンク勤務。システム開発部所属。若いながらも、AI・データサイエンスのパイオニアとして社内で一目置かれている。忙しい業務の合間を縫って、松田と浅木の育成を担当する。三度の飯より数学が好きで、語り出すと止まらなくなる。

松田 光太(22)
システム開発部所属の新入社員。大学は文系でプログラミングは未経験。上司から、Pythonが流行っているからとりあえず勉強してこいと言われ、工藤に師事。おっちょこちょいで脳天気だが、根性と体力は人一倍ある。とにかくカレーが大好き。

浅木 薫(24)
マーケティング部門への異動に伴い、データサイエンスの勉強に取り組むことになった新卒3年目。プログラミングは未経験だが、大学時代から機械学習に興味があり独学で学んでいる。要領はよいが、何事もまず原理の理解が大事と考え、ときに細部までこだわってしまうことがある。松田とは大学の陸上部でともに活動していた。

図0-2　一緒にMLを学ぶ仲間たち

0.2　Python基本文法の習熟度を確認する練習問題

　本書『スッキリわかるPythonによる機械学習入門』は、姉妹書である『スッキリわかるPython入門（以下、スッキリPython）』を読み終えた読者、またはそれと同等のPython基本文法の知識を習得している読者を想定しています。

基本的な文法はバッチリですよ、任せてください！

本当かしら…。

まあまあ、復習もかねた確認用の練習問題を準備したから、その問題を通して自分の習熟度を確認してみよう！

　確認用の練習問題の模範解答は、次節で紹介しています。模範解答を参照せずとも自分でコーディングできれば理想ですが、「書けなくとも模範解答のサンプルコードが何を意味しているか読み解くことができる」レベルであれば、本書を読み進めても問題ありません。

練習0　環境の準備

練習0-1

　『スッキリPython』と同様に、本書の環境はAnacondaディストリビューションのJupyterLabを利用します。まだPCにJupyterLabを準備できていない方は、付録Aを参考にして、JupyterLabの環境を構築しましょう。

練習1　式と変数

練習1-1

キーボードから身長（cm）と体重（kg）の入力を受け付け、その人のBMIを算出して表示するプログラムを作ってください。BMIとは次の式で求められる人の肥満度を表す体格指数です。

BMI = 体重(kg) ÷ 身長(m) ÷ 身長(m)

[ヒント]　キーボード入力を受け付けるためにはinput関数を利用します。

練習2　コレクション

練習2-1

次の各要件のために用いるコレクションとして、一般的に最も妥当と思われるものを、リスト、セット、ディクショナリから選んでください。ただし、コレクションはネスト（多重）にせず1つのみを利用するものとします。

(1) 47都道府県についての、「都道府県名と人口」
(2) 解析に用いるための過去28日間分の「1日あたりのWebサイトアクセス数」
(3)「北」や「南」といった4つの方角
(4) この世に存在する「メジャーなプログラミング言語の名称」（PythonやRubyなど）
(5) ある航空機の200ある座席の予約状態（0なら空き、1なら予約済）

練習2-2

次のアルゴリズム手順に従って、プログラムを作成してください。

手順1：3科目の試験得点を管理するリストを1つ作成
手順2：国語の試験得点をキーボードから入力
手順3：国語の得点を手順1で作成したリストに追加
手順4：数学の試験得点をキーボードから入力
手順5：数学の得点を手順1で作成したリストに追加
手順6：英語の試験得点をキーボードから入力

手順7：英語の得点を手順1で作成したリストに追加
手順8：リストの一覧を表示
手順9：リストの合計値を計算して表示

[ヒント]　sum関数を利用するとリストの合計値を計算できる。

練習3　条件分岐

練習3-1

if文を使って、次のような動作をするプログラムを作成してください。

(1) 入力された数値について、偶数か奇数かを判定してその結果を表示する。
(2) 次の入力された文字列（左）に応じて、挨拶（矢印の右）を表示する。
　　これら以外の場合は、「どうしました？」を表示する。
　　・こんにちは　　　→　ようこそ！
　　・景気は？　　　　→　ぼちぼちです
　　・さようなら　　　→　お元気で！

練習4　繰り返し

練習4-1

「10、9、8、…、2、1、Lift off！」のようなカウントダウンを行うプログラムをfor文とrange関数を用いて作成してください。なお、print関数に次に示す例のようなendオプションを付けると改行せずに表示させることができます。

[例]

```
01  print('Hello', end = '')
02  print('Python', end = '')
```

実行結果
HelloPython

練習4-2

次の表は生徒10人の試験得点です（100点満点）。

71	67	73	61	79	59	83	87	72	79

これについて、次の手順に従ってPythonコードを作成してください。

手順1：scoresリストを1つ作成する。

手順2：for文を利用して、上記表のデータをscoresリストに格納する。

手順3：scoresリストの各要素に対して、次のデータ加工を行い、それぞれを新しいリストであるfinal_scoresリストに格納する。

　　　　加工後得点 = 0.8 * 試験得点 + 20

手順4：final_scoresの平均点を計算して表示する。

練習5　関数

練習5-1

次の関数を作成してください。

(1) うるう年関数

引数	0以上の整数1つ
機能	引数の整数がうるう年かどうかを判定する（引数が文字列だったり、小数だったりした際のエラー処理は考慮しなくてよい）。 ［うるう年の判定方法］ 1) 4で割り切れる年はうるう年である。 2) 1の例外として、100で割り切れる年はうるう年ではない。 3) 2のさらに例外として、400で割り切れたらうるう年である。
戻り値	うるう年ならTrue、そうでなければFalseを返す。

練習5-2

次のような、試験成績の解析用関数があります。

```
01  def analyze_score(score_list, weight = 0.8, flag = True) :
```

```
02      # score_list には学生たちの試験得点が格納されている
03      (...処理内容は省略...)
04      return max_score, avg_score
```

　この関数について述べている以下の文章について、正しいものには○、誤っているものには×と答えてください。また、×と解答したものについては、その理由を説明してください。ただし、scores変数内のデータは関数の仕様を満たしているとします。

(1) a, b = analyze_score(scores, 0.8, True) と記述すると必ずエラーになる。理由は戻り値を受け取る左辺側に変数が2つ指定されているから。

(2) この関数には引数が3つあるので、呼び出し時にも、必ず3つ指定する必要がある。

(3) analyze_score(scores, flag = False, weight = 0.5)　というように引数指定をすることもできる。

練習6　モジュール

練習6-1

　あるモジュールAに関数funcが定義されています。Aを次のようにimportしたとき、関数funcを呼び出すにはそれぞれどのような記述をしたらよいか答えてください。

(1) import A　　　**(2) import A as B**

練習6-2

　練習6-1の関数funcを呼び出す際、モジュール名を付けずに関数名単体で呼び出すには、モジュールAをどのようにimportすればよいか答えてください。

column range関数の応用的な使い方

前著『スッキリわかるPython入門』で、繰り返しにおけるrange関数を紹介しました。

```
01  for i in range(4):
02      print(i)
```

実行結果
```
0
1
2
3
```

range(n)と指定すると、0以上n未満の整数列が作られますが、最初の値を0ではない別の数値にすることも可能です。次のコードは、2以上5未満の整数列を生成してfor文で繰り返しをしています。

```
01  for i in range(2, 5):
02      print(i)
```

実行結果
```
2
3
4
```

0.3 確認用練習問題の解答

練習1

練習1-1の解答

```
01  height = int(input('身長(cm)を入力してください>>'))
02  weight = int(input('体重(kg)を入力してください>>'))
03
04  height = height / 100  # mに変換
05
06  # ( )をつけなくてもよいが可読性のため( )をつける
07  bmi = weight / (height ** 2)
08
09  print(f'あなたのbmiは{bmi}')
```

練習2

練習2-1の解答

(1) ディクショナリ　(2) リスト　(3) セット
(4) セット　(5) ディクショナリ

練習2-2の解答

```
01  # 手順1：3科目の試験得点を管理するリストを1つ作成
02  scores = []
03  # 手順2：国語の試験得点をキーボードから入力
04  japanese = int(input('国語の試験得点>>'))
```

```
05  # 手順3:国語の得点を手順1で作成したリストに追加
06  scores.append(japanese)
07  # 手順4:数学の試験得点をキーボードから入力
08  math = int(input('数学の試験得点>>'))
09  # 手順5:数学の得点を手順1で作成したリストに追加
10  scores.append(math)
11  # 手順6:英語の試験得点をキーボードから入力
12  english = int(input('英語の試験得点>>'))
13  # 手順7:英語の得点を手順1で作成したリストに追加
14  scores.append(english)
15  # 手順8:リストの一覧を表示
16  print(scores)
17  # 手順9:リストの合計値を計算して表示
18  total = sum(scores)
19  print(f'合計得点:{total}')
```

練習3

練習3-1の解答

(1)
```
01  number = int(input('整数を入力してください'))
02
03  if number % 2 == 0:
04      print('偶数')
05  else:
06      print('奇数')
```

(2)
```
01  data = input('please input data >> ')
02
```

chapter 0 Python基本文法の復習　021

```
03  if data == 'こんにちは':
04      print('ようこそ！')
05  elif data == '景気は？':
06      print('ぼちぼちです')
07  elif data == 'さようなら':
08      print('お元気で！')
09  else:
10      print('どうしました？')
```

練習4

練習4-1の解答

```
01  for i in range(10):
02      print('{}, '.format(10 - i), end = ' ')
03  print('Lift Off!!')
```

練習4-2の解答

```
01  # 手順1
02  scores = []
03  # 手順2
04  for i in range(10):
05      score = int(input(f'{i+1}人目の試験得点>>'))
06      scores.append(score)
07  
08  # 手順3
09  final_scores = [ ]
10  for score in scores:
11      tmp = score * 0.8 + 20
12      final_scores.append(tmp)
```

```
13
14  # 手順4
15  avg = sum(final_scores) / len(final_scores)
16  print(print(f'平均点は{avg}点'))
```

練習5

練習5-1の解答

```
01  def uruu(year):
02      result = None
03      if year % 400 == 0:
04          result = True
05      elif year % 100 == 0:
06          result = False
07      elif year % 4 == 0:
08          result = True
09      else:
10          result = False
11
12      return result
```

練習5-2の解答

(1) ×

[解説] returnの右側に max_score , avg_score と カンマ区切りで2つのデータが戻り値として指定されている。この関数を利用すると問題文のように2つの変数で戻り値を受け取ることができる。変数aにはmax_scoreのデータが代入され変数bにはavg_scoreのデータが代入される。

(2) ×

[解説] 関数定義側で、weight引数とflag引数にはデフォルト値が設定され

ているので、利用時に必須ではない。

(3) ○
[解説] 関数定義の引数を利用時に明示的に指定することにより、定義の順番に関係なく引数を指定することができる。

練習6

練習6-1の解答

(1) A.func(引数)　　(2) B.func(引数)

練習6-2の解答

from A import func

どうだい、久しぶりのPythonの基本は。ちゃんと覚えていたかい？

意外とできました。

僕は何個かわからない問題がありましたが、解答を読んだら納得しました。

おっけ～、準備はばっちりってことだね。それじゃあ、みんなで機械学習を勉強していこう！

　いよいよ次の章から機械学習が始まります。本書は第I部～第III部の3部構成になっており、各部では以下の内容を学びます。
　第I部では、機械学習に関する概念や基本的な用語を紹介していきます。
　第II部では、4つのサンプルデータを使って、機械学習によるデータ分析

の一連の流れを体験していきます。

　第Ⅲ部では、機械学習初級者から中級者への第一歩として、少し応用的な内容を扱います。

　仲間たちと一緒に楽しみながら学んでいきましょう。

column
リストの内包表記

　Pythonプログラミングでは、多くの場合、for文を利用してリストを作ります。たとえば、1~10までの整数を2乗した値を要素に持つリストを作るには、次のようにコーディングできます。

```python
# 通常の書き方
array = []
for i in range(1, 11):
    array.append(i ** 2)
```

　通常は上記のように3行の記述が必要ですが、内包表記というテクニックを利用すると、1行で書くことができます。

```python
#内包表記
array = [ i ** 2 for i in range(1, 11) ]
```

本書で使用しているソフトウェアのバージョン一覧

主な環境	Python 3.12.4 conda 24.7.1
主に利用するライブラリ	pandas 2.2.2 scikit-learn 1.4.2
その他関連ライブラリ	numpy 1.26.4 matplotlib 3.8.4 polars 1.6.0

第I部
ようこそ機械学習の世界へ

chapter 1　AIと機械学習
chapter 2　機械学習に必要な基礎統計学
chapter 3　機械学習によるデータ分析の流れ
chapter 4　機械学習の体験

機械学習ことはじめ

Pythonの基本文法もばっちりだし、さっそく機械学習をバリバリ使って、AIを作っていきましょうよ！

それは頼もしいね！　でも、Pythonの基本文法だけではAIを作るのはほぼほぼ無理なんだ…。専用のライブラリの知識は必要だし、もちろんAIや機械学習とはそもそもなんなのかという概念の話も正確に理解しないといけないね。

うう…。やっぱり初心者の私たちじゃ機械学習を使ってAI開発をするのは無理なんでしょうか？

何も手掛かりがないなら独学だとチョット難しいだろうね。でも今回は俺が2人をサポートするよ！

第1部では、まずAIや機械学習に関する全体像や流れを把握しながら用語の整理を行います。そして、前提となる統計やPythonライブラリの基礎を学んだ上で、実際に手を動かして簡単な予測AIを開発します。たくさんの専門用語が出てきますが、整理して読み進めてください。

chapter 1
AIと機械学習

はじめに機械学習の全体像と
基本的な用語を学んでいきましょう。
用語を知れば機械学習のおおよそのイメージをつかむことができ、
機械学習の実践にもスムーズに進めるでしょう。

contents

1.1 　人工知能（AI）とは
1.2 　機械学習とは
1.3 　第1章のまとめ
1.4 　練習問題

1.1 人工知能（AI）とは

1.1.1　AIの定義

そもそも「AI」とは何か、わかるかな。

うーん…日本語では「人工知能」ですよね。人間の脳と同じように動作するコンピュータみたいな感じかなぁ…。

実は、AI（artificial intelligence、**人工知能**）についての厳密な定義は存在しません。しかし、研究者・開発者たちの間で共通認識はあります。それは、**人間が普段行う思考や判断を再現したコンピュータシステム**というものです。「動物の画像を見る」という簡単な例で考えてみましょう。

図1-1　人間は画像を見て認識できる

私たち人間は、猫の画像を見たら「その画像には猫が写っている」と判断することができます。画像の中心に猫が写っていようが、右端に写っていようが問題ありません。また、猫にはいろんな種類がいますが、猫に詳しくなくて具体的な品種はわからない人でも「猫である」という認識はできます。

では、コンピュータの場合はどうでしょうか？ 猫の画像を数十枚用意して「これは猫である」と単純に登録しても、その数十枚とちょっとでもパターンの異なる画像があったら、「猫である」と認識することができません。このように、私たち人間が普段何気なく行っている思考や判断は、実はコンピュータ上で再現しようとすると意外と難しいのです。

しかし、現在では技術の発展に伴い、画像認識において人間と同等かそれ

以上の精度のAIが開発されています。
これは、学術分野としての厳密な定義
ではありませんが、定義が曖昧だから
こそ、AIについて多様な研究・開発が
進んでいるという側面もあります。

図1-2 人間が普段行う思考や判断を再現するAI

1.1.2 強いAIと弱いAI

定義は曖昧だけど、AIは大きく2種類に分けられる。強いAIと弱いAIだ。

　人間であれば、画像に猫が写っているか、犬が写っているかを瞬時に判断できます。また、他の人から問い合わせを受けたらその内容を理解し、適切な答えを返すこともできます。将棋やチェスなどのゲームをしたり、経験をもとに株価を予測したりすることも可能です。この、人間のように1人でさまざまなことに対処できるAIを**強いAI（汎用型AI）**といいます（図1-3）。

図1-3 強いAI（汎用型AI）

chapter 1 AIと機械学習　033

残念ながら、図1-3のようにいろいろできるAIは、まだマンガやSFの中にしかいない。"猫型のお友だちロボット"とかな。

一方、画像内の猫を認識する、問い合わせに対応する、将棋やチェスを行う、株価予測をするなど、それぞれ特定の領域で「のみ」、人間と同等以上の判断を行うAIを**弱いAI**（**特化型AI**）といいます。

弱いAIって聞くと、なんか予想がそれほど当たらないのかなって想像しちゃったけど違うんですね！

違うねー。「弱い」といっても、これまでの社会を大きく変える可能性を持っているよ。

AIはまだまだ人間ほど広範囲なことには対処できませんが、特定領域に絞れば人間と同等以上の正確な判断を、人間を凌駕するスピードで行えるようになりつつあります。単純作業だけでなく、長年の知識や経験則が必要であった頭脳労働なども、AIに代替される場面が、今後少しずつ増えていくでしょう。

AIとはどんなもの？

AIとは、「人間が普段行っている思考や判断を再現したコンピュータシステム」である。

これから一緒に学んで作るAIも、当然、弱いAIだよ。

1.2 機械学習とは

1.2.1 AIと機械学習

でも、コンピュータはどうやって、画像内の猫や犬を判断するんですか？

if文でひたすら条件分岐をしていけばいいじゃないですか？

じゃあ実際に猫や犬を判定する条件式を言ってみて。

えっと、まずは4足歩行で、耳がとんがっていて、ひげがあってしっぽがあって…。あれ？？ …改めて考えると、猫と犬の違いって難しいですね…。

　人間の思考過程を辿ってみるととても複雑です。頭の中で耳の形や目の作りなどいろいろなことを無意識に考えながら「これは猫なのか犬なのか」を判断しています。
　しかし、いざその判断ルールを明文化しようとすると、複雑すぎて表現できないことも少なくありません。普段は犬と猫を簡単に区別している私たちでさえ、いざ松田くんのように問われれば困ってしまうでしょう。このことは、人間のような高度な判断を行うロジックが、if文などを用いた従来のプログラミングでは実現が困難であることを意味します。

高度な判断を行うプログラムの実現は非常に難しい

人間が行う高度な判断の多くは、人間自身でさえ「どのようにして結論を導いているか」を、法則（アルゴリズム）として表現できない。そのため、そのような高度な判断を行うプログラムを、if文などを使ってプログラマがコーディングして開発することもできない。

こうした場合に活用されるのが**機械学習**（machine learning：ML）という手法です。

機械学習では、人間が猫や犬を判別するための法則をコンピュータにプログラミングする必要はありません。代わりに、「人間が行った判断の記録（データ）」を大量に与え、法則をコンピュータに探させます。

たとえば、猫の画像を1,000枚、犬の画像を1,000枚ほどコンピュータに与え、「どのような法則で猫と犬を識別するか」を分析（学習）させるのです。

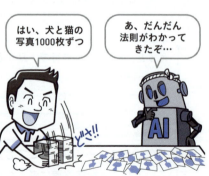

図1-4 判断のアルゴリズムと機械学習

機械学習とはどんなもの？

機械学習とは、AIが人間のような高度な判断を実行するに必要な「法則」を、コンピュータに探させる方法（アルゴリズム）の総称。

なるほど！ 人間はデータを与えるだけで、あとは勝手にAIが法則を見つけてくれるんですね！

どういう法則を見つけることができるんだろう？

それは、機械学習の手法によって変わるよ。機械学習には大きく分けて「教師あり学習」と「教師なし学習」があるんだ。

1.2.2　教師あり学習

教師あり学習（supervised learning）とは、あるデータAが与えられたとき、Aと関連のあるデータBはどういう値になるかを予測（判断）するようなAIを作るための機械学習手法です。

たとえば、動物の画像（データA）から、そこに映っている動物の名前（データB）を判断するAIを作りたいとします。このとき、大量のデータを準備して教師あり学習を行うことにより、「画像から動物名を予測するための法則」をコンピュータに自動で探させることができます。

さて、このとき、準備するべきデータは具体的に何だろう？

AIに対しての入力となる、たくさんの動物たちの画像データですよね。それ以外に何か要るんですか？

教師あり学習を行うためには、「入力」となるデータだけでなく、その入力に対応した「答え」のデータも同時に準備する必要があります。入力と答えのペアとなるデータをコンピュータに大量に渡すことにより、コンピュータは「入力Aから答えBを予測するための法則」を探すことができるのです。

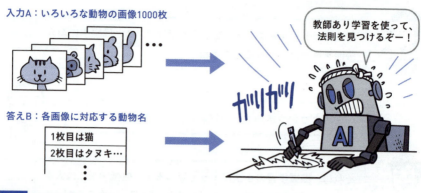

図1-5 教師あり学習

なお、「入力」データと「答え」データのペアを、まとめて**教師データ**（training data）と呼びます。

実は、入力データや答えデータを表す用語はほかにもあるんだ。ごちゃごちゃしやすいところだけど、しっかりと整理しよう！

「入力データが持つ測定可能な特性」のことを**特徴量**や**説明変数**と呼ぶこともあります。また、「答え」のデータのことを**目的変数**や**正解データ**、**正解ラベル**（または単に**ラベル**）と呼ぶこともあります。

ううっ…、なんか覚えるの大変ですね。良い語呂合わせとかないんですか？

語呂合わせはありませんが、本書では読者のみなさんが混乱しないように、1つひとつの入力データが持っている測定可能な項目を「特徴量」、答えのデータを「正解データ」と呼ぶことに統一します。

それで、入力データの測定可能な特性（項目）ってなんですか？

1つの入力データにはさまざまな情報が含まれており、それらが測定可能な特性（項目）となります。画像データの場合、1枚の画像に写っている物

体の位置や色合いや、大きさや丸みなどが特徴量になります。

　データには、このほか表データなどがあります。たとえば、人間の身長・体重・握力を測定した表データがあったとしましょう。このとき、入力データ1件分は1人分の「身長・体重・握力」ですが、「身長」「体重」「握力」という3つの測定可能な特性を持っているとも解釈できます。よって、このデータの場合、「身長」「体重」「握力」がそれぞれ特徴量です。

そして、機械学習を終えたコンピュータは、未知の新しい入力データについて予測することができるよ。

　機械学習後は、コンピュータの中には画像から予測するための法則が詰まっています。そのため新しい画像をコンピュータに渡してあげると、探し出した法則と照らし合わせて、たとえば図1-6のように画像に写った動物の種類を予測することができます。法則と照らし合わせてコンピュータが予測することを「推論」と呼びます。

図1-6　推論

ちなみに、教師あり学習はさらに「回帰」と「分類」に分けることができるよ。予測したい正解データの種類によって使い分けるんだ。

回帰と分類

●**回帰**（regression）:
正解データが数値となる教師あり学習
［例］・過去1週間の株価を特徴量（入力データ）として、明日の株価を予測する。
　　　・今日の最高気温を特徴量として、スポーツドリンクの販売数を予測する。

●**分類**（classification）:
正解データが、文字列や範囲の狭い整数のように、いくつかの選択肢のうちの1つとして解釈できる場合の教師あり学習
［例］・機械の稼働状況を入力データとして、機械の状態が「正常」か「異常」かを予測する。
　　　・猫と犬の画像を入力データとして、その画像が「猫」か「犬」かを予測する。

ということは、この犬猫判断AIは「教師あり学習の1つである分類」で作ったAIって呼ぶことができますね！

1.2.3　教師なし学習

「教師なし」というと、まったくデータを与えないことをイメージする人もいるかもしれませんが、さすがにデータなしではコンピュータも学習できません。**教師なし学習**（unsupervised learning）とは、入力と答えのペア（教師データ）ではなく、入力データのみをコンピュータに与えます。そして、コンピュータは「入力データ自体に関する特徴や法則」を自動で導きます。

「教師なし学習」というより、「答えなし学習」みたいな感じなんだね。

正解データがないのに、どうやって学習するのかしら？

　正解データを与えない教師なし学習では、「ある入力に対して正解がどうなるか」のような法則をコンピュータに学ばせることはできません。その代わりに、「大量に与えた入力データを分析させ、それぞれが互いにどのような関係や法則を持っているか」を分析させるのです。代表的な教師なし学習としては、**クラスタリング**（clustering）と**次元削減**（dimensionality reduction）の2つが知られています。

クラスタリング

　たとえば、猫の画像と犬の画像が大量にあったとします。このとき、各画像の正解データは作らずに、画像データのみをコンピュータに与えます。答えのデータは与えられていないので、コンピュータはその画像が結局何の動物なのかを予測することはできませんが、画像データの特徴を調べることで、「もし似ている度合いで2つのグループに分けるとするならば、画像のどのような特徴量に着目すればよいか」をコンピュータは学習し、似ている画像同士をグループ分け（クラスタリング）することができます。

図1-7　クラスタリング

次元削減

「氏名、国語、数学、英語、理科、社会」の計6列から成る、学生の試験結果データが表としてあるとしましょう。学校の先生としては、学生の5教科それぞれの能力以外に、もう少し広範で抽象的な能力を把握したいこともあります。たとえば、「理系能力」「文系能力」の2つの能力でざっくりと学生の傾向を把握したい場合に用いるのが次元削減です。

コンピュータは、たくさんの学生の国数英理社のデータを分析することによって、「国語と英語と社会はまとめて1つの文系能力」、「数学と理科はまとめて1つの理系能力」のように、もともとたくさんあった列（データの「次元」とも言います）を、どのようにしたらまとめて減らせるかを学ぶのです。学び終えたAIは、入力データから学んだ「より良い列のまとめ方」に従って、さまざまな学生の成績を「理系能力」「文系能力」にまとめることができます。

氏名	国	数	英	理	社
工藤	75	85	65	76	80
松田	80	65	58	70	67
浅木	65	90	50	80	61

氏名	文系	理系
工藤	72	81
松田	67	66
浅木	52	86

国・英・社の3列は1つにまとめられるよ。数・理の2列も1つにまとめられるよ

図1-8　次元削減

教師なし学習の種類は、ほかにもないことはないんだけど、とりあえずこの2種類を押さえておけばOKさ！

以上が、機械学習の2本柱である「教師あり学習」と「教師なし学習」です。これらの関係を図1-9にまとめておきましょう。

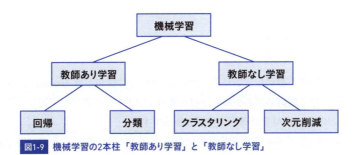

図1-9 機械学習の2本柱「教師あり学習」と「教師なし学習」

教師あり学習と教師なし学習

●教師あり学習では、入力データ（特徴量）と対応する答え（正解データ）の情報から、入力→答えを予測するための法則を導き出す。正解データの種類により次の2つに分けられる。
　・回帰・・・正解データが数値
　・分類・・・正解データが文字列や範囲の狭い整数など、いくつかの選択肢の1つとして解釈できるデータ

●教師なし学習では、入力データのみから、入力データ同士の持つ特性に関する法則や特徴を分析させる。大きく、次の2つに分けられる。
　・クラスタリング・・・似ているデータ同士のグループ分け
　・次元削減・・・表データなどで、各列の特徴を調べて、多数の列項目を少数の列項目に削減

column 強化学習

　教師あり学習や、教師なし学習のほかにも、近年では**強化学習**（reinforcement learning）という機械学習の手法も注目を集めています。この強化学習は、囲碁や将棋などのゲームAIを作る際に重要な手法です。

　強化学習は、たくさんある選択肢の中から1つを選んで行動し、その結果どのような利益を得たかというデータをもとに、「行動とその利益の法則」をコンピュータに導かせることで、コンピュータが常に最善の行動を選択できるようにします。

　行動を入力、利益を答えと考えると教師あり学習と似ているように感じますが、強化学習は、行動を起こしたあとすぐの利益を考えるのではなく、将来的な最終利益（将棋や囲碁の場合、ゲームの勝ち負け）を踏まえたうえでの現在の最善を考えることができるのです。

1.2.4 モデルと学習

　1.2.3項で、機械学習は大きく分けて、教師あり学習の回帰と分類、教師なし学習のクラスタリングと次元削減に分けることができる、と紹介しました。とはいえ、この4種類も大枠としての括りであり、4種類それぞれに、さらに具体的な手法がたくさんあります。たとえば、本書で紹介する分類手法にも以下のようなさまざまな種類があるのです。

- 決定木分類
- ロジスティック回帰　※ 回帰という名称だけど分類の手法
- ランダムフォレスト
- アダブースト

分類の各手法たちは何が違うんでしょうか？

う〜ん。法則を導出するまでの手順が異なるといえばそれまでなんだけど、もう少し踏み込んでみよう。そのためにはモデルという概念を理解することが重要だよ。

モデルとは、データ間の法則を表現した数式です。

これまで扱ってきた犬猫画像の分類を例に考えてみましょう。たとえば、次のような数式を設定したとします。

$$y = A \times (画像内の物体の丸み) + B \quad \cdots ①$$

※AとBは定数

$$予測結果 = \begin{cases} 犬 \cdots (yの値が0以上のとき) \\ 猫 \cdots (yの値が0未満のとき) \end{cases} \cdots ②$$

この数式では、画像から物体の丸みを特徴量として抜き出し、式①の右辺に代入するとyの値が得られます（丸みをいかに数値として表現するかについては割愛）。このyの値を式②に当てはめると予測結果を得ることができます。

この式①と②がまさしくモデルだよ。

あれ？　でも式①のAとBって値がわからないじゃないですか。これじゃあ予測なんて無理ですよ。

式①、②により、入力データと正解データの法則はわかっています。しかし、松田くんの言うとおり、AとBが不明なので完ぺきに法則が判明しているわけではなく、現状では予測させることができません。

そこで、モデルにデータを与えます。モデルはこれらのデータの特徴を調べることで、不明になっているAとBを判明させるのです。モデルが、データの計算処理を進めることによって、不明だったAとBが次第に判明していく過程を**学習**と呼びます。

図1-10 モデルと学習

つまり、機械学習の各手法は、設定された数式（モデル）と、学習における計算処理（機械学習アルゴリズム）とに分解することができるのです。

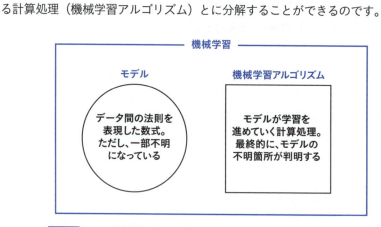

図1-11 モデルと機械学習アルゴリズム

なるほど！　つまり同じ「分類」の各手法の違いは、設定しているモデル（数式）が異なるってことなんですか？

そのとおり。ほかにも、同じモデル（数式）を設定しても、不明部分を判明させる計算アルゴリズムが異なる場合もあるよ。

うっ、数式……数学は苦手なんだよなぁ。

もちろん、機械学習の本質を正確に理解するためには、厳密な数式の理解も必要です。しかし、本書は入門者のファーストステップを目指しているので、本編（第Ⅰ部～第Ⅲ部）では数式には可能な限り触れません。数学的な理論背景に興味のある方は付録Eと付録Fを参照してください。

つまり、機械学習ではどんなモデルを選んでそこにデータを与えて学習させるかがポイントになるんだ。本書では、実際にモデルを構築して分類や回帰を行っていくよ。

この節のポイント

- 機械学習は、AIが判断や思考を獲得する方法の1つ。データを与えることで、データとデータのとても複雑な法則性をコンピュータに自動で探させる。
- 教師あり学習を行うことで、データAから、別のデータBを予測する法則性がわかる。
- 予測に利用する入力データが持っている、測定できる特性を特徴量、予測したいデータを正解データ（正解ラベル）と呼ぶ。
- 入力データと正解データのペアを教師データと呼ぶ。
- 教師あり学習は、回帰と分類に類別できる。
- 教師なし学習は、正解データを用意せず、特徴量自身の法則性を見つける。
- 教師なし学習は、クラスタリングと次元削減に類別できる。
- データを与える対象をモデルと呼ぶ。

1.3 第1章のまとめ

AIと機械学習

- AIとは、人間のような判断力を持ち合わせたコンピュータシステム。
- 機械学習とは、コンピュータが人間のような高度な判断をするために、データとデータの間に潜んだ法則を見つける手法。

機械学習の種類

- 教師あり学習とは、大量の入力データ（入力データが持っている特性を特徴量と呼ぶ）と正解データ（正解ラベル）のペアを与えることで、入力データから、正解データを予測するための法則を見つける手法。
- 教師あり学習の中でも、数値を予測することを回帰、文字列や範囲の狭い整数など、いくつかの選択肢のうちの1つとして解釈できるデータを予測するものを分類と呼ぶ。
- 教師なし学習とは、大量の入力データから、入力データ自体の特徴を見つける手法。
- 教師なし学習の中で、似ているデータをグループ分けする手法をクラスタリング、表データなどで各列の特徴を調べて、多数の列項目を少数の列項目にまとめる手法を次元削減と呼ぶ。

その他、機械学習の用語

- モデルとは、機械学習で利用するデータを与える数式。機械学習前には不明な箇所が含まれるが、機械学習後は不明な箇所の内容が決定し、「法則」となる。
- 学習とは、データを与えられたモデルが法則を導き出すまでの、一連の過程のこと。

1.4 練習問題

練習1

次の機械学習に関する説明の中から、間違っているものを1つ選んでください。

A. スマートフォンの顔認識機能は「弱いAI」である。
B. 機械学習には「教師あり学習」のほかにもさまざまな手法がある。
C. 人間が考えたデータ間の法則を、機械学習によって、コンピュータが正しいかどうかチェックしてくれる。
D. 機械学習でデータを与える対象のことをモデルと呼ぶ。

練習2

次の教師あり学習に関して、それぞれ、回帰の予測か分類の予測か、判別してください。

1. 過去10日間の株価をもとに、明日の株価を予測する。
2. 過去10日間の株価をもとに、明日の株価が「上がる」か「下がる」かを予測する。

練習3

次のようなアイスの売上を予測する学習済みのモデルがあります。

(販売数[百個]) = 2.5 × (当日の平均気温[℃]) + 20

もし、当日の平均気温が30℃の場合、予測販売数はいくつでしょうか。

※ 練習問題の解答は、巻末に付録としてまとめて収録しています（以降の章も同様）。

3度目のAIブーム

　実は、AIは1950年代から研究・開発が行われているのですが、過去に2度のブームの発生と終焉があり、2010年〜現在が3度目のブームとなっています。

　1度目のブームは、「探索と推論の時代」と呼ばれ、迷路やボードゲームをコンピュータに解かせることを主目的としていました。

　2度目のブームは「エキスパートシステムの時代」と呼ばれ、非常に限定的な領域において、専門家の知識を参考にしたルールベースAIの開発が行われました。

　そして2010年からの3度目のブームは「機械学習の時代」と呼ばれています。

深層学習（ディープラーニング）

　機械学習にはさまざまな手法が存在しますが、その1つに深層学習と呼ばれる手法があります。2012年に行われた画像認識大会で、深層学習を利用したAIを開発したチームが2位に圧倒的大差をつけて優勝したことをきっかけに、深層学習に注目が集まるようになりました。

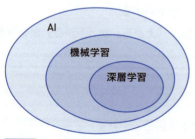

図1-12　AIに機械学習が含まれ、機械学習に深層学習が含まれる

chapter 2
機械学習に必要な基礎統計学

データの法則を探る機械学習は、「データ分析」の1つです。
データ分析を行うには「統計学」の基礎知識が必要になってきます。
この章では、機械学習を実践するために欠かせない、
統計学の基本的な内容について紹介していきます。

contents

2.1　データの種類
2.2　基本統計量
2.3　統計学でよく使われるグラフ
2.4　第2章のまとめ
2.5　練習問題

2.1 データの種類

よし、じゃあいよいよ機械学習のプログラミングですね！

待て待て。実践のためには前提として知っておくべき知識があるんだ。この章では統計の基礎について学ぶよ。まずは機械学習で利用するデータにはどういうものがあるか見ていこう。

機械学習のデータって数値データ以外にもあるんですか？

2.1.1 構造化データと非構造化データ

機械学習で扱うことのできるデータには、大きく分けて**構造化データ**と**非構造化データ**があります。

表2-1 構造化データと非構造化データ

データ	概要
構造化データ	数値や文字列や日付など、表形式で管理できるデータ
非構造化データ	画像や映像や文書など、表形式で管理することが難しいデータ

本書では基本的な構造化データを利用して機械学習を行っていくよ。

2.1.2 構造化データの種類

表形式で管理できる構造化データですが、さらに**量的データ**と**質的データ**（**カテゴリカルデータ**）に分けることができます。

表2-2 量的データと質的データ

データ	概要
量的データ	数値データ
質的データ （カテゴリカルデータ）	文字列のデータや、「0, 1, 2」のように範囲の狭い整数

データの種類に応じて分析手法を使い分ける必要があるので、いま自分が利用しているデータがどんなデータなのかを常に意識するようにしましょう。

2.2 基本統計量

2.2.1 中央値

　統計学というと難しい印象を持つ人もいるかもしれません。しかし、私たちは日常生活でも基本的な統計を活用しています。なかでも代表的なのが**平均値**や**最大値**などでしょう。これら平均値や最大値のように、与えられたデータ集合から算出することができる数値指標を**基本統計量**や**代表値**と呼びます。

表2-3 主な基本統計量

統計量	説明
平均値	データ集合の重心（一般的にはデータの総和を個数で割ったもの）
中央値	データ集合の真ん中の値
最大値	データ集合の一番大きい値
最小値	データ集合の一番小さい値
分散	データ集合のばらつきを表す指標
標準偏差	データ集合のばらつきを表す指標（分散の改良版）
相関係数	2項目の関係性の強さの指標

> 平均値と最大値・最小値は知っています！

> 学校のテストの「クラス平均点」や「最高点」など、日常生活でもよく使うからね。じゃあ、残りを解説していくよ。

　中央値（median）は、**データ集合を昇順（小さい順）に並べた際に、ちょうど真ん中に位置する値**です。ただし、データの個数が偶数の場合は真ん中の2つのデータの平均を中央値とします。

データ集合C{ 400, 300, 700, 500, 550, 600, 1500 }

Cの中央値を計算するには、データを昇順に並べて真ん中の値を取る。

{ 400, 300, 700, 500, 550, 600, 1500 }

⬇ 昇順に並べる

{ 300, 400, 500, 550, 600, 700, 1500 }
　　　　　　　　　　中央値

図2-1 中央値の計算例

平均値も真ん中あたりの値じゃないんですか。何が違うんです？

平均値は、次に説明する外れ値の影響を受けやすいんだよ。対して中央値は外れ値の影響を受けない指標と言われている。

　一般に、平均値というと「データの真ん中くらいの値」とイメージされがちです。しかし実際に図2-1の「データ集合C」で計算してみると、平均値は650です。

中央値の550とは差が100もあるわ…。

昇順に並べ替えたデータ集合Cをもう一度見てみましょう（図2-2）。

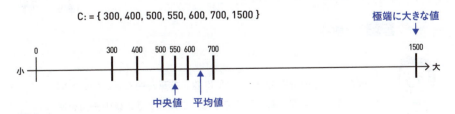

図2-2 数直線上のCの分布

ほかのデータから明らかにかけ離れた1500という値が存在しています。このように、対象となるデータ集合に、ほかの値に比べて明らかに大きすぎる値や小さすぎる値を**外れ値**といいます。外れ値が存在すると、平均値はその影響を大きく受けてしまい、「データの集まりの、真ん中の大きさの値」を求める指標としては不適切になってしまいます。

身のまわりの例でいうと、国民の年収のデータがあるね。たとえば国民の平均年収が450万円だったとしよう。

うっ…、僕の年収よりずっと高い（涙）。新入社員なんで当然といえば当然ですが…。

　ここで読者のみなさんに考えていただきたいことは、「平均450万円を基準にして、国民の半分が450万円以上で、残りの半分が450万円以下の年収なのか？」ということです。世の中には超がつくほどの高所得者が若干名います。そのため年収の分布としては、値の大きいほうに外れ値があるはずです。

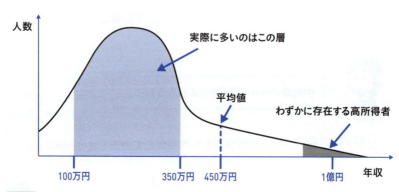

図2-3 外れ値の分布

確かに、この分布の場合、「平均値」を真ん中くらいの値と解釈するのは無理がありそうですね。こんなときには中央値を使えばいいのか。

なお、データを小さい順に並べた際に、下半分の中央値を **第1四分位数**、上半分の中央値を **第3四分位数** と呼ぶこともあります。

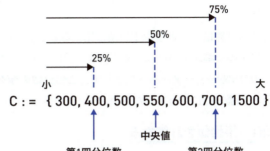

※ := は集合を定義するための記号。

図2-4 下半分の中央値と上半分の中央値

2.2.2 分散

分散は、データの集まりがバラついているか、ある一点の付近に集中しているかなどのばらつき具合を表現する数値指標です。

A := {2, 770, 90, 17, 15, 1000, 200, 500}
いろいろな値を取っていて、平均値(約324)に対してばらついている。
➡ Aの分散の値は大きい。

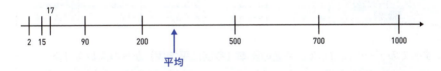

B := {50, 60, 61, 55, 59, 53, 51, 62}
各データが平均値(約56)の付近に集中している(ばらついていない)。
➡ Bの分散の値は小さい。

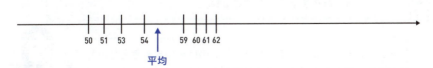

図2-5 分散

> 分散は、「各データのばらつき具合の平均値」と考えたらいいよ。

　分散の計算は、平均値や中央値に比べると少しだけ手間がかかりますが、着実に手順を踏んでいけば大丈夫です。仮に、データ集合として{2, 3, 5, 7, 11}の計5個のデータがあったとして、この分散の値を計算してみましょう。以下の手順1〜3に従ってください。

手順1　平均値を計算する

　まず、最初にデータの平均値を計算します。

$$\frac{2+3+5+7+11}{5} = 5.6$$

手順2　各データについて偏差を計算する

　次に、各データについて平均値の差分を計算します。この差分のことを**偏差**と呼びます。

表2-4　データと平均値の差分

データ	2	3	5	7	11
データと平均値の差（偏差）	2−5.6 =−3.6	3−5.6 =−2.6	5−5.6 =−0.6	7−5.6 =1.4	11−5.6 = 5.4

　すべてのデータに対して、**共通の基準（今回は平均値）からのズレ**を計算しています。偏差がほぼ0だったら、そのデータは平均値のすぐ近くに存在し、偏差が大きかったら、平均値から遠く離れていることを意味します。

> つまり、偏差はそのデータにおける（平均値からの）ばらつき具合と解釈することができるね。

> 私、わかりました！　データ「全体」のばらつきを考えたいんだから、この偏差の平均値を計算したらいいんですね!?

浅木さんの意見のとおり計算してみましょう。表2-4で各データの偏差を計算しているので、その平均値は、

$$\frac{(-3.6)+(-2.6)+(-0.6)+1.4+5.4}{5} = 0.0$$

と、なります。

> あれ？ 0になっちゃいました。これでいいんでしょうか？

偏差を計算するときは、常に「データ－平均値」と計算します。すると、必ず平均値より大きいほうのズレ（偏差の符号はプラス）と平均値より小さいほうのズレ（偏差の符号はマイナス）が生じます。そのため、平均を計算するときの分子（合計の計算）でプラスとマイナスの打ち消しが発生し、値が0になってしまうのです。

> うぅぅ。いい案だと思ったんだけどなあ…。

> そうだね。「ズレ」の平均を考えるという発想自体はいいんだ。問題はどうやって、プラスとマイナスの打ち消しをなくすかだよ。

手順3　偏差の2乗の平均を計算する

偏差を2乗すると、元の値がマイナスならプラスになり、プラスならそのままプラスです。この2乗の処理を元の偏差にすることで、プラスとマイナスの打ち消しがなくなります。

表2-5　偏差の2乗

偏差	-3.6	-2.6	-0.6	1.4	5.4
偏差の2乗	$(-3.6)^2$ =12.96	$(-2.6)^2$ =6.76	$(-0.6)^2$ =0.36	1.4^2 =1.96	5.4^2 =29.16

それではこの偏差の2乗に対して、平均を計算します。

$$\frac{12.96+6.76+0.36+1.96+29.16}{5} = 10.24$$

この10.24という値が、このデータ集合の分散となります。分散は値が大きいほど、そのデータ集合がばらついていることを表しているため、分散を計算することで、2つのデータ集合のばらつきを比較することができます。

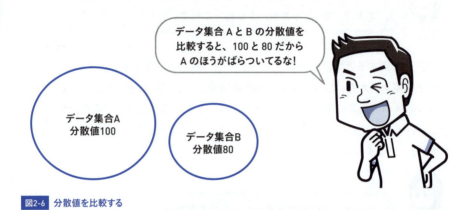

図2-6 分散値を比較する

2.2.3 標準偏差（SD）

ばらつきの指標には、ほかにも標準偏差という指標もあるよ。

標準偏差（standard deviation：SD）は、分散と同様に「データのばらつき」を表す指標で、分散の平方根をとることにより求められます。値が大きければ、よりばらついていることを意味します。

$$標準偏差 = \sqrt{分散}$$

分散の計算では、プラスとマイナスの打ち消しを防ぐという計算上の都合で2乗しました。そのため、計算結果の単位は元のデータから変わってしま

います。「途中で2乗してしまったので、最終的に平方根を取ることで単位を戻してあげよう！」という発想で生まれたのが標準偏差です。

2乗すると、単位が変わるってどういうことですか？

たとえば、長さの単位の「cm」は、2乗すると面積の「cm^2」に変化してしまうだろう？ このように一般的な単位は2乗すると根本的な意味が変わってしまうんだよ。

　標準偏差は、分散の単位が変化してしまうというデメリットを克服した上位互換の指標であるため、実務では分散よりもよく使われます。

2.2.4 相関係数

　これまでは、1つの数値列に関する統計指標を紹介してきましたが、2つの数値列に関して、2列の関係性を測ることのできる統計指標もあります。
　まず、下の2つの図を見比べてみてください。

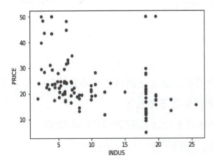
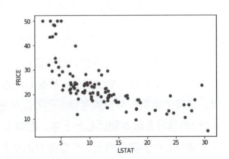

出典　カリフォルニア大学アーバイン校、Center for Machine Learning and Intelligent Systems、
https://archive.ics.uci.edu/ml/machine-learning-databases/housing/

図2-7　散布図

　この2つは、散布図と呼ばれる図です。散布図とは、表データの2つの列のデータを取り出して、それぞれグラフ上にプロットした図です。

図2-7の例では、1つの表に「INDUS（小売以外の産業が進出している比率）、LSTAT（低所得者居住率）、PRICE（平均家賃）」の3列があり、そこから「INDUSとPRICEの散布図」と「LSTATとPRICEの散布図」が作られています。

> どちらの散布図も右肩下がりの傾向がありますね。横軸の項目の値が大きくなると、縦軸のPRICEの値は低下する的な…。

> いい考察だね！　じゃあ、右図と左図では、右肩下がりの傾向はどっちが強い？

両方の図では、どちらも右肩下がりの傾向が見て取れます。しかし、具体的にどちらがその傾向が強いかと言われると難しいところです。

> 左側の「INDUS × PRICE」には、散布図の右上のほうに例外的なデータが2点ほどあるのよね…。

> そうすると、LSTAT × PRICEのほうが右肩下がりの傾向は強そう！　これには、例外的なデータはないですし。

浅木さんと松田くんの分析は間違っていません。しかし2人の考察は、グラフの「パッと見」で主観的に判断したものです。誰かを納得させるためには、正確で厳密な数値的指標が必要になるときもあるでしょう。

2つの項目を散布図にしたとき、右肩上がり（または右肩下がり）の傾向を数値化した**相関係数**という指標があります。相関係数には次の特徴があります。

- **必ず−1以上＋1以下の間の値になる。**
- **正の相関が強いほど、相関係数は＋側に大きくなる（＋1に近づく）。**
- **負の相関が強いほど、相関係数は−側に大きくなる（−1に近づく）。**

正の相関・負の相関って何ですか？

　右肩上がりの傾向を「正の相関」、右肩下がりの傾向を「負の相関」と呼びます。

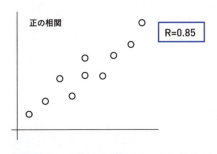
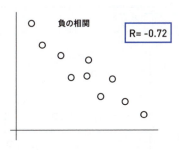

※ 相関係数は、英字のRで表現されるのが一般的です。

図2-8　正の相関と負の相関

たとえば相関係数が＋だった場合、散布図は右肩上がりということがわかるんだ。

　また、正（または負）の相関が強いとは、散布図が綺麗な直線関係であることを表します。すなわち、相関係数の絶対値が大きくなればなるほど、散布図は綺麗な直線関係に近づくと解釈することができます。

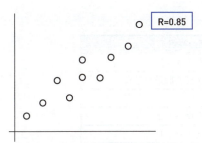
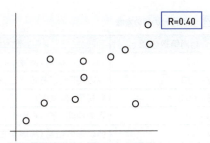

綺麗な右肩上がり（直線に近い）　　大局的には右肩上がりだが、例外的なデータがいくつかある

図2-9　相関係数の絶対値が大きいほど綺麗な直線関係になる

ふと思ったんですが、相関係数が0だとどういう図になるんですか？

相関係数が0付近ということは、右肩上りでも右肩下がりでもない無秩序な散布図になるよ。

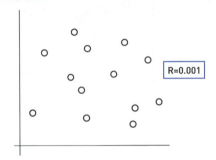

図2-10 相関係数がほぼ0の散布図

なるほど、縦軸と横軸を構成する2つの列のデータ同士には関係性がないってことですね。

一般に、相関係数の値は次のように判断します。

表2-6 相関係数の値の意味

相関係数の値	散布図の解釈
−1 ～ −0.7	強い負の相関（綺麗な右肩下がり）
−0.7～ −0.3	負の相関（どちらかといえば右肩下がり）
−0.3～ +0.3	無相関（無秩序）
+0.3 ～ +0.7	正の相関（どちらかといえば右肩上がり）
+0.7 ～ +1	強い正の相関（綺麗な右肩上がり）

column 2項目の関係を考える共分散

　2列のデータに相関があるかどうかを考察できる指標には、相関係数以外にも**共分散** (covariance) という指標があります。共分散の値の解釈は次のとおりです。

- ＋（プラス）に大きい ⇒ 正の相関が強い
- －（マイナス）に大きい ⇒ 負の相関が強い

　相関係数とよく似ています。しかし、相関係数は必ず-1 ～ +1の範囲に収まり、どんなデータでも絶対的な基準として±0.7より大きいかどうかで判断することができますが、共分散にはそういった範囲や基準がないため、いくらぐらいなら良いのかという判断がしにくい指標です。

　さらに共分散には「単位を変更すると値も変わる」というデメリットがあります。
　たとえば、1年1組の生徒30人の身長(m)と体重(kg)を計測したとしましょう。一般的に考えて身長と体重には正の相関があるので、この30人分のデータでの共分散は＋側に大きな値になるはずです（仮に100とする）。ここで、30人分の身長データを(m)ではなく(cm)に変更してみましょう。mとcmの関係性より、身長(m)のデータを100倍するとcmに変換できます（例：1.72m ⇒ 172cm）。

　単位を変えただけで、同じ30人に関する同一のデータなので、身長(m)と体重(kg)の相関関係と身長(cm)と体重(kg)の相関関係は同じであるべきです。しかし、共分散では、身長(m)と体重(kg)の共分散の値が100とすると、身長(cm)と体重(kg)の共分散の値は10000となってしまうのです。共分散では値が大きいほど相関関係が強いと解釈するので矛盾します。

　このように、共分散には、一見2列の相関関係を表現する指標のようで、さまざまなデメリットがあります。相関係数は、そんなデメリットが起こらないように改良した共分散の上位互換的な指標なのです。前述の例の場合、mとkgの相関係数が0.55だとしたらcmとkgの相関係数も0.55のままになります。

この節のポイント

- 中央値は、データ集合を昇順に並べ替えたときの真ん中の順位の値。
- 分散は、データ集合のばらつきを表す指標。大きいほどばらついている。
- 標準偏差は、データ集合のばらつきを表す指標。大きいほどばらついている。分散のデメリットを克服した指標。
- 相関係数は2列のデータを散布図に書いたとき、「綺麗な右肩上がりか？」を評価した指標。-1～+1の間をとり、絶対値が大きいほど、綺麗な直線関係となる。

2.3 統計学でよく使われるグラフ

統計によるデータ分析では、グラフの利用が欠かせません。よく使われるグラフには、「棒グラフ」「折れ線グラフ」「散布図」「ヒストグラム」「箱ひげ図」があります。データの特性や傾向を捉えるためには、散布図のような図やグラフを使うことがとても有効です。

棒グラフや折れ線グラフは知っているだろうから、それ以外のグラフを2つ紹介しよう。

2.3.1 ヒストグラム

まず紹介する**ヒストグラム**とは、数値データの集合に対して、「その値が何個出現したか」の個数（度数ともいう）を集計して柱状グラフにしたものです。「0以上10未満の値の数」「11以上20未満の値の数」のように、ある程度の区間幅を持たせて集計します。ヒストグラム作成時に設定する区間を**階級**(bin)と呼びます。

棒グラフと形状が似ていますが、ヒストグラムは階級と度数からデータ集合の全体像を把握することを目的としたグラフです。そのため、データをある程度の範囲ごとに集計し、棒グラフのように間をあけず、ひとかたまりの図として表現します。

なお、ヒストグラムは**度数分布図**とも呼ばれます。

図2-11　ヒストグラム

2.3.2　箱ひげ図

前節で紹介した、中央値や第1四分位数・第3四分位数の値を利用したグラフを**箱ひげ図**と呼びます。

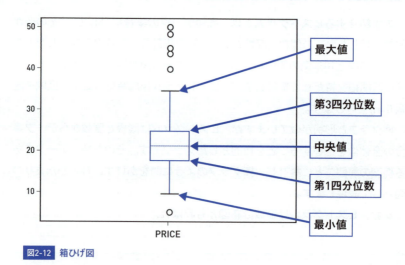

図2-12　箱ひげ図

この図では、最大値の上部や最小値の下部に白丸がいくつかありますが、これらは外れ値の存在を表しています。図2-12の「最大値」と「最小値」は、基本統計量で学んだ最大値・最小値（p54）とは厳密には異なります。どの程

度外れていたら外れ値と見なすかは、グラフを書く際に個々に定めますが、その外れ値を除いたデータの範囲を表すのが、箱ひげ図における最大値・最小値です。

まぁ基本的な用語は以上かな。2人とも整理はできたかい？

はい！　だいぶ頭の中で整理されたと思います。

僕はもう一度まとめを見て振り返ってみます！

この節のポイント

- ヒストグラムは、横軸にデータの値、縦軸にその値となったデータの個数を集計した棒グラフ。
- ヒストグラムは一般的に「A以上B未満のデータの個数」といった区間を設定して集計する。
この区間を階級と呼ぶ。
- 最大値・最小値・中央値・第1四分位数・第3四分位数を1つの図で表した図を箱ひげ図と呼ぶ。

2.4 第2章のまとめ

基本統計量

名称	意味
中央値	データを小さい順に並べたときの真ん中の順位の値。平均値に比べて、データ集合内の外れ値の影響を受けにくい。
分散値	データのばらつきを表す。値が大きいほどばらついている。複数のグループのばらつきを比較する際に利用する。
標準偏差	データのばらつきを表す。値が大きいほどばらついている。「各データと平均値との差分」の平均値と解釈できる。
相関係数	2項目のデータに対して、「綺麗な右肩上がり」の度合いを表す指標。-1〜+1の値を取る。

データ分析でよく使うグラフ

- ヒストグラムとは、横軸に階級、縦軸に度数をとった柱状グラフ。
- 箱ひげ図とは、最小値、第1四分位数、中央値、第3四分位数、最大値を表現した図。

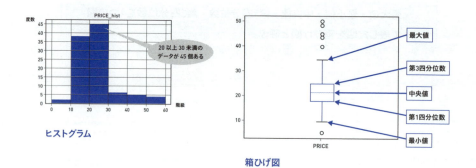

ヒストグラム

箱ひげ図

2.5 練習問題

練習2-1

統計学の用語に関して間違っているものを1つ選んでください。

A. 中央値は、データを小さい順に並べた際の真ん中の順位のことである。
B. 中央値は、外れ値を含んだデータ集合でも影響を受けにくい。
C. 分散は、データのばらつきを表す指標である。
D. 分散が小さいほど、そのデータ集合は1点付近にデータが集まっている。

練習2-2

統計学の用語に関して、間違っているものを1つ選んでください。

A. 標準偏差は分散を改良した指標である。
B. 標準偏差は値自体の解釈が容易である。
C. 相関係数は-3～+3の値をとる。
D. 相関係数では、2項目のデータにおいて2次関数のような曲線的な関係性を考察することはできない。

練習2-3

グラフに関する説明で間違っているものを1つ選んでください。

A. ヒストグラムは、縦軸にデータの個数（度数）をカウントした柱状グラフである。
B. ヒストグラムの階級幅は、ヒストグラム作成時に設定する。
C. 箱ひげ図を作成することで、そのデータ集合の平均値や分散値を視覚的に確認することができる。
D. 箱ひげ図を作成することで、そのデータ集合に外れ値があるかを視覚的に判断することができる。

chapter 3
機械学習による
データ分析の流れ

前章まで、機械学習の用語や統計学の
基礎知識を紹介してきました。
この章では、実際に機械学習による
データ分析をどのように実践するのか、
その全体像と具体的な手順を学んでいきましょう。

contents

- 3.1　目的の明確化
- 3.2　データの収集と前処理
- 3.3　モデルの選択と学習
- 3.4　モデルの評価
- 3.5　第3章のまとめ
- 3.6　練習問題

3.1 目的の明確化

3.1.1 機械学習は手段にすぎない

さあ、今度こそ機械学習の実践ですね！

ちょっと待って。その前に「何のために機械学習を行うか」を考えてみよう。

　AIと機械学習は、社会に大きな影響を与えています。大量のデータの中から人間にはわからない法則を見い出し、そこから将来の予測を導き出したり、瞬時に分類や判断を行ったりといったことが可能になり、さまざまな業務の改善や効率化につながっています。

　AIと機械学習は、今後もさまざまな分野に普及し、多くの可能性を引き出していくでしょう。機械学習へのニーズもいっそう高まっていくはずです。

　ただし、注意してほしいのは、**機械学習は目的ではなく、あくまで目的を達成するための手段である**ということです。

　実際の仕事現場において、「AIを開発したい」「機械学習を実践したい」などの願望は目的にはなりません。機械学習を学んでいくうえでは、それを忘れないようにすることが大切です。

3.1.2 目的を明確にする

　そのため、最初にすべきことは「何がしたいのか？」という目的を明確にすることです。

「商品の売上予測」や「たくさんの顧客の中から優良顧客を特定」みたいなことですか？

いや、もっと掘り下げてみよう！　どうして優良顧客を特定したいんだい？

　たとえば、商品の売上を向上させたいという目的があったとします。そのためにはさまざまなアプローチがありますが、今回は「このままだともう商品を買ってくれなくなる顧客を突き止めて阻止する」というアプローチをとるとしましょう。そのアプローチを実現する手段の1つに機械学習によるデータ分析が考えられます。

　しかし、それが本当にベストな手法でしょうか。もしかしたら、既存のデータから単純なグラフを作成し、顧客と売上の関係を視覚化することでも目的を達成できる可能性もあります。機械学習は、コストのかかる手法です。わざわざコストの高い手法を採用したのに、十分な効果が得られないといったことも起こり得るのです。

　機械学習は、目的を果たすために用いるさまざまな手法の1つにすぎないことを忘れないようにしましょう。さらに、機械学習によるデータ分析がその目的に最適な手段かどうかを見極められるようになることが大切です。

図3-1　目的を設定する

「機械学習」というキーワードが一般社会に広まり始めたばかりのころは、「データはたくさん持っているから、とりあえず試しに機械学習で何かしてみたい。あとは頼んだ！」という企業が結構あってね。

まさしく、「目的と手段が逆転している」状態ですね…。

　このように、実際のプロジェクトなどではまずは目的を明確に設定する必要がありますが、入門者や初心者が勉強のために「とにかくまずは機械学習に触れてみたい」と考えて実践してみることはおすすめです。本書では、いくつかの具体例を使って機械学習の実践方法を説明していきます。

機械学習の目的

- 機械学習は、本来解決したい課題の手段でしかない。
- 仕事の現場で「とりあえず機械学習でAIを作る」というスタンスは好ましくない。

3.2 データの収集と前処理

3.2.1 データの収集

明確な目的が確認できて、機械学習の使用が最適という結論になった。さて、次は？

とりあえず、分析するためのデータが必要ですよね。

　目的を明確にし、機械学習によるデータ分析を行うことが決まったら、データを収集します。

　目的が商品の売上予測であれば、過去の売上実績、過去に購入した顧客の情報、商品が売れた日の天候や温度などさまざまなデータが必要になります。

　データは、企業の業務システムのデータベースやWebサイトのアクセスログなどから抽出します。気候データなどインターネットで公開されているオープンデータを利用することも可能です。もし、現在必要なデータがなければ、何らかの方法で収集しましょう。

　本書では、機械学習に使用するデータをsukkiri.jpで提供します。詳細については付録Aを参照してください。

図3-2 データの収集

3.2.2 データの前処理

データが揃いました！　これで機械学習を実践できますね！

待て待て。そのデータに問題はないとちゃんと確認できているのかな。

　収集したデータは、機械学習に適した状態であるとは限りません。たとえば、必要なデータが複数のファイルに分散している、データが途中で抜けているなど、そのまま使用できない場合があります。

　適切な分析をするためには、事前にデータを適切な形に整える必要があります。この作業を、データの**前処理**といいます。

　データの前処理には次のようなものがあります。

表3-1　データの前処理

前処理の各作業	概要
データの統合	複数ファイルに分かれているデータをまとめる
欠損値の処理	何らかの理由で欠落している値を補足する
外れ値の処理	他のデータに対して、明らかに大きすぎたり小さすぎたりするデータを調整する
文字から数値への変換	文字データを数値データに変換する
データの標準化	データの分布に偏りがないように調整する
特徴量エンジニアリング	ある特徴量を、分析に適した形へと、さまざまに変換する

　本書ではこれらの内容をすべて扱います。

うわ…たくさんありますね！

データ分析の業務ではデータの前処理に非常に時間をかけるんだ。きちんとした前処理が行われているかどうかがデータ分析の結果を左右する、といっても過言じゃない。

「前処理を制する」は「機械学習を制する」ですね。

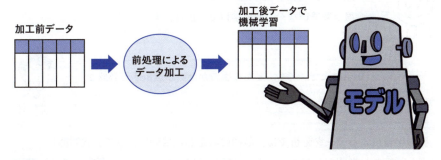

図3-3　データの前処理

　本書では、主にpandasというライブラリを用いて前処理を行います。pandasは表に対してさまざまな加工・集計・描画をすることができ、世界中の多くのDSユーザーに愛されているライブラリです。また、昨今polarsと呼ばれるライブラリが台頭してきました。polarsは普及度こそpandasに遠く及ばないものの、超大規模なデータに対しても高速に処理をすることができるというメリットがあります。polarsライブラリの利用方法は付録D（p565）に掲載しています。

データの前処理

- データを利用できる形式に加工することをデータの前処理と呼ぶ。
- 前処理は、地味なようで非常に重要な工程である。
- pandasというPythonライブラリを用いると、前処理を手軽に行える。

3.3 モデルの選択と学習

3.3.1 機械学習法の選択

今度は間違いなく、機械学習ですよね。

うん、いよいよだ。でも、どんな手法がいいか選択する必要があるよ。

　機械学習によるデータ分析では、最初に設定した目的によって、教師あり学習か教師なし学習かが決まります。教師あり学習なら、さらに回帰なのか分類なのかが決まります。回帰に決まったとしても、回帰の手法にはさまざまな種類があります。そこで、現状の目的や制約に基づいて適切な手法を選択する必要があるのです。図3-4に示す「決定木モデル」「重回帰モデル」「ランダムフォレストモデル」は、機械学習手法（モデル）の代表的なもので、これらについてはあとの章で解説します。

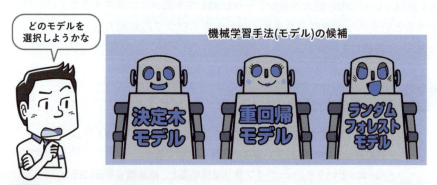

図3-4　ケースバイケースでモデルを選択

とりあえずコレを選べばOK、みたいな定番の手法はないんですか？

残念ながらないよ。それぞれの手法にメリット・デメリットがあるから、ケースバイケースで使い分ける必要があるんだ。

　たとえばPythonでは、scikit-learn（サイキット・ラーン）というライブラリでモデル（数式）の作成や学習を行うことが一般的です。scikit-learnには、多様な機械学習モデルが用意されており、数行のコードで手軽に機械学習を実践することができます。本書でも次章以降でscikit-learnを利用していきます。

モデルの使い分け

ひとくちに「回帰」や「分類」といっても、さまざまな機械学習モデルがあり、メリットとデメリットを理解したうえで使い分ける必要がある。

3.3.2　モデルの学習

モデルの選択が終わったら、モデルにデータを与えて学習させるよ。

　モデルにデータを与えることで、モデルはデータの法則を学習します。第1章でも述べたように、教師あり学習の場合は、特徴量から正解データを予測するための法則を学習し、教師なし学習の場合は特徴量自体の法則を学習します。第1章では、図1-5（p38）にAIによる教師あり学習の様子を示しましたが、ここではより具体的に、「モデルが学習する」と考えてください。

3.4 モデルの評価

3.4.1 評価の必要性

> モデルに学習させれば、無事終了ですね。

> いや、学習を実行したあと、モデルを評価する必要があるね！

　機械学習を1度実施したら、それで終わりということはほとんどありません。学習の済んだモデルを**評価**する必要があります。

　たとえば、ある小売業の企業が「教師あり学習」を使って、ある商品の1日ごとの売上数を予測できる予測モデルを作ったとします。このモデルを全国の各店舗で活用することによって、適切な在庫量を見積もることができるので、各店舗での廃棄ロスを防ぐことができるでしょう。

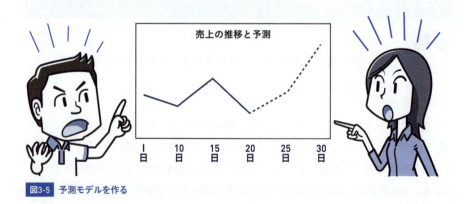

図3-5　予測モデルを作る

　さて、モデルに学習させて、売上数を予測できるようになったとしましょう。

> モデルが出来てよかったじゃないですか！　これでこの企業は明日から安泰ですね。

> いや、そうとは限らないよ。

　予測モデルが「とりあえず」完成したので、1つの店舗で1か月のお試し運用をしてみました。すると、モデルがはじき出す予測結果と実際の売上数には、1日にだいたい500個ほどの誤差が生じてしまうことがわかったのです。

> う〜ん。1日あたりの1店舗の売上数なのに500個もずれるのかあ…あまり予測が当たるとはいえなさそう…。

> そう。連日ドンピシャで当てるのは難しいとしても、もう少し予測の精度が良くないと使いものにならないよね？

　機械学習を行う目的を明確化すると、期待する結果（どの程度の誤差なら許せるかなど）もある程度決まります。そのため、モデルがひとまず学習し終えたら、モデルの予測精度がどの程度なのか調べて、期待する精度より良いか悪いかを判断します。

> モデルの予測精度が期待より悪い場合は、どうするんですか？

> もちろん前の工程に戻る。データの前処理の方法や機械学習の分析手法（つまりモデルの種類）を変えたりして、モデルが期待する結果を出すまで、ひたすら試行錯誤を繰り返すんだ。

　基本的には、データの前処理→モデルの作成・学習→モデルの評価という流れですが、実際にはモデルが期待する性能を出すようになるまで、各工程

を行ったり来たりして試行錯誤を繰り返します。

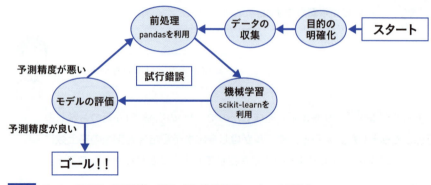

図3-6 データの前処理→機械学習→結果の評価を繰り返し、ゴールを目指す

この試行錯誤が終了してようやく、一連のデータ分析作業が終了するんだ。

モデルの精度を評価する

- モデルが適切に学習したら、モデルの精度を調べて評価をする必要がある。
- 期待する精度に達しない場合は、データの前処理やモデル選択、学習の工程に戻り、期待する精度に達するまで、試行錯誤を行う。

3.5 第3章のまとめ

「機械学習によるデータ分析」の一連の流れ

- 目的の確認→データの収集→データの前処理→モデルの選択→機械学習の実施→モデルの評価。

目的の確認

- 機械学習の力でどういった問題を解決したいのか、目的を明確にする。
- 機械学習はその目的を解決する手段でしかないので、機械学習以外にもその目的を解決する方法がないのかを十分に検討する。

データの収集と前処理

- 目的と手段が明確になると必要なデータも明確になる。自分（または自分が所属している団体）が保有しているデータですべて賄えるなら問題ないが、そうでない場合は別途集める必要がある。
- データをモデルに与えることができるように適切な形式に整える必要がある。この工程をデータの前処理と呼ぶ。

モデル選択と学習

- 設定した目的や集めることのできたデータに応じて、適切なモデルを選択する必要がある。

モデルの評価

- 学習したモデルが期待した結果となっているかを検討し、もし期待した結果になっていなかったら前の工程に戻って試行錯誤を繰り返す。

3.6 練習問題

練習3-1

次の項目を、機械学習によるデータ分析の一連の流れになるように並べ替えてください。

A. モデルの学習
B. データの前処理
C. 目的と手段の明確化
D. モデルの評価
E. データの収集

練習3-2

次の中から、機械学習によるデータ分析プロジェクトの流れに関して間違っているものを1つ選んでください。

A. 「データの前処理」は地味なようで、実はとても大変である。
B. 機械学習にはさまざまな手法があるので使い分ける必要がある。
C. 結果の評価では、予測モデルの予測精度などを検証する。
D. 1度評価して、期待する結果にならなかった場合、そのプロジェクトは失敗である。

練習3-3

次のPythonライブラリについて、練習3-1の選択肢にある各工程のどこで主に用いるものか選んでください。

(1) pandas
(2) scikit-learn

chapter 4
機械学習の体験

本格的な機械学習の実践に入る前に、簡単なデータを使って、まずは機械学習による分析をひととおり体験してみましょう。本章では、データの前処理に利用するpandasの使い方についても学習します。

contents

- 4.1 きのこ派とたけのこ派に分類する
- 4.2 pandas超入門
- 4.3 データの前処理
- 4.4 モデルの準備と機械学習の実行
- 4.5 モデルの評価
- 4.6 モデルの保存
- 4.7 第4章のまとめ
- 4.8 練習問題

4.1 きのこ派とたけのこ派に分類する

4.1.1 利用データの概要

> それじゃあ、簡単なデータを使って、機械学習を体験してみよう。

本章では、機械学習によるデータ分析の体験として、身長、体重、年代から「きのこ」派または「たけのこ」派のどちらに分類されるかを予測します。分析に使用するデータ（KvsT.csv、筆者のオリジナルデータ）の内容を見てみましょう（図4-1）。データのダウンロードの方法については付録Aを参照してください。

	A	B	C	D	E
1	身長	体重	年代	派閥	
2	170	60	10	きのこ	
3	172	65	20	きのこ	
4	170	60	30	たけのこ	
5	170	65	40	きのこ	
6	177	65	10	たけのこ	
7	168	55	20	きのこ	
8	169	65	30	たけのこ	

図4-1 Microsoft Excelで開いたデータ（KvsT.csv、抜粋）

> このデータをもとに、「こういう特徴を持った人は、きっとたけのこ派ですよ」って予測してくれるモデルを作ってみよう。

> 「きのこ」派か「たけのこ」派かという論争は、永遠のテーマですしねえ。

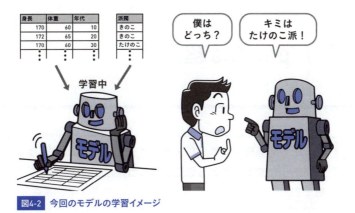

図4-2 今回のモデルの学習イメージ

 column データサイエンティストに必要な技術

　無尽蔵に増えるデータを分析し、社会的価値を創造するデータサイエンティストには、どのようなスキルが必要なのでしょうか？　一般社団法人のデータサイエンティスト協会は、次の3つを定義しています。

- データサイエンス力（data science）：情報処理、人工知能、統計学などの情報科学系の知恵を理解し、使う力
- データエンジニアリング力（data engineering）：データサイエンスを意味のある形に使えるようにし、実装、運用できるようにする力
- ビジネス力（business problem solving）：課題背景を理解したうえで、ビジネス課題を整理し、解決する力

　具体的なスキルセットに関してチェックリストなども公開されていますので、次のURLから参照してください。

- 一般社団法人データサイエンティスト協会
  https://www.datascientist.or.jp/

4.2 pandas超入門

さっそく前処理といきたいところだが、KvsT.csvのデータをPython上で変数に入れる必要があるね。どうやったらいいと思う？

データの集まりといえばリストです！ リストに代入してあげればいいと思います。

でも、列名があるからディクショナリにしたほうがわかりやすいんじゃないかしら？

　Pythonには、リストやディクショナリといったデータ集合を効率よく管理するしくみがあります。しかしそれらは基本的な機能しか備えていないため、機械学習などの複雑なデータ分析を行ううえでは使い勝手が良いとはいえません。そこで、一般的には外部ライブラリである pandas を利用します。
　pandasでは、Excelのように「行」と「列」を持つ表形式のデータを簡単に作成することができます。今回使用する開発ツールのAnacondaはpandasを事前にインストール済みの開発環境なので、Anaconda利用者は個別にインストールする必要はありません（pandasやAnacondaについては付録Aを参照）。

4.2.1 pandasのインポート

　pandasはライブラリなので、利用するためには最初にインポートしておく必要があります。

コード4-1　pandasをインポート

```
1  import pandas as pd
```
→ 慣習でpandasにpdと名付ける

　ここではインポートしたpandasに「pd」という別名を付け、「pd.機能」という記述でpandasの機能を利用できるようにしています。Pythonでのライブラリ利用方法については、姉妹書『スッキリわかるPython入門』などを参照してください。

4.2.2　データフレームの作成

　pandasには、表形式のデータ構造を利用するための**データフレーム**があり、専用の型であるDataFrame型が準備されています。データフレームは列（表の縦方向）と行（表の横方向）から構成されます。それぞれの列は列名（カラム名）を持ち、同様にそれぞれの行は行名（インデックス）を持ちます。試しに、次の表の内容を持つデータフレームを作成してみましょう。

	松田の労働時間	浅木の労働時間
0	160	161
1	160	175

　列名（カラム名）
　行名（インデックス）

図4-3　コード4-2で作成されるデータフレーム

　データフレームを作成するには、キーに「列名」、値に「列の値のリスト」をもつディクショナリを作成します。そのディクショナリをDataFrame関数でデータフレームに変換します。

コード4-2　ディクショナリをDataFrame関数でデータフレームに変換

```
01  data = {
02    '松田の労働時間' : [160, 160],  # 松田の労働時間列の作成
03    '浅木の労働時間' : [161, 175]   # 浅木の労働時間列の作成
```

　　　　　　　列名　　　　　　　列の値のリスト

```
04  }
05
06  df = pd.DataFrame(data)
07  df  # dfの表示
```

data変数をDataFrame型に変換

実行結果

	松田の労働時間	浅木の労働時間
0	160	161
1	160	175

> データフレームは、表みたいに綺麗に表示されるのね。

> データフレームには、デフォルトで0から始まる連番のインデックスが割り振られることに注意しよう。

データフレームの行数や列数などの構造は、コード4-3のように調べることができます。また、組み込み関数のtype関数を使うと、データフレームのデータ型を確認できます。

コード4-3 type関数でデータフレームのデータ型を確認

```
01  # セルの途中の場合、print関数を
02  # 利用しないと表示できない
03  print(type(df))
04  df.shape
```

実行結果

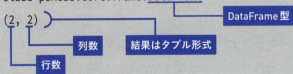

```
class pandas.core.frame.DataFrame
(2, 2)
```

DataFrame型
結果はタプル形式
列数
行数

ここで紹介した2つのpandasの関数の構文を整理しておこう。

 データフレームの作成

> 変数名 = pd.DataFrame(2次元のデータ,
>   index = インデックスのリスト,
>   columns = 列名のリスト)

※ pdはpandasのインポート時の別名。
※ 2次元データには、バリューがリストのディクショナリや、2次元リストを指定することができる。
※ index引数やcolumns引数の具体例についてはコード4-7を参照。

 行数や列数を調べる

> データフレーム.shape

※ 参照結果は、タプル形式(行数,列数)で表示される。

4.2.3 インデックスや列名の操作

データフレームではインデックスや列名を操作することも多い。簡単な使い方を覚えておこう。

データフレームを作成したあとに、インデックスや列名を変更することができます。インデックスをデフォルトの整数から月に変更するには、次のように実行します。

コード4-4　インデックスをデフォルトの整数から月に変更する

```
01  df.index = ['4月', '5月'] # dfのインデックスを変更
02  df # 表示
```

実行結果

	松田の労働時間	浅木の労働時間
4月	160	161
5月	160	175

インデックスが変更されている

列名は次のように変更します。

コード4-5　列名を変更する

```
01  df.columns = ['松田の労働(h)', '浅木の労働(h)'] # 列名の変更
02  df # 表示
```

実行結果

	松田の労働(h)	浅木の労働(h)
4月	160	161
5月	160	175

列名が変更されている

また、変数.columnsや変数.indexと書くと、インデックスや列名のみを参照することができます。コード4-4やコード4-5による変更が正しく反映されたか、さっそく確認してみましょう。

コード4-6　インデックスや列名のみを参照する

```
01  print(df.index)    # インデックスの参照
02  print(df.columns)  # 列名の参照
```

実行結果
```
Index(['4月', '5月'], dtype = 'object')
Index(['松田の労働(h)', '浅木の労働(h)'], dtype = 'object')
```

　なお、コード4-6で表示されるIndexは、pandasが定めるデータ型です。コード4-5のように、データフレームを作成してからインデックスや列名を変更することも、データフレームを作成するときにDataFrame関数の引数でインデックスや列名を指定することもできます。

コード4-7　DataFrame関数の引数でインデックスや列名を指定する

```
01  data = [
02      [160, 161],
03      [160, 175]
04      ]
05                  2次元リストをもとにデータフレームを作成することも可能
06  df2 = pd.DataFrame(data, index = ['4月', '5月'], columns =
07  ['松田の労働', '浅木の労働'])
                     インデックスや列名を1次元リストで指定
```

列名やインデックスだけの参照は、第II部以降でよく使うので、しっかりとマスターしておいてほしい。

列名／インデックスの参照

・列名の参照
データフレーム.columns

・インデックスの参照
データフレーム.index

 列名／インデックスの変更

・列名の変更
データフレーム.columns = 新列名のリスト

・インデックスの変更
データフレーム.index = 新インデックスのリスト

> それじゃあ早速、KvsT.csvのデータフレームを作りますよ。僕の華麗なタイピングでさささっと入力します！

> いや、その必要はないよ。

4.2.4 CSVファイルの読み込み

　今回のKvsT.csvの場合、データ件数が少ないため直接タイピングでも入力できないことはないでしょう。しかし、実際の機械学習プロジェクトで扱うデータは、数万件、数十万件に及ぶことが多く、手入力は現実的ではありません。

　pandasでは、CSVファイルやデータベースから直接データを読み込んで、データフレームを作成することができます。pandasのread_csv関数は指定されたCSVファイルからデータを読み込み、データフレームを作成します。事前に付録Aの手順に従ってKvsT.csvをJupyterLabの適切なフォルダに配

置してから、次のコード4-8を実行してみましょう。

コード4-8 read_csv関数でCSVファイルからデータを読み込む

```
01  # pandasは別名pdでインポート済み
02  # KvsT.csvファイルを読み込んで、データフレームに変換
03  df = pd.read_csv('KvsT.csv')
04  # 先頭3行だけ表示
05  df.head(3)
```

```
実行結果
     身長   体重   年代   派閥
0    170   60    10   きのこ
1    172   65    20   きのこ
2    170   60    30   たけのこ
```

コード4-8の5行目では、CSVのデータがきちんと読み込まれたか確認するために、データフレームの先頭から指定した件数だけを取り出すheadメソッドを使っています。

今回のCSVの読み込み以外にも、pandasでは、列の追加や削除など、データフレームの複雑な操作が可能です。自分が意図した内容にデータフレームがなっているかを確認する必要はたびたびありますが、件数が多い場合は全部を表示しても確認が大変です。その際に、headメソッドを利用して、先頭数件だけを表示します。なお、末尾数件だけを表示するにはtailメソッドを用います。

CSVファイルの読み込み

```
変数= pd.read_csv('ファイル名')
```
※ pdは、pandasの別名。

先頭／末尾数件だけを表示

・先頭数件だけを表示
```
データフレーム.head(件数)
```

・末尾数件だけを表示
```
データフレーム.tail(件数)
```
※ 件数のデフォルト引数は5。

4.2.5 特定の列の参照

データフレームは特定の列だけを参照することもできる。これもよく使うので、覚えておこう。

データフレームに列名を指定すると、その列だけを参照できます。

コード4-9　指定した列だけを参照する

```
01  # 身長列だけを参照
02  df['身長']
```

実行結果
```
0    170
1    172
2    170
⋮
```

また、列名のリストを指定すると、複数の列を一度に参照することもできます。

コード4-10 複数の列を一度に参照する

```
01  # 抜き出したい列名の文字列リストを作成
02  col = ['身長', '体重']
03  # 身長列と体重列のみを抜き出す
04  df[col]
```

実行結果

```
     身長   体重
0    170   60
1    172   65
2    170   60
⋮
```

あれ？ 1列だけのときと複数列のときとでは、表示が微妙に違いますね。列名が上についてるし…。

それは、データフレームから1列だけを取り出した場合と複数列取り出す場合では、データ型が異なるからだよ。

1列だけ抜き出したデータの型をtype関数で確認してみましょう。

コード4-11 1列だけ抜き出したデータの型

```
type(df['派閥'])
```

実行結果

```
pandas.core.series.Series
```
→ dfの型と違っている

pandasでは、行と列がある表形式、すなわち2次元のデータを扱うときはDataFrame型を用いるのが基本です。しかし実は、pandasでは1次元のデー

タをシリーズという概念で扱い、専用の型Seriesが準備されています。シリーズには行（インデックス）はありますが、列はありません。

コード4-12　1次元のデータを扱うSeries型

```
df['派閥']
```

実行結果

```
0      きのこ
1      きのこ
2      たけのこ
3      きのこ
4      たけのこ
5      きのこ
:
```

インデックスのみ表示される（列名は存在しない）

慣れるまでは、データフレームとシリーズの使い分けはそれほど意識しなくてもいいよ。とりあえず今は「pandasには、データフレームのほかにも、シリーズっていう1次元データもある」ってことを押さえてくれたらOK！

 1つの列／複数列を参照

・1つの列だけを参照

```
データフレーム['列名']
```

・複数列を一括で参照

```
データフレーム[列名のリスト]
```

※ 1つの列名だけを指定した場合は、1次元データのシリーズとして取得される。

特定の列を参照できるってことは、特定の行を参照することもできるのかしら。

もちろん、できるよ。でもその方法は、必要になったときに紹介しよう。

　ここまで、pandasの基本的な使い方を説明してきました。pandasには、このほかにも便利な機能がたくさんあります。本書ではこれ以降、機械学習による分析を実践しながら、使用する機能の構文を紹介していきます。リファレンスとしての一覧を見たい方は付録Cを参照してください。

この節のポイント

- 外部ライブラリのpandasを使うと、表データを柔軟に扱うことができる。
- pandasにおいて、1次元の単純なデータ集合を「シリーズ」と呼ぶ。
- pandasにおいて、2次元の表形式データを「データフレーム」と呼ぶ。

4.3 データの前処理

4.3.1 特徴量と正解データ

では、前節で学んだpandasの基礎知識を使って、教師データを準備していこう。

　第1章で学んだように、教師あり学習では、教師データを使ってモデルに学習させます。教師データは、入力データと正解データを組み合わせたものであり、入力データは1種類以上の特徴量から構成されます。特徴量は、文字どおりデータの特徴を表したもので、**教師あり学習**の場合、予測に利用する列を意味します。正解データは特徴量がある値をとったときの正解値（ここでは「きのこ」または「たけのこ」）になります。

今回は、「身長」列、「体重」列、「年代」列を特徴量にしてみましょうよ。

じゃあ、「派閥」列が正解データだ。

そのとおり。今は1つのデータフレームに収まっているので、これを特徴量から成る入力データと正解データとに分けよう。

　モデルに学習させる際には、特徴量から成る入力データと正解データとを別々に与える必要があります。そこで、データフレームの特定の列を参照する方法を使って、データフレームを特徴量と正解データに分割しましょう。

図4-4 データフレームを特徴量と正解データに分割

コード4-13　特徴量を変数xに代入

```
01  # 特徴量の列を参照して xに代入
02  xcol = ['身長', '体重', '年代']
03  x = df[xcol]
04  x
```

実行結果

	身長	体重	年代
0	170	60	10
1	172	65	20
2	170	60	30
3	170	65	40
4	177	65	10
⋮			

コード4-14　正解データを変数tに代入

```
01  # 正解データ（派閥）を参照して、tに代入
02  t = df['派閥']
03  t
```

実行結果

```
0    きのこ
```

```
1      きのこ
2      たけのこ
3      きのこ
4      たけのこ
⋮
```

これでデータフレームの内容を特徴量xと正解データtに分割できました。

データの前処理はコレで終わり!

え!? これだけですか?

今回はね。次回以降はやることが増えるから覚悟しといて。

教師あり学習のための前処理

教師あり学習をするために、データを特徴量と正解データに分割する。

4.4 モデルの準備と機械学習の実行

それじゃあ、前処理が終わったから早速機械学習をしていくよ。2人とも機械学習のイメージは覚えているかな？

モデルに、特徴量データと、その正解データだけ渡してあげると、モデルが勝手に「入力から答えを予測するための法則」を見つけてくれるんでしたよね？

おっけい、大正解！

4.4.1 scikit-learnのインポート

第3章で紹介したように、モデルの作成や学習には、scikit-learnというライブラリを使います。scikit-learnは各種分析モデルを提供しており、難しい背景理論を学ぶことなく機械学習を実行できます。

scikit-learnにはさまざまなモジュールが含まれているので、必要なモジュールのみをインポートすることをおすすめします。今回は、教師あり学習の中でも基本的な決定木モデルを利用するので、決定木モデルを提供しているtreeモジュールをインポートします。

コード4-15 treeモジュールのインポート

```
01  from sklearn import tree
```

scikit-learnライブラリをインポートするときはsklearnと記述します。さらに今回は、fromキーワードを利用してsklearnライブラリの中のtreeモジュールのみをインポートします。

4.4.2 モデルの準備と学習

今回は決定木モデルを利用する。決定木モデルの詳細についてはあとで説明するとして、ここでは教師あり学習の流れを体験してほしい。

モデルの準備には、treeモジュールのDecisionTreeClassifier関数を使います。準備したモデルのfitメソッドに4.3節のコード4-13、4-14で分割した特徴量の変数xと正解データの変数tを渡すと、モデルに学習させることができます。

コード4-16 モデルの準備と学習の実行

```
01  # モデルの準備(未学習)
02  model = tree.DecisionTreeClassifier(random_state = 0)
03  # 学習の実行(x、tは事前に定義済みの特徴量と正解ラベル)
04  model.fit(x, t)
```

02行目の `random_state = 0` → この指定の意味は後述

実行結果

```
DecisionTreeClassifier
DecisionTreeClassifier(random_state=0)
```

※ 環境によって表示内容が異なることがありますが、エラーとして返ってこなければOKです。

これでモデルの学習は完了!

えっ!? これだけなんですか?

たった2行の処理を書くだけで機械学習を行えることに、驚かれた方もいるでしょう。ではコード4-16を解説していきましょう。まず、2行目のコードを見てください。

```
model = tree.DecisionTreeClassifier(random_state = 0)
```

treeモジュールのDecisionTreeClassifier関数は、決定木モデルの準備を行います。引数としてrandom_stateに0を指定していますが、これは乱数の**シード値**といわれるものです。シード値はモデルが学習を行うたびに違う結果を返さないようにするためのものですが、詳細は後述しますので、いったん深くは考えずにこのとおりにコーディングしましょう。

図4-5 決定木モデル

準備されたモデルは変数modelに代入されます。モデルは、「ある特徴量（身長、体重、年代）の人は、きのこ派（またはたけのこ派）である」という教師データを大量に受け取り、学習してその法則を見い出します。その処理が、次の、コード4-16の4行目です。

```
model.fit(x, t)
```

準備したモデルのfitメソッドの引数に特徴量と正解データを渡すことで、学習させるのです。

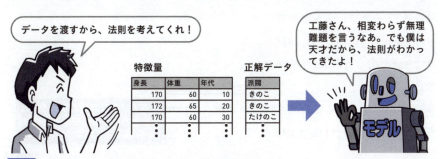

図4-6 モデルのfitメソッドに特徴量と正解データを渡して学習させる

ちなみに学習実行に用いるメソッド名は、scikit-learn内のすべての教師あり学習でfitに統一されています。

scikit-learnでのモデルの学習

モデル変数.fit(特徴量のデータ,正解データ)

※ モデル変数とは、事前に定義している機械学習モデルが代入されている変数。

難しい数学の知識は要らないんですね。

scikit-learnのような外部ライブラリのおかげで、機械学習をとても簡単に行うことができるんだ。

4.4.3 新しいデータでの予測

学習が完了したので、実際に新しい特徴量を与えて予測を行ってみましょう。

身長170cm、体重70kg、年齢20代の人は、きのこ派とたけのこ派のどちらであると予測されるでしょうか。

コード4-17　きのこかたけのこか予測する

```
01  # 身長170cm、体重70kg、年齢20代のデータ（新しいデータ）を
02  # データフレームで作成
03  taro = [[170, 70, 20]]
04  taro_df = pd.DataFrame(taro,
05                         columns=x.columns)
06  # taroがどちらに分類されるか予測
07  model.predict(taro_df)
```

予測データは学習のデータxと同じ列名にする必要があるのでxから直接抜き出す

実行結果

```
array(['きのこ'], dtype = object)
```
　　　　　　└─ 推論結果

> きのこって表示されました！

> 身長170cm、体重70kg、年齢20代の人は、おそらくきのこ派だねと予測したんだ。

　未知のデータでの予測には、モデルのpredictメソッドを使います。predictメソッドは、特徴量を受け取ると、array型で予測結果を返します。このarrayという型はnumpyという別のライブラリのデータ型ですが、現時点では気にしなくても大丈夫です。
　なお、predictメソッドは、fitメソッドと同様に、scikit-learnのモデルに共通する予測実行のための処理です。

> なるほど...でもなんでコード4-17ではpredictメソッドに2次元のデータフレームを渡しているんですか？　シンプルに「predict([170, 70, 20])」でも良さそうですが…。

　predictメソッドは、もともと複数の予測を一度に実行するために、2次元のデータを受け取る仕様になっています。例えば次のように、2人分の特徴量をデータフレームで渡すと一度に予測を実行します。

コード4-18　複数の予測を一度に実行

```
01  matsuda = [172, 65, 20]      # 松田のデータ
02  asagi = [158, 48, 20]        # 浅木のデータ
03  new_data=pd.DataFrame([matsuda,asagi],
```

chapter 4　機械学習の体験

```
04                    columns=x.columns)
05 model.predict(new_data)    # 2人のデータを一括で予測
```

実行結果
```
array(['きのこ', 'たけのこ'], dtype = object)
```
- 'きのこ' → matsuda に関する予測結果
- 'たけのこ' → asagi に関する予測結果

 学習済みモデルでの予測

モデル変数.predict(特徴量のデータ)

※ 複数件を一括で予測できる。
※ 引数のデータフレームの列名は、学習に利用したデータフレームの列名と一致させる必要がある。
※ 2次元リストのまま引数に渡した場合も予測することができる(ただし警告が出る)。

 モデルに学習させるときのポイント

- 外部ライブラリのscikit-learnを利用することで、簡単に機械学習を実施することができる。
- モデルに学習をさせるときには、fitメソッドを利用する。
- 学習済モデルに予測をさせるときにはpredictメソッドを利用する。

4.5 モデルの評価

4.5.1 予測性能の評価

　第3章でも触れたように、機械学習が一度終了したからといって、モデルは100発100中で予測してくれるようになるとは限りません。選択したモデルが不適切であったり、そもそもデータの質が悪い（データ数が少なかったり、前処理の仕方が不適切だったりする）場合、モデルは誤った法則を学習してしまい、予測結果と実際の値に大きなズレが生じてしまいます。そのため、モデルの予測が本当に当たるかどうか、モデルの予測性能を調べて評価する必要があります。

モデルは、あくまでも与えられた条件やデータの中で学習してベストを尽くしているだけだからね…。

図4-7　与えた条件やデータが悪いと良い結果は期待できない

　それでは、今回学習させた「きのこ・たけのこ判断モデル」がどれほどの予測精度を持っているかを、どのようにしたら調べることができるでしょうか。幸い、私たちは教師データとして「どのような身長・体重・年代ならば

何派か」という本当の答えを持っています。そのため、教師データに含まれる特徴量をモデルに与えてみて、その「予測結果」と教師データの「正解データ」とを比較することにより、モデルが適切に学習を行い、適切な予測ができているか、を確認することができます。

図4-8 学習に用いたデータについて予測させ、結果が正しいかを確認

なるほど、正解がわかっているデータを用いれば、予測結果が合っているかどうか比較できるんですね！

具体的に、モデル性能の優劣を計測するさまざまな方法がありますが、代表的なものに正解率という予測性能の指標があります。

4.5.2 正解率

正解率とは、きのこ派かたけのこ派かを複数件予測させてみて、その何％が本当に正しかったかを表す比率のことだ。

正解率は、次の計算式で定義できます。

$$正解率 = \frac{実際の答えと予測結果が一致している件数}{全データ件数}$$

	予測	
	きのこ	たけのこ
実際 きのこ	30人	10人
実際 たけのこ	5人	55人

$$\text{正解率} = \frac{30+55}{30+10+5+55}$$
$$= \frac{85}{100}$$
$$= 85\%$$

図4-9 正解率計算の例

正解率が高いほど、良い予測性能であることを示しています。

全体の件数のうち予測が当たった件数の比率だから、とってもシンプルだし、直感的にわかりやすいわね！

それでは、Pythonを用いて実際にあるモデルに予測をさせ、その正解率を計算してみましょう。scikit-learnのモデルが備えるscoreメソッドで、簡単に実現できます。

コード4-19 正解率の計算

```
01  # 正解率の計算
02  model.score(x, t)
```

実行結果
```
1.0
```

scoreメソッドの引数には特徴量と正解データを指定します。scoreメソッドでは特徴量の変数xから予測を行い、その予測結果と正解データの変数tとを比較して正解率を計算しています。

図4-10　予測結果と正解データを比較して正解率を計算

📖 モデルの正解率を計算

```
モデル変数.score(特徴量のデータ,正解のデータ)
```

正解率が1.0ということは、作成したモデルの予測性能が100%ということだ。とりあえずは「百発百中のモデル」ができたとして、前処理や学習をやり直さず先に進もう。

よし！　このAIさえあれば、気になるあの子がどっち派なのか、予測することができますね！

どっち派か聞くよりも、体重を事前に聞くほうが難しくない？

💡 モデルの予測性能

- モデルの予測性能は、scoreメソッドで計算できる。
- 正解率は分類モデルの予測性能の評価指標の1つで、実際の結果と予測の結果がどれだけ一致しているかの比率である。

4.6 モデルの保存

4.6.1 pickleによるモデルの保存

モデルの評価が終わったら、そのモデルをあとから使えるように保存しておこう。

え？ わざわざ保存しなくても、次に必要になったときにもう一度作成して学習させればいいんじゃないですか？

　今回の体験で使用したデータは量も少なく単純な構造であったため、fitメソッドでの学習も一瞬で終了しました。しかし、実際のデータ分析業務では大量のデータを利用するため、fitメソッドによる学習が終了するまで何日も時間がかかることも珍しくありません。そこで、モデルを学習させ終わったらモデルの情報をファイルとして保存しておき、必要なときに再度利用できるようにしましょう。

　モデルを保存する方法はいくつかありますが、Pythonの標準ライブラリであるpickleを用いる方法が手軽でしょう。pickleをインポートして、dump関数で指定のファイルにモデルを保存します。そして、Pythonの基本文法で紹介したwithステートメントを利用したファイル入出力を使って、モデルの保存を行います。

コード4-20　モデルの保存

```
01  import pickle
02
03  with open('KinokoTakenoko.pkl', 'wb') as f:
04      pickle.dump(model, f)
```

（作成ファイル名／モデル情報の保存）

実行すると、画面上には何も表示されませんが、JupyterLabのHome画面に「KinokoTakenoko.pkl」というファイルが作成されたことが確認できます。

図4-11　ファイルとして保存されたモデル情報

4.6.2　保存したモデルの読み込み

モデルを保存したファイル（ここではKinokoTakenoko.pkl）からモデルを変数に読み込むと、再び学習させることなく、すぐにモデルを利用して推論などをさせることができます。

コード4-21　**KinokoTakenoko.pklからモデルを変数に読み込む**

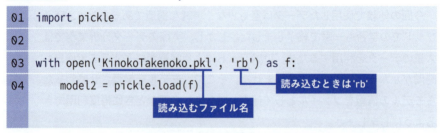

上のコードでは、KinokoTakenoko.pkl内の情報を読み込んで、model2変数に代入しています。さっそく、読み込んだモデルで予測を行ってみましょう。

コード4-22　**ファイルから読み込んだ学習済モデルで予測する**

```
01  suzuki = pd.DataFrame([[180,75,30]], columns=['身長', '体重', '年代'])
02  model2.predict(suzuki)
```

実行結果
```
array(['たけのこ'], dtype = object)
```

モデルの保存と読み込み

・モデルの保存

```
with open('ファイル名', 'wb') as f:
    pickle.dump(保存するモデル変数, f)
```

※pickleモジュールをインポート済みであることが前提。
※pickle.dump関数の行の先頭にはインデントが必要。

・保存ファイルからモデルの情報を読み込む

```
with open('ファイル名', 'rb') as f:
    変数 = pickle.load(f)
```

※pickleモジュールをインポート済みであることが前提。
※pickle.load関数の行の先頭にはインデントが必要。

2人ともお疲れさま！　これで機械学習の体験は終了だ。栄えあるデータサイエンティストへの一歩を踏み出したね。

モデルの保存

- 作成したモデルは保存する必要がある。
- 標準ライブラリのpickleを利用することで、モデルを保存できる。

ここで、第4章に出てきたデータの準備・前処理～モデルの評価までの一連のソースコードをまとめました（変数の確認などは割愛しています）。

コード4-23 データの準備・前処理からモデルの評価までの全体像

```
01  import pandas as pd
02
03  # データの読み込み
04  df = pd.read_csv('KvsT.csv')
```

```
05
06  # 特徴量と正解データに分割
07  xcol = ['身長', '体重', '年代']
08  x = df[xcol]
09  t = df['派閥']
10
11  # モデルの準備と学習
12  from sklearn import tree
13  model = tree.DecisionTreeClassifier(random_state = 0)
14  model.fit(x, t)
15
16  # 正解率の計算
17  model.score(x, t)
```

4.7 第4章のまとめ

pandasの概要

- pandasは、表データに対して、参照や行・列の追加などさまざまな操作ができるライブラリである。
- pandasでは表データをDataFrameというデータ型で扱う。
- pandasには、1次元のデータ集合を扱うSeriesというデータ型がある。

scikit-learnの概要

- scikit-learnはさまざまな機械学習の分析モデルを提供しているライブラリである。
- 学習を行うときはfitメソッドを使う。
- 予測するときは、predictメソッドを使う。

予測性能の評価

- モデルの学習が済んだら、既存の特徴量データで予測を行い、予測結果と実際の答えが一致しているかを比較する。
- 分類の予測性能の指標の1つに正解率があり、scoreメソッドで求められる。
- 正解率とは、実際にモデルに予測をさせて、予測が当たった件数が、全データ件数に占める割合である。

モデルの保存

- 結果を評価して最終的な予測モデルが完成したら、モデルをファイルとして保存する。
- Pythonの標準ライブラリであるpickleを利用してモジュールの保存を行う。

4.8 練習問題

この章では機械学習に関するさまざまな操作を学びましたが、この練習問題では、基礎となるpandasの操作に関する問題のみを扱います。機械学習に関する問題は、次の章以降に準備しています。なお、本章以降で登場するプログラミングを伴う問題については、1問につき1つのセルで実行してください。

練習4-1

次のデータフレームを作成してください。インデックスはデフォルトとします。

データベースの試験得点	ネットワークの試験得点
70	80
72	85
75	79
80	92

練習4-2

練習4-1で作成したデータフレームに対して、インデックスの修正をしてください。

	データベースの試験得点	ネットワークの試験得点
一郎	70	80
次郎	72	85
三郎	75	79
太郎	80	92

インデックス

練習4-3

付録Aを参照して「ex1.csv」をダウンロードし、Python上でデータフレームとして読み込んでください。

練習4-4

練習4-3のデータフレームにおいて、インデックスの一覧を表示してください。

練習4-5

練習4-3のデータフレームに対して、列名の一覧を表示してください。

練習4-6

練習4-3のデータフレームに対して、x0列とx2列を抜き出して参照してください。

---

column

 polarsの導入とデータの読み込み

　pandasやscikit-learnはAnacondaにあらかじめ導入されていましたが、polarsはそうではないので別途導入してあげる必要があります。セルに次のコマンドを入力して実行しましょう。

```
01  %pip install polars==1.6.0
```

　ネット環境が不安定でなければ30秒〜1分ほどでpolarsのインストールが終了します。ではまずキノコ・タケノコデータをpolarsで読み込んでみましょう。

```
01  # ライブラリのインポート
02  import polars as pl
03  # KvsT.csvを読み込む
04  df = pl.read_csv("KvsT.csv")
```

```
05  # 先頭2件の表示
06  df.head(2)
```

実行結果

shape: (2, 4)

身長	体重	年代	派閥
i64	i64	i64	str
170	60	10	"きのこ"
172	65	20	"きのこ"

続いて、全ての列名の取得と特定の列のみの抽出をしてみましょう。

```
01  # 全ての列名の取得
02  print(df.columns)
03  # 身長列と派閥列を抜き出して、先頭2件の未表示
04  df.select(['身長','派閥']).head(2)
```

実行結果

['身長', '体重', '年代', '派閥']

shape: (2, 2)

身長	派閥
i64	str
170	"きのこ"
172	"きのこ"

以上がpolarsの導入方法と超基本的な操作です。

第II部

教師あり学習の理解を深めよう

chapter 5 　分類1：アヤメの判別
chapter 6 　回帰1：映画の興行収入の予測
chapter 7 　分類2：
　　　　　　客船沈没事故での生存予測
chapter 8 　回帰2：住宅の平均価格の予測
chapter 9 　教師あり学習の総合演習

機械学習プログラミングの基礎を身に付けよう

いや〜機械学習で予測AIを作るって意外と簡単なんですね〜。そのことを知れただけでも、とてもよかったです！

それはよかった。機械学習の世界はまだまだ奥深いけど、基本構造は第I部で学んだとおり。価値ある達成だね。

でも、とりあえず言われたとおりにプログラムを書いてみただけだし、自分ひとりでやれって言われたらできるか不安だわ。

そう言うと思って、4つの新しい題材を準備したよ。機械学習には、さらに学ぶべきトピックもたくさんあるから、各題材を実践しながら少しずつ紹介していこう。

第I部では、機械学習の全体像と基本を学ぶとともに、「きのこ・たけのこ論争」に関する予測AIの開発を体験しました。特に「前処理→学習→評価」という一連のサイクルは普遍的なもので、分類・回帰の違いを問わず、あらゆる機械学習で実践することになります。

これら前処理・学習・評価の各工程には、ライブラリ・テクニック・理論など多くの応用トピックが存在しています（右ページ表参照）。

そこで、この第II部では、まずは教師あり学習（分類と回帰）に焦点を当て、4つの題材を体験しながら、それらを少しずつ学んでいきましょう。

第II部で新たに学ぶトピック一覧

第II部で学ぶ重要なトピックを、「前処理 ⇒ 学習 ⇒ 評価」の各ステップごと＆各章別にまとめました。学んでいく途中で内容を振り返ってみたいときなどに活用してください。

	前処理	学習	評価
第5章 （アヤメ）	・データのカウント p132 ・代表値の計算 p142 ・欠損値の基本的な取り扱い p134	・決定木のしくみ p146	・ホールドアウト法 p155 ・決定木の可視化 p161
第6章 （映画）	・特定の行や列の抽出 p182、189 ・行や列の削除 p187 ・散布図による可視化 p179 ・外れ値の基本的な取り扱い p177	・線形回帰分析のしくみ p195	・決定係数 p207 ・平均絶対誤差 p205 ・回帰係数の影響度の考察 p210
第7章 （客船）	・グループ集計 p232 ・ダミー変数 p238 ・データフレームの結合 p246 ・棒グラフによる可視化 p240	・不均衡データとその対策 p219、225	・過学習 p227 ・決定木での特徴量考察 p251
第8章 （住宅）	・行や列の追加 p295 ・相関係数 p272 ・map処理 p276 ・データの並べ替え p278 ・データの標準化 p280 ・多項式列の作成 p294 ・交互作用特徴量 p297	・新規の事項はなし	・訓練データ、検証データ、テストデータの分割 p263 ・標準化時の注意点 p289

機械学習の世界では、たくさんの学ぶべきトピックが各分野に点在しているんだ。もちろん、一度にすべてを修得する必要はないよ。易しいものやよく使うものから順に、少しずつ学んでいこう。

column

 Numpyで数値計算を効率的に行う

　本書では、pandasとscikit-learnのほかにも、Numpyという拡張モジュールを多く利用します。多次元配列（1次元以上のデータ集合）を定義でき、統計分析の処理や数学処理などを高速で行えますが、pandasほどデータを柔軟に操作することはできません。

```
01  import numpy as np # numpyのインポート
02  numpy_list = np.array([2, 3, 5, 7]) # 1次元配列の定義
03  numpy_list.mean() # 平均値の計算
```

実行結果
4.25

column

 matplotlibで細かい描画を行う

　matplotlibはPythonで描画を行うための拡張パッケージです。本書では主にpandasを利用したグラフ描画を紹介しますが、より細かい装飾を行うにはmatplotlibを利用します。

```
01  import matplotlib.pyplot as plt # ライブラリインポート
02  x = [4, 9, 14]
03  y = [10, 19, 25]
04  plt.plot(x, y) # 折れ線グラフ
05  plt.show() # 実際に描画
```

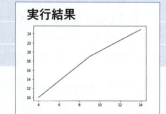

実行結果

chapter 5
分類1：アヤメの判別

第Ⅱ部では、機械学習によるデータ分析を実践していきましょう。
本章では、体験のときよりもう少し複雑な分類の
教師あり学習を行います。
モデルに使用する決定木についても詳しく見ていきます。

contents

5.1 アヤメの花を分類する
5.2 データの前処理
5.3 モデルの作成と学習
5.4 モデルの評価
5.5 決定木の図の作成
5.6 第5章のまとめ
5.7 練習問題

5.1 アヤメの花を分類する

5.1.1 データの概要

前の章では、教師あり学習の分類を体験してもらったけど、より複雑なデータで分類にチャレンジしてみよう。題材は「アヤメ」だよ。

アヤメって、お花のアヤメですか？ 紫で綺麗な花ですよね。

　アヤメは、紫色をした水辺に咲く花で、日本では春などに見られます。実は、1種類の植物ではなく、「（狭義の）アヤメ」、「はなしょうぶ」、「かきつばた」などいろいろな種類の「（広義の）アヤメ」が存在します。外側の花びらは「がく片」と呼ばれ、アヤメの場合花びらと同じ色ですが、厳密には花びらとは区別されます。アヤメの種類により、花びらやがく片の大きさや形状が異なります。

図5-1　さまざまなアヤメの種類

　それでは、今回利用するデータを確認してみましょう。第4章のときと同様に、付録Aを参考に「iris.csv」をダウンロードしてください。ダウンロードができたら、csvファイルの内容を見てみましょう（図5-2）。このデータ

は、統計学の基礎を確立したロナルド・フィッシャーという学者が、1936年に発表した判別分析に関する論文の中で初めて用いたデータです。以来、統計の世界では、サンプルデータとしてとてもよく利用されています。

	がく片長さ	がく片幅	花弁長さ	花弁幅	種類
0	0.22	0.63	0.08	0.04	Iris-setosa
1	0.17	0.42	0.35	0.04	Iris-setosa
2	0.11	0.50	0.13	0.04	Iris-setosa
3	0.08	0.46	0.26	0.04	Iris-setosa
4	0.19	0.67	0.44	0.04	Iris-setosa

出典　Fisher's Iris Datafile、1936、https://archive.ics.uci.edu/ml/datasets/iris のデータをもとに筆者作成

図5-2　分類に使用するデータ iris.csv（抜粋）

　iris.csvは、ある特徴を持つ花がどの種類のアヤメに分類されるかを示すデータです（今回利用するデータはより入門学習に適する形に加工しているため、「長さ」と「幅」は、実際とは異なり、小さい値になっています）。花の個体情報として図5-2に示す項目が使われています。右端の花の種類は、ここでは、Iris-setosa（ヒオウギアヤメ）、Iris-versicolor（ブルーフラッグ）、Iris-virginica（バージニアアイリス）の3つになります。
　これを教師データとしてモデルに学習させ、花の個体情報を与えられたときにどの種類のアヤメかを分類できるようにします。
　よって、本章で行う機械学習の内容は次のとおりです。

行う内容：
特徴量を「がく片の長さと幅、花びらの長さと幅」として、アヤメの種類を判別する。

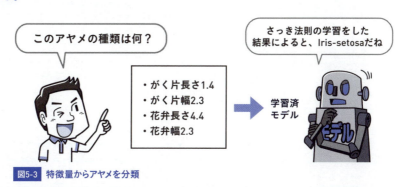

図5-3　特徴量からアヤメを分類

機械学習の流れは前章と同じように「データの準備と前処理」⇒「機械学習の実施」⇒「モデルの評価」となりますが、前章では紹介しなかった、少し応用的な技術を各フェーズで紹介します。
　この章で新しく学ぶ技術・知識は以下のとおりです。

データの準備と前処理

- カテゴリデータの個数集計法
- データに欠損があった場合の基本的な対処法
- 列ごとの代表値（平均値など）の計算法

モデルの学習

- 決定木による分類の概要
- scikit-learnライブラリによる決定木の学習法

モデルの評価

- 未知の入力データを用いた予測性能の評価法
- 決定木の図示化

5.2 データの前処理

5.2.1 CSVファイルの読み込み

まずはCSVファイルを読み込んで、データフレームを作成しよう。

最初にiris.csvを読み込み、データフレームを作成します。ダウンロードしたiris.csvをJupyterLabの適切なフォルダに置いてから、次のコードを実行してください。

コード5-1　データフレームの作成

```
01  import pandas as pd  # pandasのインポート
02  # irisファイルを読み込んで、データフレームに変換
03  df = pd.read_csv('iris.csv')
04  df.head(3)  # 上位3件の表示
```

実行結果

	がく片長さ	がく片幅	花弁長さ	花弁幅	種類
0	0.22	0.63	0.08	0.04	Iris-setosa
1	0.17	0.42	0.35	0.04	Iris-setosa
2	0.11	0.50	0.13	0.04	Iris-setosa

5.2.2 正解データの確認 (文字データの集計)

これから自分がどんな予測モデルを作るのかを明確にするため、種類列にどんなデータがあるのかを調べよう。

　前章では、正解データは「きのこ」と「たけのこ」の2種類だけでした。今回は、正解データが何種類あるかわかりません。そこで、uniqueメソッドを使って種類列の値を確認します。

コード5-2 uniqueメソッドで種類列の値を確認

```
01  df['種類'].unique()
```
種類列から、重複を取り除いたデータを抽出

実行結果
```
array(['Iris-setosa', 'Iris-versicolor', 'Iris-virginica'], dtype =
object)
```

　uniqueメソッドは、1次元のシリーズ型で使えるメソッドであり、重複を取り除いたデータを返します。df['種類']は種類列を抽出したシリーズであるため、uniqueメソッドによって、種類列の重複を除いた値を得ることができます。array型は、numpyというライブラリのデータ型で配列を表し、リストと同じようにインデックスで参照することができます。

コード5-3 array型の特定要素を参照

```
01  syurui = df['種類'].unique()
02  syurui[0]
```

実行結果
```
'Iris-setosa'
```

種類列には、3種類のアヤメの名前が存在しているのね。

それぞれの種類について、データは何件ずつあるのかな。

value_countsメソッドを使えば、データの出現回数をカウントできます。

コード5-4 value_countsメソッドでデータの出現回数をカウント

```
01  df['種類'].value_counts()
```

実行結果
```
種類
Iris-setosa        50
Iris-versicolor    50
Iris-virginica     50
Name: count, dtype: int64
```

実行結果から、それぞれの種類について、データが50個ずつ出現していることがわかりました。

 1列分のデータを重複を除いて抽出

df['列名'].unique()

 1列分のデータ別個数の集計

df['列名'].value_counts()

※ dfはデータフレーム変数。
※ 複数列を同時に集計することはできない。

5.2.3 欠損値の確認

ところで、機械学習で使うデータが常に完ぺきに揃っているとは限らないんだ。データが間違っていたり、そもそも一部なかったり…。

松田くんのテストの答案用紙は空欄が多いって、教授がよく怒ってたっけな。

うっ....で、でも、デタラメ書くのは嫌いなんですよボク!

機械学習で利用するデータでは、入力漏れをはじめ、データ収集システムや機材の不備などが原因でデータに欠損が生じることがあります。iris.csvファイルを直接見てみましょう。

がく片長さ	がく片幅	花弁長さ	花弁幅	種類
0.42	0.29	0.7	0.75	Iris-virginica
0.69	0.5	0.95	0.92	Iris-virginica
0.67	0.54	0.7	0.72	Iris-virginica
0.67	0.42	0.54	0.92	Iris-virginica
0.56	0.21	0.69	0.46	Iris-virginica
0.61	0.42		0.79	Iris-virginica
0.53	0.58	0.63	0.92	Iris-virginica
0.44	0.42	0.41	0.71	Iris-virginica

図5-4 iris.csvファイルの末尾8行

図5-4には空欄があることが確認できます。このような、空欄で欠損している値のことを**欠損値**といいます。欠損値がある状態ではモデルの学習や分析はできません。そのため、機械学習に限らず、データ分析をする際には、まず利用データに欠損値がないことを確認する必要があります。

試しにデータフレームの末尾3行をtailメソッドで表示してみます。

> **コード5-5** tailメソッドでデータフレームの末尾3行を表示

```
01  df.tail(3)  # 末尾3件を表示
```

実行結果

	がく片長さ	がく片幅	花弁長さ	花弁幅	種類
147	0.61	0.42	NaN	0.79	Iris-virginica
148	0.53	0.58	0.63	0.92	Iris-virginica
149	0.44	0.42	0.41	0.71	Iris-virginica

NaNが欠損値を表している

　NaNは欠損値であることを示しています。しかし、データフレームの内容を表示してNaNの有無を直接確認する方法は、データフレームの行数や列数が多くなると効率的ではありません。そこでデータフレームのisnullメソッドを利用して、欠損値の有無を調べるのが一般的です。

> **コード5-6** isnullメソッドで欠損値の有無を調べる

```
01  df.isnull()  # 各マスが欠損値かどうかを調べる
```

実行結果（一部のみ）

	がく片長さ	がく片幅	花弁長さ	花弁幅	種類
0	False	False	False	False	False
1	False	False	False	False	False
⋮					
147	False	False	True	False	False
148	False	False	False	False	False
149	False	False	False	False	False

150 rows × 5 columns

　isnullメソッドは、データフレームの各セルを調べて、NaNならばTrue、通常データならばFalseを格納したデータフレームを返します。しかし、この方法でも結局はデータフレームをすべて確認し、Trueという表記を探す必

chapter 5 分類1：アヤメの判別

要があります。

そこでisnullメソッドの戻り値に対して、さらにanyメソッドを実行し、列単位で欠損値があるかを確認します。anyメソッドは、各列に対して1つ以上Trueがある場合、Trueを返します。

コード5-7　anyメソッドにより列単位で欠損値を確認

```
01  # 列単位で欠損値が存在するか調べる
02  df.isnull().any(axis = 0)    列方向に欠損値を確認
```

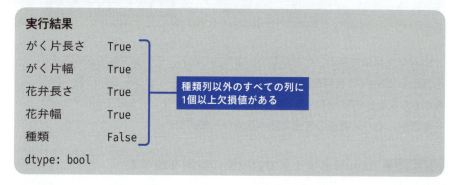

実行結果
```
がく片長さ    True
がく片幅      True    ┐
花弁長さ      True    ├ 種類列以外のすべての列に
花弁幅        True    │ 1個以上欠損値がある
種類          False   ┘
dtype: bool
```

どの列に欠損値があるかが一目でわかるんですね。各列に、いくつ欠損値があるか調べることはできないんですか？

列ごと、または行ごとに欠損値がいくつあるか確認することもできます。それは、さきほど紹介したisnullメソッドと、各列の合計値を求めるsumメソッドを組み合わせて実現します。まずは、sumメソッド単独の動きをコード5-8で確認しておきましょう。

コード5-8　sumメソッドで各列の合計値を求める

```
01  df.sum()  # 各列の合計値を計算
```

実行結果
```
がく片長さ    62.29
```

```
がく片幅      65.62
花弁長さ      72.04
花弁幅       66.22
種類        Iris-setosaIris-setosaIris-setosaIris-setosaIr...
dtype: object
```

各列の欠損値の個数を求めるには、isnullメソッドの戻り値である、TrueまたはFalseだけで構成されたデータフレームに対して、列ごとにTrueがいくつあるかをsumメソッドでカウントします。

コード5-9 isnullメソッドとsumメソッドで各列の欠損値の数を求める

```
01  # 各列に欠損値がいくつあるか集計
02  tmp = df.isnull()
03  tmp.sum()
```
Falseならば0、Trueならば1として合計値を計算してくれる

実行結果
```
がく片長さ    2
がく片幅     1
花弁長さ     2
花弁幅      2
種類       0
dtype: int64
```
戻り値はシリーズ型の形式

sumメソッドは、Falseを0、Trueを1として合計値を計算しますので、がく片長さ列に欠損値が2つあれば、2と表示されます。

ちなみに、コード5-9は2行に分けて書きましたが、次のように1行で書くことも可能です。

```
df.isnull().sum()
```
isnullメソッドの戻り値のデータフレームに対して、sumメソッドを実行()

欠損値の確認

```
df.isnull().any(axis = ●)
```

※ df はデータフレームの変数。
※ axis = 0 なら、列方向に欠損値を確認する。
※ axis = 1 なら、行方向に欠損値を確認する。

 列ごとの欠損値の個数を集計

```
df.isnull().sum()
```

※ df はデータフレーム変数。

さて、欠損値の存在を確認できたら、今度は欠損値を処理していくよ。

5.2.4 欠損値を含む行または列の削除

あるデータフレームを、「欠損値を含まない状態」に処理する方法は複数あります。中でもシンプルなのが、「欠損値を含む行を丸ごと捨ててしまう」という方法です。dropna メソッドを使うと、データフレームから欠損値を含む行または列を簡単に削除することができます。次は、欠損値のある行を削除したデータフレームを作成する例です。

コード5-10 dropna メソッドで欠損値を含む行／列を削除する

```
01  # 欠損値が1つでもある行を削除した結果を、df2に代入
02  df2 = df.dropna(how = 'any', axis = 0)
03
04  df2.tail(3) # 欠損値の存在確認
```

実行結果

	がく片長さ	がく片幅	花弁長さ	花弁幅	種類
146	0.56	0.21	0.69	0.46	Iris-virginica
148	0.53	0.58	0.63	0.92	Iris-virginica
149	0.44	0.42	0.41	0.71	Iris-virginica

欠損値があった147行目が削除されている

どうして、いちいち新しい変数のdf2に代入しているんですか？

dropnaメソッドの実行後にdfの内容をもう1度確認してみましょう。

コード5-11 削除元のデータフレームを確認

```
01  df.isnull().any(axis = 0)
```

実行結果

```
がく片長さ      True
がく片幅       True
花弁長さ       True
花弁幅        True
種類         False
dtype: bool
```

あれ！？　dropnaメソッドを実行したはずなのに、欠損値がまだあることになっていますよ。

dropnaメソッドは「欠損値を削除した結果のデータフレーム」を返してくれるだけで、元のデータフレーム自体には変更を加えないんだ。だから戻り値を別の変数に代入する必要があるのさ。

この特徴は、dropnaメソッド独自の仕様ではなく、他のデータフレーム変更系のメソッドでも同様です。

 欠損値のある行を削除

```
df.dropna(how = '●', axis = ▲, inplace = ブール値)
```

※ dfはデータフレーム変数。
※ df自体は変化せずに、削除した結果の新しいデータフレームを返す。
※ inplace = True とすると、df自体を変更する（デフォルトFalse）。
※ axis =1 とすると欠損値がある列を削除。
※ axis = 0 とすると欠損値がある行を削除。
※ how = 'all' とすると、すべてが欠損値となっている行または列を削除。
※ how = 'any' とすると、どれか1つ欠損値となっている行または列を削除。

5.2.5 欠損値の穴埋め

 欠損値がある場合は、さっきみたいに行ごと捨てちゃうのも手だけど、欠損値だけを別の値で穴埋めするほうが一般的だよ。

fillnaメソッドは、欠損値を指定した値に置き換えてくれます。

コード5-12 fillnaメソッドで欠損値を指定した値に置き換える

```
01  df['花弁長さ'] = df['花弁長さ'].fillna(0)
02  df.tail(3)
```

- dfの「花弁の長さ」列に再代入
- 花弁長さの欠損値を0に置き換える

実行結果

	がく片長さ	がく片幅	花弁長さ	花弁幅	種類
147	0.61	0.42	0.00	0.79	Iris-virginica
148	0.53	0.58	0.63	0.92	Iris-virginica
149	0.44	0.42	0.41	0.71	Iris-virginica

もともと欠損値だった

　fillnaメソッドもdropnaメソッドと同様に、もとのデータフレームの欠損値を別の値に置き換えたデータフレームを新しく作成して戻り値として返します。そのため、コード5-12では、もとのデータフレームの列にfillnaメソッドの戻り値を代入している点に注意してください。

欠損値の置き換え

```
df[列名].fillna(穴埋めの値)
```

※ dfはデータフレーム変数。
※ df自体は変化せず、置き換えた結果の新しいシリーズを戻り値として返す。

実際に穴埋めするときってどんな値を入れたらいいんですか？

　コード5-12では仮に0で欠損値の穴埋めを行いました。しかしこれでは、その花にほぼ見えないほど小さな花びらやがくがあったことになってしまい、機械学習の結果に悪影響を与えてしまいます。
　実業務ならば、どのような値で埋めるかも慎重に検討するべきですが、この章の「機械学習の基本に慣れる」という主題から逸れてしまうので最適かどうかは一旦置いておき、最もシンプルな方法を行いましょう。シンプルなものとして、数値の列にはその**平均値**や**中央値**、文字の列には**最頻値**で埋める方法があります。

今回は数値の列だから平均値で穴埋めしてみよう。データフレームには、平均値や中央値などの統計指標を簡単に計算してくれるメソッドがあるから、それを活用して実現するよ。

5.2.6 代表値の計算

データフレームのmeanメソッドを使えば、各列の平均値を簡単に計算できます。もし、文字列の列も対象に含まれている場合はnumeric_only引数をTrueに設定したら、その列を除外して残りの列の平均を計算してくれます。

コード5-13 平均値の計算

```
01  #数値列の各平均値を計算
02  df.mean(numeric_only=True)
```

実行結果

```
がく片長さ     0.420878
がく片幅      0.440403
花弁長さ      0.480267
花弁幅       0.447432
dtype: float64
```

- 結果はシリーズの形式
- NaNが含まれているときは除外して計算してくれる

また、特定の列だけを計算したい場合には、列の指定をした後に、meanメソッドを実行します。

コード5-14 特定の列だけを計算する

```
01  # 「がく片長さ」列の平均値を計算
02  df['がく片長さ'].mean()
```

実行結果

0.42087837837837844

中央値とかほかの統計指標も確認できるんですか？

もちろん！

主な統計指標の計算方法は次のとおりです。

表5-1 主な統計指標の計算方法

代表値	メソッド名	利用例（df はデータフレーム変数）
平均値	mean	df.mean()
分散	var	df.var()
標準偏差	std	df.std()
中央値	median	df.median()
合計	sum	df.sum()
最大値	max	df.max()
最小値	min	df.min()
最頻値	mode	df.mode()

コード5-15 標準偏差の計算

```
01  df.std()  # 各列の標準偏差
```

実行結果

```
がく片長さ    0.228910
がく片幅     0.181137
花弁長さ     0.236909
花弁幅      0.309960
dtype: float64
```

では、平均値を求めてデータフレームの欠損値と置き換えてみましょう。なお、コード5-12で一度欠損値を置き換えてしまったので、もう一度CSVファイルを読み込んでデータフレームを作成します。なお、欠損値を補完するfillnaメソッドは、複数列を一括して補完することができます。

コード5-16 平均値を求めてデータフレームの欠損値と置き換える

```
01  df = pd.read_csv('iris.csv')
02
03  # 各列の平均値を計算して、colmeanに代入
04  colmean = df.mean(numeric_only=True)
05
06  # 平均値で欠損値を穴埋めしてdf2に代入
07  df2 = df.fillna(colmean)
08
09  # 欠損値があるか確認
10  df2.isnull().any(axis = 0)
```

01: コード5-12で、欠損値を0で置き換えてしまったので、読み込み直す
07: 各列の平均値で穴埋めする

実行結果

```
がく片長さ    False
がく片幅     False
花弁長さ     False
花弁幅      False
種類       False
dtype: bool
```

これで欠損値の穴埋めができたぞ！

でも、欠損値の削除や穴埋めって、どう使い分ければいいのかしら？

欠損値を削除するか、穴埋めするかは、一概にはどちらがよいということはありません。作成したモデルが期待する予測性能を満たさない場合、欠損値の処理方法が原因であるかもしれないため、削除するか、穴埋めするかトライアル＆エラーで対応することになります。

5.2.7 特徴量と正解データの取り出し

それじゃ、前処理の最後の作業として、データフレームを特徴量xと正解データtに分割しよう。第4章でもやった、あの「パキッ！」だよ。

機械学習の実行に備え、**欠損値を平均値に置き換えたデータフレーム**df2から特徴量と正解データを取り出して、それぞれ変数x、変数tに代入しましょう。特徴量はがく片長さ列、がく片幅列、花弁長さ列、花弁幅列、正解データは種類列です。

コード5-17　特徴量と正解データを変数に代入

```
01  xcol = ['がく片長さ', 'がく片幅', '花弁長さ', '花弁幅']
02
03  x = df2[xcol]
04  t = df2['種類']
```

この節のポイント

- 利用データに対して、はじめに欠損値があるかを確認する。
- 欠損値の対応は、削除か別の値で穴埋めする。
- 穴埋めは、数値の場合、平均値や中央値で行う。
- 穴埋めは、文字列の場合、最頻値で穴埋めする。
- データフレームでは、平均値や標準偏差などさまざまな代表値を計算できる。

5.3 モデルの作成と学習

5.3.1 決定木の概要

それじゃあ、さっそく機械学習させましょう！ 第4章で使った「決定木」ってやつでしたっけ？

でも、決定木って結局どういうモデルなのかしら？ 何も理解していないのに使うのは気持ち悪いです…。

OK！ じゃあ最初は決定木モデルがどういう手法なのか、概要を説明していこう。

　今回のアヤメの分類でも決定木という分析手法を使います。決定木モデルに、アヤメの個体情報（特徴量である変数x）とアヤメの種類（正解データである変数t）から学習させ、個体情報から種類を予測する法則を見つけさせます。具体的には、どのような法則を見つけてくれるのでしょうか。

決定木モデルはアヤメの種類を予測するためのフローチャートを作成してくれるんだ。

　次の図5-5は、決定木分析をした結果のモデルの姿の1例です。

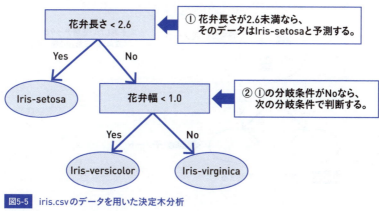

図5-5 iris.csvのデータを用いた決定木分析

このフローチャートを**決定木**(decision tree)と呼びます。教師あり学習の分類にはほかにもさまざまな手法がありますが、その中でも決定木が秀でている点は、このように、**分析結果が直感的に非常に理解しやすい図で表せる**ことです。

> ほかの手法の場合は、数式が難しくて図にできないんだ…。

> 分析結果を図示できるとたしかにわかりやすいですけど、このモデルって結局if文で分岐を行っているんですか？

浅木さんの指摘どおり、決定木は、特徴量の列の内容をもとにひたすら条件分岐を繰り返しているだけです。しかし、ここで重要なのは、**どのような条件で分岐したらよいのか**という、分岐条件の選び方です。そこで、機械学習の力で最適な条件を調べて、決定木を作成します。

> なるほど。でもコンピュータは、どうやって最適な分岐条件を見つけるんだろう？

簡単な例を挙げて説明しましょう。次の図5-6を見てください。親ノード内に4つのデータがあり、それぞれ四角グループと三角グループに属しています。つまり、予測したい正解データが「四角」と「三角」の2種類です。

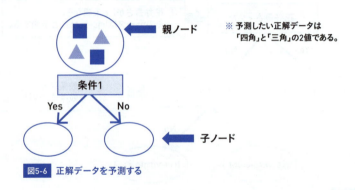

図5-6　正解データを予測する

　この4つのデータを決定木を用いて分類します。データが持つ何かしらの特徴量によって分岐条件を設定し、その条件に従って、4つのデータをそれぞれYesまたはNoの先にある子ノードへ移動させます。このとき、決定木ではその条件での分類が「良い分類」か「悪い分類」か判断する基準として、子ノード内の正解データの種類の比率を示す**不純度**という数値的指標を使用します。不純度は、ノードごとに計算できる指標であり、小さいほど良いとされます。

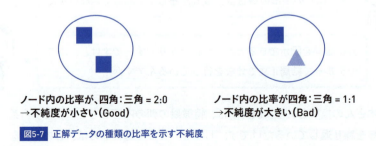

図5-7　正解データの種類の比率を示す不純度

　決定木では、さまざまな分岐条件を考えて、「上のノード（親ノード）の不純度から、その分岐条件によって、下2つのノード（子ノード）の不純度はどう変化するか」を調べます。

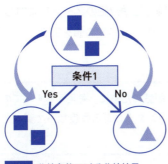

図5-8 分岐条件1による分岐結果

　たとえば、ある条件1による分岐の場合、図5-8のように下ノード2個に分岐が行われたとしましょう。左下は四角データのみで、右下も三角データのみなので、下ノード2個の不純度はとても小さくなります。

　ほかの条件についても考えてみましょう。その条件によって試しに分岐させてみて、その結果の下の子ノードの不純度を調べます。

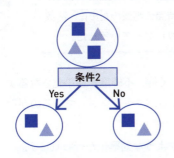
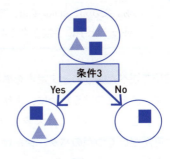

下2つのノードでは、どちらも四角と三角の比率が半々だから、不純度はとても大きい。

左下のノードでは四角と三角が1:2で混ざっているので不純度はそこそこ大きいが、右下は四角のみだから不純度はとても小さい。2つのノードの不純度は全体としてはそれほど大きくない。

図5-9 ほかの分岐条件による分岐結果

　このように、決定木では分岐条件として**考えられるさまざまな条件と、それによる分岐後の2個の子ノードの不純度の値**をすべて計算し、不純度が最も小さくなるような条件を「良い条件」として、フローチャートを作成していきます。

　図5-8の例では、条件1で綺麗に2種類に分かれたので、これ以上は分岐が進みません。仮に条件1が存在せず、最適な分岐条件に条件3が採択された場

合（図5-9の右）は、左の子ノード（四角1個、三角2個のノード）に対して、再度、さまざまな分岐条件とそれによる分岐後の不純度の値を計算して、次の分岐を考えることになります。

scikit-learnでは、計算時間の削減のために、考えうるすべての条件を調べることはせずに、ランダムにある程度絞って調べているんだよ。

5.3.2 乱数の利用と再現性

コンピュータはすごくたくさんのパターンを試して、頑張って決定木を作っていくんですね。大変そう…。

あぁ。だから、scikit-learnでは計算時間の削減のために、乱数を使って上手に手抜きするような作りになっているんだ。

前項で述べたように、決定木を構築していく際、不純度が最小化されるようなケースを見つけるために、ありとあらゆるパターンを試してみるのが理想です。しかし、現実には大変な計算量を必要としてしまうため、「ランダムに選んだいくつかのパターンだけ」を試すような効率化が行われます。

しかし、ここで問題になるのが、乱数と再現性の問題です。機械学習に限らず、コンピュータの世界における乱数は、通常「プログラムを実行するたびに、違う数字が出る（何の数字が出るかわからない＝再現性がない）」という特性を持っています。

このことは、（乱数を内部で使う）決定木モデルによる機械学習では、「同じデータで学習させても、毎回異なるAIが出来てしまう」ということを意味しています。

なるほど…。でもまぁ、別に間違った学習をしているわけではないし、何が問題なんですか？

学習後に出来上がるAIが毎回異なるということは、「評価」とそれに伴う改善が難しくなることを意味します。なぜなら、「今回のAIを評価して導いた改善案」が「次回のAIに有効」とは言い切れなくなるためです。

　そのほか、複数人のチームでAIを開発・チューニングする場合なども、メンバーによって動作が違うと連携が行いにくいなどの懸念があります。安定したモデルの改善のためには、「同じデータと同じ方法で学んだら、同じAIができる」ことが望ましいのです。

決定木モデルの再現性

scikit-learnの決定木モデルは、効率化のために乱数を利用するので、デフォルトでは学習に再現性がない。
しかし、モデルの改善を進めるためには、学習の再現性を確保することが重要である。

じゃあ、どうやって再現性を実現するか、という点も含めて、モデルの作成を次の項から見ていこう。

5.3.3　モデルの作成

　決定木のしくみがわかったところで、第4章と同様、決定木モデルを作成していきます。今回は、DecisionTreeClassifier関数に渡す引数に関しても説明しましょう。

コード5-18　決定木モデルを作成する

```
01  # モジュールのインポート
02  from sklearn import tree
03  # モデルの作成
04  model = tree.DecisionTreeClassifier(max_depth = 2,
05                                      random_state = 0)
```

max_depthには決定木の深さ（第何階層までフローチャートを作成するか）の最大値を指定できます。

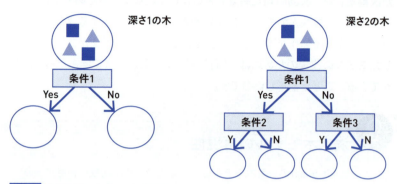

図5-10　木を深くしてより細かい分類を行う

　木を深くすれば、そのぶん条件分岐を行う回数が増え、**細かい分類**を行うことができ、自ずと正解率が増加する可能性が高くなります。ただし、あまり深くすると視覚的なわかりやすさという決定木のメリットが失われます。
　random_stateは**乱数のシード**を指定します。これは、コンピュータが内部で乱数を使うときに「基準」として用いる数字で、同じ数字を指定すれば毎回同じ乱数が順に得られることが保証されています。

そうか！　これを指定することで、決定木の学習に再現性を持たせることができるのね！

あぁ。ちなみに今回は0を指定するが、別に100でも256でも構わない。毎回同じものを指定すれば、同じ結果にはなるからね。

　もちろん、乱数のシード自体の値を変えると、処理結果は変わるので注意してください。

深さとシードを指定して決定木モデルを作成する

```
tree.DecisionTreeClassifier(max_depth = ●,
    random_state = ■)
```

※ max_depth は木の深さの最大値。
※ random_state には0以上の整数を指定して、乱数を固定。

5.3.4 モデルの学習と正解率計算の落とし穴

 よし！ さっそくモデルに学習させて、正解率を計算するぞ！

コード5-19 モデルの学習と正解率の計算

```
01  model.fit(x, t)    # モデルの学習
02  model.score(x, t)  # 学習済みモデルの正解率計算
```

実行結果
```
0.94
```

 正解率で高い数字が出ました！

 実はね、これはやってはいけない方法なんだ。

 えーっ！？

この節のポイント

・決定木分析は、特徴量を利用したフローチャート（決定木）を作って、分類予測をする。
・機械学習において、ランダムな処理をする際には、必ず乱数シードの固定を行う。

5.4 モデルの評価

5.4.1 訓練データとテストデータの分割（ホールドアウト法）

コード5-19ではscoreを使って正解率を算出していますが、これには注意が必要です。

決定木に限らず、すべての教師あり機械学習において、モデルは、学習に利用している**教師データ（特徴量と正解データのペア）に当てはまる法則**を導き出します。

それのどこが問題なんですか？ 第4章でも、そうやったじゃないですか。

実力よりも良すぎる正解率が出ちゃうんだよ。「ここから出題する」と言って勉強させた問題集と、同じ問題でテストして正解率を測ってるようなもんだ。それで仮に95点をとっても、未知の問題ではまったく答えられないかもしれないだろ？

モデルを作成する段階では、**過去に得られたデータ**を用います。もし母集団から偏ったデータをサンプリングしてしまっている場合、その偏ったデータにだけ正しく回答できるような法則を学習してしまっている可能性を否定できません。

しかし、予測AIの性能で本当に大事なのは、まだ学習していない「未知のデータ」に対しても正しい答えを出せることです。過去3年の株価データを学んだAIが、過去3年について正しい答えを出せるのは当然であって、来年や再来年の予測ができることこそが評価すべき性能なのです。

まだ手に入れてない未知のデータに対する正解率なんて、どう計算するんですか？

教師データを「学習に利用するデータ」と、「学習には関与させずに正解率の検証のみに利用するデータ」に分割するんだ。

このような課題に対処するために、通常の教師あり学習では、教師データをすべて利用してモデルに学習させることはありません。学習に利用するデータ（**訓練データ**）と、正解率の計算のみに利用するデータ（**テストデータ**）に教師データを分割して利用するのが一般的です。

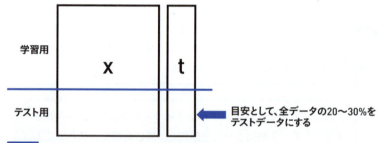

図5-11 訓練データとテストデータに分割する

このように、全データをモデル学習用の訓練データと正解率の検証用のテストデータに分割する方法を**ホールドアウト法**と呼びます。

教師データを訓練データとテストデータに分割する際には、scikit-learnのtrain_test_split関数を使うと便利です。

コード5-20 訓練データとテストデータに分割する

```
01  # 関数のインポート
02  from sklearn.model_selection import train_test_split
03
04  x_train, x_test, y_train, y_test = train_test_split(x, t,
05      test_size = 0.3, random_state = 0)
```

```
06  # x_train, y_train  が学習に利用する訓練データ
07  # x_test, y_test    が検証に利用するテストデータ
```

　紙面の都合上、コード5-20の4行目は途中で改行していますが、通常は1行で記述します。train_test_split関数には、引数として分割する教師データの特徴量、正解データのほかに、test_sizeとrandom_stateを指定しています。

　test_sizeには、全体のデータに対するテストデータの割合を0.0～1.0で指定します。もしこの値に整数を指定するとテストデータの件数になるので注意してください。

　基本的にホールドアウト法では、訓練データとテストデータをランダムに分割します。そのため、モデルを作成するときと同様に、random_stateに乱数のシードを指定し、学習用・テスト用に選ばれる行を固定します。

> つまり今回は、3割をテストデータに、7割を訓練データに分けているのね。

　train_test_split関数は、特徴量と正解データを分割し、特徴量の訓練データとテストデータ、正解データの訓練データとテストデータを戻り値として返します。戻り値の順序をしっかりと把握しましょう。

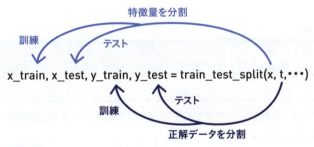

図5-12　train_test_split関数

訓練データとテストデータの分割

> 変数1,変数2,変数3,変数4 =
>   train_test_split(特徴量,正解データ , test_size = ●,
>   random_state = ▲)

※ test_size には、テストデータにする割合を指定(0.0以上1.0以下)。
※ random_state には乱数シードを指定(0以上の整数)。
※ 戻り値は、訓練データの特徴量、テストデータの特徴量、訓練データの正解データ、テストデータの正解データの順。

それでは、train_test_split 関数の分割結果を確認してみましょう。

コード5-21 train_test_split関数の結果を確認

```
01  print(x_train.shape) # x_trainの行数・列数を表示
02  print(x_test.shape)  # x_test  の行数・列数を表示
```

実行結果

(105, 4) ─ x_trainの行数と列数。戻り値はタプル
(45, 4)

5.4.2 正解率の計算

 では、訓練データでモデルを学習し、テストデータで正解率を計算してみよう。

学習させるfitメソッドに訓練データ、正解率を求めるscoreメソッドにテストデータを渡していることに注意してください。

コード5-22 訓練データでの学習と正解率の計算

```
01  # 訓練データで再学習
02  model.fit(x_train, y_train)     fitメソッドの引数には訓練データを指定
03
04  # テストデータの予測結果と実際の答えが合致する正解率を計算
05  model.score(x_test, y_test)     scoreメソッドの引数にはテストデータを指定
```

実行結果

```
0.9555555555555556
```

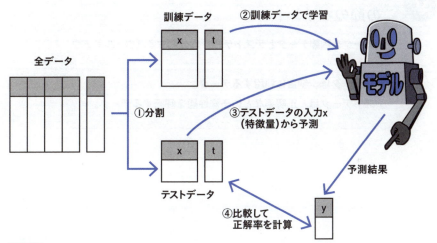

図5-13 ホールドアウト法による学習と性能検査のイメージ

やった！ テストデータでも高い正解率が出たぞ！

5.4.3 モデルの保存

それでは、良いモデルが作れたので、最後に保存しましょう。

コード5-23 モデルを保存する

```
01  import pickle
02  with open('irismodel.pkl', 'wb') as f:
03      pickle.dump(model, f)
```

 この節のポイント

- 全データを訓練データとテストデータに分割する（ホールドアウト法）。
- 訓練データは、学習に利用するデータ。
- テストデータは、正解率などの予測性能を評価するデータ。

5.5 決定木の図の作成

最後に、モデルの学習結果をもとに、決定木の図を作る方法を紹介しよう。

決定木のメリットって図を作成できることですものね (5.3.1項)。

5.5.1 決定木の深さ

まずは、決定木の骨格を考えましょう。

コード5-18でモデルを作成する際に、max_depth=2のように深さを2と指定しました。これは、次の図5-14のように、元のノードから見て子ノードが2つ下まである決定木の作成を意味します。

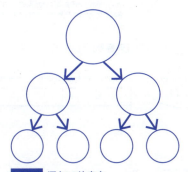

図5-14 深さ2の決定木

5.5.2 分岐条件の列(特徴量)

次に各ノードを分岐させる条件に用いる列(特徴量)を求めます。次のコード5-24では、tree_.featureは各ノードの分岐条件となる列番号を含む配

列を返します。

コード5-24　分岐条件の列を決める

```
01  model.tree_.feature
```

実行結果

```
array([ 3, -2, 3, -2, -2], dtype = int64)
```

array内の整数は、各ノードの分岐で利用する特徴量の列番号を示します。列番号は0から順番に振られるため、0列はがく片長さです。分岐条件が-2となっている場合は、そのノードはそれ以上分岐しないことを意味します。

コード5-24では、3、-2、3、-2、-2が返されているため、ノードは5つあり、図で表すと上から順に次のように分岐することになります。

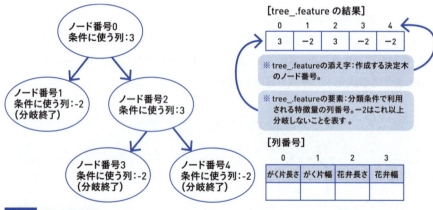

図5-15　分岐条件の列

あれ？　図5-14と少し違いますね？

max_depthは深さの最大値を指定しているからね。すべてのノードがその深さまで分岐するわけではないよ。

少し面倒かもしれませんが、読者のみなさんも紙とペンを取って、これらの情報から実際に決定木を描いてみてください。決定木の理解が深まるはずです。

5.5.3 分岐条件のしきい値

決定木のノードと各分岐条件に利用される列が判明したので、次に具体的な条件は何かを考えます。次のコードを実行しましょう。

コード5-25 分岐条件のしきい値を含む配列を返すtree_.threshold

```
01  model.tree_.threshold
```

実行結果
```
array([ 0.275, -2.        ,  0.69     , -2.        , -2.
])
```

tree_.thresholdは、分岐条件のしきい値を含む配列を返します。しきい値とは、条件が分岐する境目の値のことで、scikit-learnでは「分岐条件の列の値≦しきい値」で分岐を判断します。

最初のノードの分岐条件に用いられるのは列番号3の「花弁幅」です。tree_.thresholdが返す配列の最初の値は0.275なので、分岐条件は「花弁幅≦0.275」となります。この分岐条件がTrueなら左側に、Falseなら右側に分岐します。

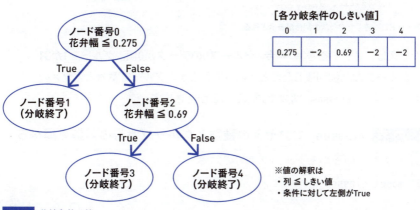

図5-16 分岐条件の値

5.5.4 末端ノードと種類の紐付け

決定木の図の完成まであと一歩です。決定木では、上から順に分岐していき、リーフ（末端のノード）に到達したらそれが分類の結果になります。そこで、最後にどのリーフ（ノード番号1、3、4）がどの種類のアヤメになるかを判断する必要があります。

リーフとアヤメの種類を紐付けるには、各リーフに到達したデータ数の多数決で判断するんだ。

各リーフに到達したデータ数を確認するには、tree_.valueを利用します。

コード5-26 リーフに到達したデータの数を返すtree_.value

```
01  # ノード番号1、3、4に到達したアヤメの種類ごとの数
02  print(model.tree_.value[1]) # ノード番号1に到達したとき
03  print(model.tree_.value[3]) # ノード番号3に到達したとき
04  print(model.tree_.value[4]) # ノード番号4に到達したとき
```

実行結果
```
[[1. 0. 0.]]
[[0. 0.83783784 0.16216216]]
[[0. 0.02941176 0.97058824]]
```

※ 各ノードに到達したクラスの割合が表示される。

たとえば、ノード番号3の場合、グループ0のデータが0個、グループ1が31個、グループ2が6個到達したことが読み取れます。グループ番号とアヤメの種類の対応は、classes_関数で調べることができます。

コード5-27 classes_でアヤメの種類とグループ番号の対応を調べる

```
01  # アヤメの種類とグループ番号の対応
02  model.classes_
```

> **実行結果**
> array(['Iris-setosa', 'Iris-versicolor', 'Iris-virginica'], dtype = object)

ノード番号3に到達したデータの中で、一番多いのはグループ1です。つまり、ノード番号3に到達したデータはIris-versicolorに分類されます。

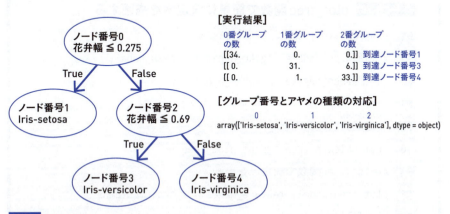

図5-17 分岐の結果

これで決定木のフローチャートが完成しました。新しいデータで分析を実行するときは、predictメソッドを実行するだけですが、内部ではこの決定木をもとに分類が行われます。

決定木に関する理解を深めるためにも、実際に手で描いてみることをおすすめするよ。

column 決定木の描画関数

　これまで、scikit-learnの決定木を描画するには外部のライブラリを導入する必要があり、少々手間を要しましたが、scikit-learnのバージョン0.21以降では、簡単に決定木を描画できるplot_tree関数が導入されました。

コード5-28 plot_tree関数で簡単に決定木を描画する

```python
# 描画関数の仕様上、和名の特徴量を英字に直す
x_train.columns = ['gaku_nagasa', 'gaku_haba',
    'kaben_nagasa', 'kaben_haba']

# 描画関数の利用
from sklearn.tree import plot_tree
# plot_tree関数で決定木を描画
plot_tree(model, feature_names = x_train.columns,
    filled = True)
```

実行結果

```
            kaben_haba <= 0.275
            gini = 0.664
            samples = 105
            value = [34, 32, 39]
           /                    \
   gini = 0.0              kaben_haba <= 0.69
   samples = 34            gini = 0.495
   value = [34, 0, 0]      samples = 71
                           value = [0, 32, 39]
                          /                    \
                 gini = 0.272           gini = 0.057
                 samples = 37           samples = 34
                 value = [0, 31, 6]     value = [0, 1, 33]
```

5.6　第5章のまとめ

欠損値の前処理

- 本来あるはずのデータが存在しない状態のことを欠損値と呼ぶ。
- 欠損値のままでは適切な分析ができないので、欠損値を含むデータを削除するか、欠損値の箇所に代わりの値を埋め込む。
- 値の埋め込みには、できるだけ学習に影響しないよう、数値では平均値や中央値を、文字列では最頻値を利用する。

機械学習の全体像

- ランダムな処理を行う際には、必ず「乱数シードの固定」を行い、処理の再現性を確保する。
- 全データを、訓練データとテストデータに分割する（ホールドアウト法）。
- 訓練データとは、モデルの学習に利用するデータをいう。
- テストデータとは、学習には利用させずに、正解率などの予測性能を検証するために利用するデータをいう。

決定木分析の概要

- 予測するためのフローチャート（決定木）を作成する。他の手法に比べて視覚的にわかりやすいことがメリットである。
- 分岐条件の決定には、さまざまな分岐条件の不純度を調べて、不純度が最も小さくなる分岐条件が採択される。
- 木を深くすることで、細かい分類が可能になり正解率が高くなる可能性があるが、いたずらに木を深くすると、全体像を掴みにくくなったり、学習コストが高くなったりする。

5.7 練習問題

　付録Aを参照して、「ex2.csv」をダウンロードして、適切なフォルダ位置に保存してください。

[練習問題の概要]

　ex2.csvの列は次のとおりです。

x0	x1	x2	x3	target
特徴量0	特徴量1	特徴量2	特徴量3	正解データ (0 or 1)

　正解データとなるtarget列は、0か1の2値のみをとります。「本来、AとBだったものを便宜上、整数の0と1にしている」と考えると、ex2.csvのデータを分類と考えることができます。そこで、x0〜x3を特徴量として、targetの値が0か1かを予測するモデルを作成してみましょう。なお、問題には第4章で紹介した内容も含みます。

練習5-1

　pandasライブラリをインポートしてください。ただし別名は pd としてください。

練習5-2

　ex2.csvを読み込んで、データフレームに変換してください（変数名はdf）。その後、データフレームの上位3件のみ表示してください。

練習5-3

　練習5-2のデータフレームの行数と列数を確認してください。

練習5-4

　target列にはどのようなデータがあるのか調べてください。また、各データが

いくつあるのか集計してください。

練習5-5

特徴量の列に、欠損値があるか確認してください。欠損値がある場合は、各列に欠損値がいくつあるか集計してください。

練習5-6

欠損値がある場合は、各列の中央値で穴埋めをしてください。

練習5-7

データフレームを、特徴量（変数x）と正解データ（変数t）に分割してください。

練習5-8

次の文章が正しくなるように、空欄に用語を入れてください。

教師あり学習で予測モデルを作る際には、全データを　A　と　B　に分割する。　A　は、学習に利用する教師データであり、　B　は、予測性能を評価するためのデータである。

練習5-9

練習5-7で作成した変数xとtを、学習に利用するデータと、予測性能の検証用のデータに分割してください。ただし、検証用のデータは全体の20%とし、整数0を用いて乱数シードの固定をしてください。

練習5-10

次の中から、最も適切な文章を1つ選択してください。

A. 不純度は、予測したい正解データの種類ごとの、ノード内比率を計算したものである。
B. 不純度は、分岐条件を決定するときに利用される指標であり、不純度が大きいと良い分岐条件である。
C. 決定木の深さは、正解率が高くなるように、必ず大きい値に設定する。

D. 決定木モデルを他の分類手法と比べたときのメリットは、正解率が高くなりやすいことである。

練習5-11

次の要件を満たす決定木モデルを作成して、訓練データで学習してください。

・木の最大の深さは3
・乱数シードは0

練習5-12

学習済みモデルに対して、次のような予測結果だった場合の正解率を計算してください。

		予測結果	
		0	1
実際	0	20	2
	1	3	7

練習5-13

練習5-11で作成した学習済みモデルに対して、テストデータでの正解率を計算してください。

練習5-14

次の新規データに対して、予測を行った際の予測結果を計算してください。

x0	x1	x2	x3
1.56	0.23	-1.1	-2.8

chapter 6
回帰1：映画の興行収入の予測

前章では、教師あり学習によって分類を実践しました。
教師あり学習の1つに、分類と双璧を成す代表的手法として
回帰があります。回帰では、過去のデータから
売上などの具体的な数値の予測を行います。
本章では、映画の興行収入データをもとに、
基本的な回帰のデータ分析を実践しましょう。

contents

6.1 映画の興行収入を予測する
6.2 データの前処理
6.3 モデルの作成と学習
6.4 モデルの評価
6.5 回帰式による影響度の分析
6.6 第6章のまとめ
6.7 練習問題

6.1 映画の興行収入を予測する

6.1.1 分析の目的とデータの概要

今回は教師あり学習の回帰を実践してみよう。題材は、「映画」だよ。

　例年、国内だけでも数百本以上の映画が公開されていますが、大ヒットする作品もあれば、いまいち人気の出ない作品もあります。ヒットの背景には、「原作が面白い」「人気俳優が出演している」「SNSなどの口コミで広がった」などのさまざまな要因があって、映画の興行収入に影響を与えているのです。
　まず、今回の分析に使用するデータ（cinema.csv）の内容を見てみましょう（図6-1）。データのダウンロードの方法については付録Aを参照してください。

出典　筆者が作成したオリジナルのサンプルデータ

cinema_id	SNS1	SNS2	actor	original	sales
1375	291	1044	8808.994	0	9731
1000	363	568	10290.71	1	10210
1390	158	431	6340.389	1	8227
1499	261	578	8250.485	0	9658
1164	209	683	10908.54	0	9286
1009		866	9427.215	0	9574
1417	153	362	7237.64	1	7869

図6-1　cinema.csv（抜粋）

　これは、映画作品について、SNSで話題になった回数、俳優のメディア露出度、原作の有無といった情報と、興行収入とを、筆者が独自にまとめたデータです。このうち、SNS1列、SNS2列、actor列、original列を特徴量、sales列を正解データとしてモデルの作成・学習を行います（cinema_id列

は映画のIDであり、興行収入には影響しないので、特徴量には含めません)。

表6-1 データの各列の内容

列名	意味
cinema_id	映画作品のID
SNS1	公開後10日以内にSNS1でつぶやかれた数
SNS2	公開後10日以内にSNS2でつぶやかれた数
actor	主演俳優の昨年のメディア露出度。actorの値が大きいほど露出している
original	原作があるかどうか（あるなら1、ないなら0）
sales	最終的な興行収入（単位:万円）

よって、本章で行う機械学習の内容は次のとおりです。

行う内容：映画に関する特徴量をもとに「sales」を予測するモデルを作成する。

図6-2 映画の興行収入を予測するモデルを作成

ちなみに第4章と第5章では、「きのこ」「たけのこ」やアヤメの種類名の文字列を正解データとしていたので、教師あり学習のなかでも「分類」という種類のデータ分析です。対して今回は、予測したいものが興行収入という数値データですので、**「回帰」という種類の教師あり学習**になります。

> Pythonで回帰を行うときは、数値を予測するところが異なるだけで、基本の手順は分類と変わらないよ。

さて、それではさっそく回帰の教師あり学習を行っていきましょう。今回新しく学習するトピックは次のとおりです。

データの準備と前処理

- 散布図の描画
- 検索条件による特定行の抽出
- 行や列の削除
- loc による行と列の抽出

モデルの学習

- 線形単回帰分析の概要
- 線形重回帰分析の概要
- 線形重回帰分析の実装

モデルの評価

- 決定係数と平均絶対誤差
- 係数による正解データへの影響度の考察

6.2 データの前処理

6.2.1 CSVファイルの読み込み

まずは前処理だ。これまでと同じように、CSVファイルを読み込んで、データフレームを作成しよう。

cinema.csvを読み込み、データフレームを作成します。付録Aの手順に従ってcinema.csvをJupyterLabの適切なフォルダに置いてください。cinema.csvには、100件のデータが含まれています。

コード6-1 cinema.csvの読み込み

```
01  import pandas as pd
02
03  df = pd.read_csv('cinema.csv')
04  df.head(3)  # 先頭3行の中身を表示
```

実行結果

	cinema_id	SNS1	SNS2	actor	original	sales
0	1375	291.0	1044	8808.994029	0	9731
1	1000	363.0	568	10290.709370	1	10210
2	1390	158.0	431	6340.388534	1	8227

6.2.2　欠損値の処理

そして次は、「欠損値の確認」だ。欠損値があると学習を実行できないから、だったね。

データフレームのisnullメソッドを利用して、欠損値があるかを確認します。

コード6-2　欠損値の確認

```
01  df.isnull().any(axis = 0)
```

実行結果

```
cinema_id    False
SNS1         True
SNS2         False
actor        True
original     False
sales        False
dtype: bool
```

SNS1列とactor列に欠損値があります。穴埋めですね。

今回も平均値で穴埋めしよう。

　第5章でやったことを思い出してください。欠損値の穴埋めに使うのはfillnaメソッドでしたね。データフレームの各列の平均値を求めるのはmeanメソッドです。また、fillnaメソッドは、欠損値を穴埋めしたデータフレームを戻り値として返すため、それを変数df2に代入します。

コード6-3 欠損値の穴埋め

```
01  # 今回は全て数値の列であるのでnumeric_only引数は不要
02  df2 = df.fillna(df.mean())
03  # 穴埋めができたか確認
04  df2.isnull().any(axis = 0)
```

実行結果

```
cinema_id    False
SNS1         False
SNS2         False
actor        False
original     False
sales        False
dtype: bool
```

欠損値がすべて穴埋めされた

6.2.3 散布図による外れ値の確認

欠損値がなくなれば最低限の学習はできる。ただ、今回はデータに外れ値があるかどうかを確認しよう。

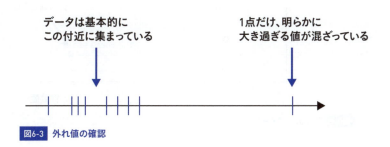

図6-3 外れ値の確認

教師あり学習のモデルは、教師データの全体の傾向をもとに、法則を導き出します。外れ値は全体の傾向からかけ離れたデータであるため、外れ値を含んだデータで機械学習を行うと、作成したモデルの予測性能が上がりにくくなってしまいます。そこで、機械学習を行う前にデータに外れ値が含まれているか確認する必要があります。

これまで前処理で外れ値の確認をしなかったのはなぜですか？

まずは機械学習の流れや基礎を身に付けていってほしかったから、前章までは「外れ値を含まないデータ」を使ってたんだよ。でも実際には「読み込み→欠損値確認→外れ値確認」が前処理でまずやるべき流れなんだ。

　データの中に外れ値があるかどうかを、欠損値のときと同様に厳密に確認することもできますが、今回は散布図を描いて確認しましょう。
　散布図を作成すると、データがどのように分布しているかが可視化され、全体の分布傾向から大きく外れる値を一目で確認できます。

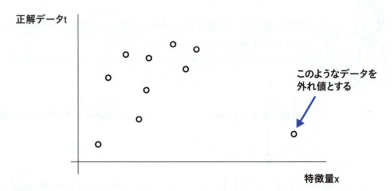

図6-4　散布図のイメージ

　それでは散布図を作成して、外れ値がないかを確認しましょう。

どうやってPythonで散布図を作るんですか？

pandasには散布図を作成するメソッドがあるんだ。

データフレームのplotメソッドを使って、SNS2列とsales列の散布図を作成してみましょう。

コード6-4　SNS2列とsales列の散布図を作成

```
01
02  # SNS2とsalesの散布図の作成
03  df2.plot(kind = 'scatter', x = 'SNS2', y = 'sales')
```

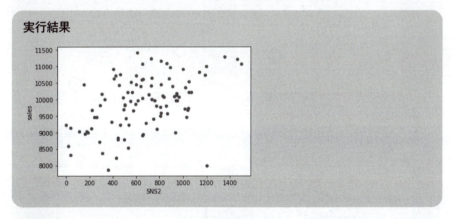

実行結果

試しにSNS2とsales列のデータを組み合わせて散布図を作ったけど、普通はどのデータを組み合わせればいいのかしら。組み合わせがいろいろあるから悩んじゃうわ。

一番簡単な方法は、散布図のY軸はsalesに固定して、X軸を特徴量にすることだよ。

予測性能に主に影響を与えるのは、「各特徴量と正解データ」の相関関係における外れ値です。「2つの特徴量の散布図」を描く必要性は現段階では比較的小さいので、ここでは、SNS1列、SNS2列、actor列、original列（特徴量）と、sales列（正解データ）の散布図を作成しましょう。X軸を各特徴量、Y軸を正解データのsales列としてそれぞれ散布図を描いてみます。

コード6-5 特徴量との組み合わせを変えて散布図を作成

```
01  df2.plot(kind = 'scatter', x = 'SNS1', y = 'sales')
02  df2.plot(kind = 'scatter', x = 'SNS2', y = 'sales')
03  df2.plot(kind = 'scatter', x = 'actor', y = 'sales')
04  df2.plot(kind = 'scatter', x = 'original', y = 'sales')
```

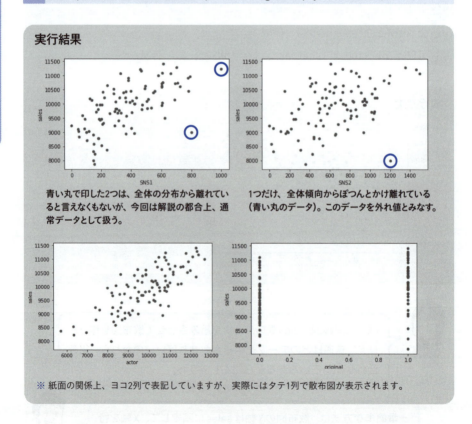

実行結果

青い丸で印した2つは、全体の分布から離れていると言えなくもないが、今回は解説の都合上、通常データとして扱う。

1つだけ、全体傾向からぽつんとかけ離れている（青い丸のデータ）。このデータを外れ値とみなす。

※ 紙面の関係上、ヨコ2列で表記していますが、実際にはタテ1列で散布図が表示されます。

なお、コード6-5ではplotメソッドを4回呼び出していますが、よく見ると「x =」に指定する列名が違うだけで、呼び出し方法は同じです。そのため、

データフレームから列名だけを取り出し、for文と組み合わせて次のように
エレガントなコードに改良することもできます。

コード6-6 コード6-5と同じことをfor文との組み合わせで行う

```
01  for name in df2.columns:     列名のデータ集合
02  # for name in df2: でも可
03
04      #X軸がcinema_id列とsales列の散布図は
05      #作っても意味がないので外す
06      if name == 'cinema_id' or name == 'sales':
07          continue
08
09      df2.plot(kind = 'scatter', x = name, y = 'sales')
                                      for文のname変数を利用
```

実行結果

（コード6-5の結果と同じ）

散布図の作成

df.plot(kind = 'scatter' , x ='x軸の列名' , y = 'y軸の列名')

※ dfはデータフレームの変数。

なお、for文のin句の右側の記載ですが、2行目のコメントのように、データフレームの変数名だけでも繰り返しを実行することができます。

chapter 6　回帰1：映画の興行収入の予測

6.2.4 外れ値の削除

「SNS2-sales」の散布図の右下に外れ値が確認できたから、こいつを削除してみよう。

散布図を描いて全体の傾向を確認した結果、「SNS2-sales」の散布図に、全体の傾向から離れた外れ値がありました。このような外れ値があると、教師あり学習のモデルは精度が上がりにくいため、事前に削除する処理を行う必要があります。

外れ値のデータの削除は、次の手順で行います。

1. 散布図上で発見した外れ値のインデックスがいくつであるかを調べる。
2. 1で調べたインデックスをもとに、データを削除する。

実際のコードは次のようになります。各行の意味はこのあと順に解説します。

コード6-7 外れ値を削除する

```
01  no = df2[(df2['SNS2'] > 1000) & (df2['sales'] < 8500)].index
02  df3 = df2.drop(no, axis = 0)
```

01: 外れ値のデータを検索して、インデックスを取得
02: インデックスの行を削除して、df3に代入

6.2.5 特定の行の参照

まず最初に、外れ値の行データのみを参照して、その行のインデックスを知る必要があります。

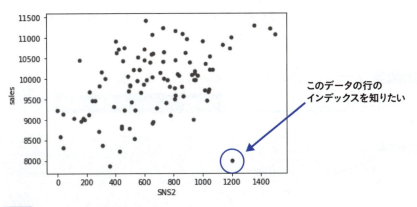

図6-5　SNS2-salesの散布図の外れ値

あれ？　そういえば、今まで特定の列の参照はやってきたけど、特定の行の参照ってやってないですね。

そうだね。簡単なデータフレームを例に説明しよう。

ここでは、サンプルとして図6-6のようなデータフレームを作成して、特定の行を参照する方法を説明しましょう。

Acolumn	Bcolumn
1	4
2	5
3	6

図6-6　このような簡単なデータフレームを作成する

コード6-8　データフレームを作成する

```
01  test = pd.DataFrame(
02    {'Acolumn':[1,2,3],
03     'Bcolumn':[4,5,6]
04    }
05  )
```

データフレームの作成。変数testに代入

たとえば、作成したデータフレームに対して「Acolumn列の値が2未満」という条件に合致する行だけを参照する場合は、次のように書きます。

コード6-9 Acolumn列の値が2未満の行だけを参照する

```
01  test[test['Acolumn'] < 2]
```
検索条件：Acolumn列の値が2未満

実行結果

```
     Acolumn    Bcolumn
0    1          4
```

これまで、データフレームに対する[ ]には列名だけを指定してきましたが、コード6-9では、外側の[ ]の中に比較演算子を使った検索条件を記述しています。

この条件式は、データフレームtestから検索対象であるAcolumn列を取り出し、それぞれの行の値が2よりも小さいかを比較します。比較結果はbool型となりますから、この検索条件が評価されると、各行にTrueまたはFalseのどちらかの値を持つシリーズに置き換わります（コード6-10）。

コード6-10 Acolumn列（シリーズ型）に対して比較演算を行う

```
01  test['Acolumn'] < 2
```

実行結果

```
0    True
1    False
2    False
Name: Acolumn, dtype: bool
```

Acolumn列の0行目のデータは1であり、1 < 2の結果はTrueです。同様に、1行目のデータは2であり、2 < 2の結果はFalseです。このように、Acolumn列のすべての行を順に比較していくと、最終的に図6-7のようなbool型のシリーズが生成されます。

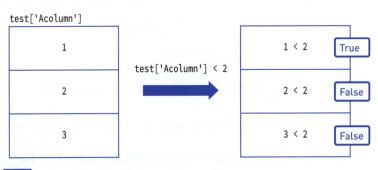

図6-7 Acolumn列と比較した結果、bool型のシリーズになる

　コード6-9の外側の[]の中は、条件判定が終わった段階で、bool型のシリーズに変化します。

わかった！　Trueの位置が検索対象の行と一致するんですね。

　データフレームの後ろの[]に列名のリストを指定すると、指定された列を参照できましたが、それ以外にもbool型の要素を含むシリーズ（またはリスト）を指定すると、シリーズ内の要素が**Trueである**行のみが抜き出されます。これは、シリーズ内でTrueとなっているインデックスと同じインデックスとなるデータフレームの行を抜き出しているためです。

インデックス	シリーズ
0	TRUE
1	FALSE
2	FALSE

インデックス	Acolumn	Bcolumn
0	1	4
1	2	5
2	3	6

図6-8 bool型の要素を含むシリーズを指定するとTrue行のみ抜き出される

　この例では、シリーズの要素がTrueであるインデックスは「0」となっています。よってデータフレームtestからは0行目のみが抜き出され、1行目と2行目は抜き出されません。

条件によるデータフレームの行の検索

> df[df[列名] 比較演算子 値]

※ df はデータフレーム。
※ 列の各要素と値の比較結果が bool 型のシリーズに置き換わり、True のインデックスと同じインデックスの行のみ抽出される。

コード6-7では、この方法を使って外れ値の行を特定したわけですが、その詳細を具体的に確認してみましょう。

SNS2とsalesの散布図（図6-5、p183）を見ると、外れ値はSNS2が1000より大きくsalesが8500より小さい位置にプロットされています。該当する行を特定するためには、この2つの条件を指定します。2つの条件を同時に指定するには、&（かつ）で条件を結びます。

コード6-11 2つの条件で外れ値の行を特定する

```
01  df[(df['SNS2'] > 1000 ) & (df['sales'] < 8500)]
```
　　　　　　　条件1　　　　　　　　条件2

実行結果

	cinema_id	SNS1	SNS2	actor	original	sales
30	1855	149.0	1200	8173.096892	0	8000

複数の条件を指定する際には、次の2つのルールを必ず守ってください。

- bool型のシリーズに置き換わる部分を()で囲む。
- 「かつ」のときはandではなく&、「または」のときはorではなく|を利用する（論理演算子のandやorは使えない）。

コード6-7の1行目では、条件に合致した行のみを持つデータフレームdf2に対してindexを指定することで、特定した行からインデックスのみを取り出し、変数noに代入しています（コード6-12）。

コード6-12　特定した行からインデックスのみを取り出す

```
01  no = df2[(df['SNS2'] > 1000 ) & (df['sales'] < 8500)].index
02  no
```
インデックスの取り出し

実行結果
```
Index([30], dtype = 'int64')
```

6.2.6　行や列の削除

外れ値のインデックスが特定できたところで、行や列の削除方法を紹介しよう。

データフレームでは、インデックスを指定して行を削除することができます。データフレームtest（図6-9）でその方法を説明します。

Acolumn	Bcolumn
1	4
2	5
3	6

図6-9　データフレームtest

たとえば、インデックスが0の行を削除するには、次のように実行します。

コード6-13　dropメソッドでインデックスが0の行を削除する

```
01  test.drop(0, axis = 0)
```
インデックスが0の行を削除

実行結果
```
   Acolumn  Bcolumn
1  2        5
2  3        6
```

> dropメソッドは行を削除したデータフレームを戻り値として返すだけで、元のtest自体は変化していないよ。だからdropメソッドの戻り値をtestに再代入する必要があるんだ。

ちなみに、列を削除するには、列名と「axis = 1」を指定します。

コード6-14 列を削除する

```
01  test.drop('Bcolumn', axis = 1)
```

実行結果

```
    Acolumn
0   1
1   2
2   3
```

行の削除

df.drop(インデックス, axis = 0)

※ インデックスをリストなどで指定すると複数行削除できる。
※ axisのデフォルトは0。

列の削除

df.drop('列名' , axis = 1)

※ 列名をリストなどで指定すると複数列削除できる。

6.2.7 外れ値を含む行の削除

それじゃ、dropメソッドを使って外れ値を削除しよう。

インデックスとして、コード6-12で取り出した変数noを指定します。なお、dropメソッドで外れ値の行を削除したデータフレームを、df3に代入していることに注意してください。

コード6-15 dropメソッドを使って外れ値を削除

```
01  df3 = df2.drop(no, axis = 0)  # 外れ値の行を削除
02  df3.shape  # 行が削除できたかどうかを行数で確認
```

実行結果
```
(99, 6)
```

shapeはデータフレームの行数と列数を返します（4.2.3項）。cinema.csvにはもともと100件のデータがあるので、1行削除されていることが確認できます。

6.2.8 locによる特徴量と正解データの取り出し

ふぅ…これで、やっと欠損値も外れ値もなくなった…と。あとは学習させるだけですね。

ってことは、あとはデータフレームをパキッ！と、xとtに分割すればいいのね。

欠損値の穴埋めや外れ値の削除が済んでいるデータフレームdf3から、特徴量の変数xと正解データの変数tを準備します。この作業について、これまでデータフレームを「パキッ」と2つに分割するイメージ（図4-4、p103）で捉えてきた人も多いと思いますが、今回は、cinema_id列は興行収入に影響しないので特徴量としても正解データとしても使いません。df3を2つに分割するというよりは、df3のうちSNS1、SNS2、actor、originalの4列をxに、sales列をtに、「取り出す」というイメージのほうが近いでしょう。

コード6-16 df3から特徴量の変数xと正解データの変数tに分割

```
01  #特徴量の列の候補
02  col = ['SNS1', 'SNS2', 'actor', 'original']
03  x = df3[col]  # 特徴量の取り出し      x は、cinema_id列を省いている
04
05  t = df3['sales']  # 正解データの取り出し
```

特徴量を取り出すときに、全部の列名を書くのは面倒だなあ。何か効率的な方法はないんですか。

それなら、データフレームのloc機能を使うといいよ。

データフレームのloc機能を利用すると、特定の列と特定の行を同時に指定して取り出すことができます。

たとえば、インデックスが2である行からSNS1列の値を取り出す場合は、次のように記述します。

コード6-17 インデックス2の行からSNS1列の値を取り出す

```
01  # インデックスが2、列がSNS1のマスの値のみ参照
02  df3.loc[2, 'SNS1']
```
インデックス／列名

実行結果

```
158.0
```

loc[インデックス, 列名]と指定すると、特定のデータのみを参照できます。また、[]内にリストを指定すると、複数の行や列を参照することもできます。

コード6-18　特定のデータのみを参照する

```
01  index = [2, 4, 6]       # インデックス
02  col = ['SNS1', 'actor'] # 列名
03
04  df3.loc[index, col]
```

実行結果

```
    SNS1    actor
2   158.0   6340.388534
4   209.0   10908.539550
6   153.0   7237.639848
```

 特定の行と列の取り出し

> df.loc[インデックス名, 列名]
> ※ 複数行を参照するときは、インデックスのリストを作成する。検索条件も指定可能。
> ※ 複数列を参照するときは、列名のリストを指定する。
> ※ locには、インデックスとして行を絞り込む条件を指定することも可能。
> ※ df.loc[インデックス]とすると、すべての列で特定インデックス（行）のみを抽出する。

 応用テクニックとして、locでもスライス構文による範囲指定が可能なんだ。松田くんの問題は、これで解決できるよ。

Pythonの基本文法のリストでは、スライス構文で連続した要素を参照できます。リスト[A:B]と指定すると、添え字がA以上B**未満**の要素を取り出すことが可能です。

コード6-19 スライス構文で連続した要素を参照する

```
01  sample = [10, 20, 30, 40] # リストの作成
02  sample[1:3] # 添え字が1以上3未満の要素を取得
```

実行結果
```
[20,30]
```

データフレームでも、連続した複数のインデックスや列名を参照するときは、スライス構文で簡単に指定することができます。コード6-20は、インデックスが0以上3以下、最初の列からactor列までを指定した例です。リストとは異なり、A:BはA以上B**以下**を指定することに注意してください。

コード6-20 データフレームで複数のインデックスや列名を参照する

```
01  # 0行目以上3行目以下、actor列より左の列（actor列含む）
02  df3.loc[0:3, :'actor']
```

実行結果

	cinema_id	SNS1	SNS2	actor
0	1375	291.0	1044	8808.994029
1	1000	363.0	568	10290.709370
2	1390	158.0	431	6340.388534
3	1499	261.0	578	8250.485081

スライス構文で複数のインデックスや列名を参照する

```
df.loc[A:B, A:B]
```

※ A:Bと指定すると A以上B以下の要素を参照する。
※ A:と指定すると、A以上のすべての要素を参照する。
※ :Bと指定すると、B以下のすべての要素を参照する。
※ : と指定すると、すべての要素を参照する。
※ 列の大小関係は 左列<右列で比較される。

それでは、スライスを利用して、効率的に特徴量と正解データを取り出してみましょう。

コード6-21 スライス構文で特徴量と正解データを取り出す

```
01  x = df3.loc[ : , 'SNS1':'original'] # 特徴量の取り出し
```
　　　　　　　すべての行　　　SNS1列〜original列

```
02  t = df3['sales'] # 正解ラベルの取り出し
```

6.2.9 訓練データとテストデータの分割

 最後に、準備できたxとtを「訓練用」と「テスト用」に分割しておこう。第5章で学んだ、ホールドアウト法の実践だ。

学習を実行する前に、train_test_split関数を使って、変数xとtから構成される教師データを訓練データとテストデータに分割します。

コード6-22 訓練データとテストデータに分割する

```
01  from sklearn.model_selection import train_test_split
02
03  x_train, x_test, y_train, y_test = train_test_split(x, t,
        test_size = 0.2, random_state = 0)
```

この節のポイント

- pandasでは、散布図などのグラフを作成して、視覚的にデータを確認することができる。
- 外れ値があるとモデルの精度が上がりづらいので削除する。
- 特定の条件に合致する行だけを抜き出すことができる。
- loc機能を使うことで、特定の行と列を同時に抜き出すことができる。

データの前処理はこれで終了だ。続いて、機械学習を行っていくよ。「回帰」の手法もたくさんあるが、今回は中でも基本的な「線形回帰」という手法を利用しよう。

6.3 モデルの作成と学習

6.3.1 線形回帰分析の概要

決定木ではモデルが最適な「フローチャート（の分岐条件）」を見つけてくれたね。今回用いる線形回帰分析では、モデルが最適な「予測式」を見つけてくれるんだ。

　回帰モデルは、与えられた特徴量をもとに数値の正解データを予測します。たとえば、身長から体重を予測する場合、モデルは身長（特徴量）と体重（正解データ）で学習します。学習の結果、モデルは、身長から体重を求める計算式を見つけることで、以後、さまざまな未知の人についても、身長から体重を予測できるようになるのです。

例として、オレ自身が、身長（特徴量）をもとに、体重（正解データ）を予測する回帰モデル（学習済み）だとしよう。

面白いですね。じゃあ僕は170cmですが、体重はどれくらいですか？

えっと、53kgかな？

全然当たってないですよ！　当てずっぽうですか？

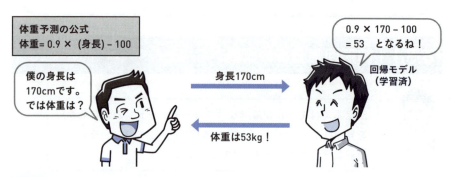

図6-10 体重予測の公式

回帰の場合、予測したいデータは数値データであるため、図6-10の「体重予測の公式」のように、特徴量を利用した予測用の計算公式を作れば、正解データを予測することができます。

モデルに教師データを与えることで、モデルは予測するための計算公式を自動で見つけてくれます。また、見つけ出した計算公式のことを**回帰式**と呼びます。

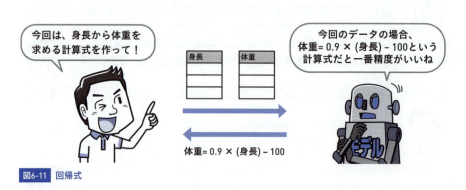

図6-11 回帰式

図6-11の「体重＝0.9×身長－100」のように、特徴量が1つだけの式（グラフにすると直線となる式）を作成する回帰手法を**線形単回帰分析**または単に**単回帰分析**と呼びます。また、特徴量としてさらに胸囲が加わるなど、特

徴量を2つ以上にして行う回帰手法を**線形重回帰分析**または単に**重回帰分析**と呼びます。

今回は特徴量が全部で4つあるから「重回帰分析」ですね！

でも、4つの特徴量でどんな計算式を作るのかしら？ なんだか複雑で、難解な式になりそう…。

いや、結局は単回帰と似た計算式だよ。

単回帰分析と重回帰分析は、特徴量が1つか多数かという違いがあります。異なる分析手法のように感じますが、実は本質的にはまったく同じ分析手法であり、モデルの学習時には同じ計算理論が内部で使われています。大まかに言うと、

予測値 = A ×（特徴量1）+ B ×（特徴量2）+・・・+ 定数

という予測計算式を作る教師あり学習を**線形回帰分析**と呼び、

特徴量が1個だけ ⇒ 線形単回帰分析
特徴量が2個以上 ⇒ 線形重回帰分析

と便宜上呼び分けているだけなのです。

よって今回の学習では、次のような回帰式を作ることがゴールになります。

（例）興行収入
　　=100×(SNS1) + 20×(SNS2) +7×(actor) + 10×(original) + 1000

6.3.2 最小2乗法の概要

でも、回帰式ってどのような理論で作られるのかしら？

モデルを作成する前に、回帰分析の基本を押さえておこう。モデルの概要を理解しておけば、機械学習がやりやすくなるよ。

　回帰分析では、**最小2乗法**という理論を利用して計算式を作ります。ここでは、難しい数学の話は割愛してこの理論の概要のみを紹介します。単回帰でも重回帰でも考え方は同じなので、2次元の散布図としてイメージしやすい単回帰で話を進めましょう。

　ここに、データxとデータyのペアが複数個あります。これらのデータをプロットすると、次のようなグラフになります。

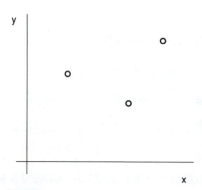

特徴量をx、正解データをyとして、xの値からyを予測する予測計算式を作りたいとする（xとyの値は、実際に測定済みのデータ）。

図6-12 データxとデータyのペア

このグラフに、各データの中間を通るような線を引くんだ（図6-13）。これが、予測の計算式だよ。

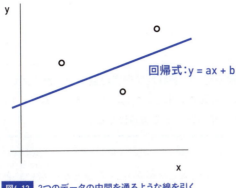

図6-13 3つのデータの中間を通るような線を引く

　これら3つのデータのなるべく中間を通るように直線を引くと、y = ax + bという計算式が得られます。
　この直線を回帰直線と呼びます。なお、図6-13、6-14の回帰直線は、回帰分析によって確定した予測に最適な直線（回帰式）というわけではなく、仮に引いてみた直線と思ってください。この回帰直線は、「だいたいこの線の上に点は現れるはず」という予測を示すものですが、実際のデータ（3つの点）とはズレていて、予測と誤差があることがわかります。

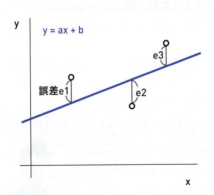

[誤差の例]
図の右上のデータを仮に「x = 6, y = 9」とする。仮に回帰直線が y = x + 2 とすると、xの値が 6 のときの予測結果は

　　予測結果 = 6 + 2 = 8

となり、実際のy = 9とは誤差が生じている。よって、散布図内の e3 は次のようになる。

　　e3 = 9 - 8 = 1

図6-14 回帰直線

　さて、この状況で「回帰直線がどれだけ実際のデータの近くを通っているか」を指標化できれば、それはその直線の「予測性能」や信頼性を示す値として利用できます。実際にe1〜e3の各データについて、実測値と各データの誤差を2乗してその平均を求めてみましょう。

$$E = \frac{e_1^2 + e_2^2 + e_3^2}{3}$$

このEは、「回帰直線が、どれだけ現実の全データからズレているか」を意味する値だ。小さければ小さいほど「実データとの誤差が小さなイイ直線」って意味になるな。

Eが小さいということは、「予測結果と実際の結果の誤差が少ない」ということですから、誤差Eが小さくなるような計算式は、予測性能の良い計算式といえます。

なお、各点と直線との誤差の2乗を平均して求めるこのEのことを、**平均2乗誤差**ともいいます。なぜ誤差を2乗するか疑問に感じた方は、分散を求めるときの考え方を思い出してみるといいでしょう。

図6-14で作っている回帰直線の計算式はあくまでも候補の1つであるため、**係数であるaの値と切片であるbの値をいろいろと変えてみることによって**、さまざまな回帰直線を作り、各直線の誤差Eを調べて、誤差が最小となる直線を探すことができます。

このようにして、**平均2乗誤差Eが最小となるような計算式の係数aとbはいくつか**という問題を機械学習の力で解いていくのが最小2乗法の基本的なアプローチです。

「2乗」している誤差の最小値を考えているから、「最小2乗法」なのね！

ちなみに、本当は「いろいろ直線を引いてみて最小の奴を探す」なんていう非効率的なことはしないんだ。

今回、最小2乗法の概要を紹介するにあたり、最も原始的な「総当たりで理想の係数を探す」というアプローチを紹介しました。しかし、この方法で実際に機械学習を行うと、莫大な時間やコストがかかってしまいます。

実は"数学理論"を駆使すると、一発の計算で理想の係数がすぐに求められる方程式を作れるんだ。"数学も操るワンランク上のデータサイエンティスト"を目指す人は、ぜひ付録E、Fにもチャレンジしてみてほしい。

6.3.3　重回帰モデルの作成と学習、分析の実行

最小2乗法のしくみがわかったところで、実際に重回帰モデルの作成と学習、分析を、scikit-learnを使ってやっていこう。

前章では決定木モデルを利用するためにtreeモジュールを使いましたが、作成するモデルの種類に応じてscikit-learnのモジュールは使い分ける必要があります。今回は、linear_modelモジュールから重回帰モデルのLinearRegression関数をインポートします。

コード6-23　重回帰モデルのLinearRegression関数をインポートする

```
01  from sklearn.linear_model import LinearRegression
```

決定木のときと同じように、まずは、未学習状態のモデルを作成します。モデルの作成には、LinearRegression関数を使います。

コード6-24　LinearRegression関数を使ってモデルを作成する

```
01  model = LinearRegression()
```

あれ？　そういえば決定木のときは「random_state = 0」っていうのがあったじゃないですか。今回は乱数の固定をしなくてもいいんですか？

重回帰分析では「ランダムに何かをする」という処理がないんだ。だから乱数の固定も必要ないんだよ。

モデルの準備ができたら、fitメソッドで学習させましょう。訓練データを使うことに注意してください。

コード6-25　fitメソッドでモデルに学習させる

```
01  model.fit(x_train, y_train)
```

実行結果

```
LinearRegression
LinearRegression()
```

※環境によって実行結果が微妙に異なるかもしれませんが、エラーにならなければOKです。

重回帰でもfitメソッドを使うんですね。

そうだよ。予測も同じくpredictメソッドを使うんだ。

6.3.4　未知データでの予測

では、未知のデータをpredictメソッドに渡して分析し、興行収入を予測してみましょう。

コード6-26　興行収入を予測する

```
01  # 新しいデータをデータフレームで作成
02  new = pd.DataFrame([[150, 700, 300, 0]], columns=x_train.columns)
03  model.predict(new) # 学習済みモデルで推論
```

実行結果

```
array([6874.109753])
```

作成するモデルが違うだけで、学習と予測はほぼ同じ手順で実行できるので、わかりやすいですね。

そう！ モデルに対する理解があれば、機械学習の実行自体はそう難しくないんだ。

 重回帰モデルの作成

```
from sklearn.linear_model import LinearRegression
モデル変数 = LinearRegression()
```

 重回帰モデルでの学習

```
モデル変数.fit(特徴量データ,　正解データ)
```

 重回帰モデルでの予測

```
モデル変数.predict(入力データ)
```

※ 予測の入力データには、データフレームや二次元リストを指定できる。ただし、2次元リストのままだと警告が出る。

この節のポイント

- 教師あり学習の回帰では、回帰分析を用いて正解データの値を予測するための計算式（回帰式）を作成する。
- 特徴量が2つ以上の回帰分析を重回帰と呼ぶ。
- 最小2乗法により、予測と実際の誤差が最小となるような係数が選ばれる。

6.4 モデルの評価

6.4.1 回帰での評価指標

よし、正解率を計算するぞ。ここでもscoreメソッドを使うんだね。

松田くんは、scoreメソッドを使ってモデルの正解率を計算してみるつもりのようです。scoreメソッドにはテストデータを渡しています。

コード6-27 scoreメソッドでモデルのscoreを計算

```
01  model.score(x_test, y_test)
```

実行結果
```
0.790388159657009
```

正解率79%かぁ。もっと高くしたいなぁ。

あぁ。この0.79っていう数字は正解率じゃないんだ。そもそも回帰では「正解率」は使わないんだよ。

ええっ！？

6.4.2 平均絶対誤差

　分類モデルは、何種類か存在する正解データのうちのいずれかを予測するものでした。そのため、予測の分類結果が実際の分類結果と一致しているかどうかを比較して正解率を求め、その高さで性能を評価します。

　しかし、回帰モデルの場合、予測するのは連続した数値データです。そのため、仮に実際の興行収入が10億円で、予測値が9億9999万円のとき、正解率で判定すると「正解していない」ことになってしまいます。よって回帰モデルでは、分類モデルとは異なり、予測と実際の値の誤差がどの程度生じたかを予測性能の指標とします。

> 予測と実際の誤差がどの程度か…って、それってさっきの平均2乗誤差のことじゃないですか？！

> よく覚えてたね！

　回帰モデルの予測性能を測る指標としては、係数算出の最小2乗法の過程で登場した平均2乗誤差（mean squared error：MSE）をそのまま利用することができます。

　また、似たような評価指標として平均絶対誤差（mean absolute error：MAE）というものもあり、MSEと並び回帰モデルの評価に広く利用されています。

・平均2乗誤差（MSE）：差分を2乗したデータでの平均値
　例）$((-2)^2+0^2+1^2)/3=1.666…$
・平均絶対誤差（MAE）：差分の絶対値の平均値
　例）$(|-2|+|0|+|1|)/3=1$

> MSEとMAEは、どう使い分けたらいいんですか？

数学などの理論的側面では絶対値をとるより2乗したほうが扱いやすいのですが、直感的に理解しやすいのは絶対値をとる平均絶対誤差です。

今回は直感的にわかりやすい平均絶対誤差を利用しよう。

MAEを求めるには、metricsモジュールのmean_absolute_error関数を使います。第1引数にはテストデータの特徴量からpredictメソッドで求めた予測結果、第2引数にはテストデータの正解データを指定します。

コード6-28　MAEを求める

```
01  # 関数のインポート
02  from sklearn.metrics import mean_absolute_error
03
04  pred = model.predict(x_test)     ── x_testのデータを一括で予測
05
06  # 平均絶対誤差の計算
07  mean_absolute_error(y_pred = pred, y_true = y_test)
```

実行結果
277.1223696408624

 平均絶対誤差の算出

```
mean_absolute_error(y_pred = 予測結果のデータ,
    y_true = 実際のデータ )
```
※ 予測結果のデータは、事前に学習済みモデルを用いて特徴量のテストデータで予測したもの。

このモデルでは、予測と実際の値の誤差が平均で277（万円）だったということですね。ここから予測性能をどのように判断するんですか？

　今回は映画の興行収入を予測しています。大ヒットすると、数十億〜数百億円の興行収入がある映画業界のことを考えると、277万円という誤差はとても小さいと言えるため、予測性能は高いと評価できます。
　このように平均絶対誤差は、目的に対して誤差が大きいか小さいかを考えて、予測性能を評価します。よって、平均絶対誤差を評価するためには、**その正解データ自体に関する専門知識が必要**になります。

6.4.3　決定係数

平均絶対誤差では数値の意味を考えなければならないんですね。正解率のように数値だけでぱっと判断できるといいんですけど。

そういうときには決定係数を使おう。

　決定係数(R-squared：R^2)　は、**0〜1の間の値をとり、値が大きくなるほど予測値と実測値の誤差が少ない計算式であること**を意味する、回帰モデルの評価に用いる指標です。平均絶対誤差とは異なり、正解データの持つ意味に依存することはありません。そのため正解データの知識がなくても、単純に数値の大小で予測性能を評価できます。一般的に、**0.8以上であれば**、予測性能が高くて良い計算式と言われています。
　scikit-leanにおける回帰モデルのscoreメソッドは、正解率ではなくこの決定係数を返すような仕様になっています。

コード6-29 scoreメソッド

```
01  model.score(x_test, y_test)
```

実行結果
```
0.790388159657009
```

僕が最初に計算したのは、正解率ではなく決定係数だったんですね（6.4.1項）。

うん、決定木モデルと同じくscoreメソッドを使っているけど、正解率ではなく決定係数を計算していることに注意しよう。

6.4.4 モデルの保存

最後に、作成したモデルを保存しましょう。

コード6-30 モデルを保存する
```
01  import pickle
02
03  with open('cinema.pkl', 'wb') as f:
04      pickle.dump(model, f)
```

この節のポイント

- 平均2乗誤差や平均絶対誤差で、具体的な誤差を評価する。
- 決定係数は、正解データの意味などがわからなくても、値の大小だけでモデルの予測性能を評価できる。
- scikit-learnの回帰モデルのscoreメソッドは、正解率ではなく、決定係数を返す。

6.5 回帰式による影響度の分析

6.5.1 計算式の係数と切片の確認

決定木分析で学習済みのモデルから全体のフローチャートを確認できたように、重回帰分析でも学習済みモデルから作成した計算式の詳細を確認できるんだ。

　学習済みの重回帰モデルでは、計算式の係数（coef_）と切片（intercept_）を確認できます。

コード6-31　係数と切片を確認

```
01  print(model.coef_)        # 計算式の係数の表示
02  print(model.intercept_)   # 計算式の切片の表示
```

実行結果
```
[1.07645622    0.53400191    0.28473752  213.95584503]
6253.418729438709
```
coef_の出力は、モデルに学習させたx_trainの列順に対応

　計算式の係数は、特徴量の列の順に出力されます。列と係数の対応がわかるように、もう少し見やすく表示してみましょう。model.coef_の結果でデータフレームを作成し、列名をインデックスに指定して表示します。

コード6-32　列と係数を表示する

```
01  tmp = pd.DataFrame(model.coef_)    # データフレームの作成
02  tmp.index = x_train.columns        # 列名をインデックスに指定
```

03 tmp

実行結果

```
              0
SNS1      1.076456
SNS2      0.534002
actor     0.284738
original  213.955845
```

よって、作成した計算式は次のようになります（係数の小数第2位を四捨五入）。

(興行収入) =
1.1×(SNS1)＋0.5×(SNS2)＋0.3×(actor)＋214×(original)＋6253.4

🅐 係数を表示する

変数.coef_

※ 変数には、変数 = LinearRegression()の左辺の変数を指定する。
※ 表示結果は、学習時のx_trainの列順に対応している。

🅐 定数項を表示する

変数.intercept_

※ 変数には、変数 = LinearRegression()の左辺の変数を指定する。

6.5.2 正解データと特徴量の影響度の考察

作成した回帰式の係数を調べることによって、「正解データに最も影響を与える特徴量はどの変数か」という分析をすることができます。これはマーケティングなどでよく使われる分析方法です。

たとえば、次の計算式を考えてみます。

(興行収入) = 70×(SNS1) + 100×(SNS2) - 20

このような計算式が作成された場合、SNS1とSNS2では、SNS2のほうが興行収入に影響を与えると分析することができます。

係数の絶対値が大きいほど影響が強いとみなすんだ。

回帰式の係数は「(他の特徴量を固定した上で)、その特徴量が1だけ増加したときに、正解データはどのくらい増加するか?」という正解データの変化量を表しています。

今回作成した実際の回帰式を再度確認してみましょう。

(興行収入)
= 1.1×(SNS1) + 0.5×(SNS2) + 0.3×(actor) + 214×(original) + 6253.4

です。この係数を確認すると、もっとも係数の絶対値が大きいのはoriginalで、最も小さいのはactorです。actorが1増えたところで、興行収入は0.3しか増加しませんが、originalが1増加すると興行収入は214増加することがわかります。

 この節のポイント

- 回帰式の係数を比較することで、特徴量と正解データの影響度を分析できる。
- 係数の絶対値が大きいほど正解データへの影響度が強い。

6.6 第6章のまとめ

データの前処理
- 特徴量と正解データの散布図を描いて、データの分布を視覚的に捉えることができる。
- 全体の分布から大きくかけ離れて孤立した外れ値は、モデルの精度を下げる可能性があるので、前処理にて削除する。

回帰分析のモデル作成と学習
- 回帰分析のモデルでは、数値の正解データを予測するための回帰式を作成する。
- 特徴量が1つの場合を単回帰、2つ以上の場合を重回帰という。
- 回帰式の係数は、学習によって、予測値と実際の値の誤差が最小となるものが選ばれる。

回帰分析モデルの評価
- 平均2乗誤差や平均絶対誤差による評価には、分析データに対する予備知識が必要となる。
- 決定係数は、予備知識を必要とせずに値の大小のみで予測性能を評価することができる。
- 回帰式の係数を比較することで、特徴量の正解データへの影響度を分析することができる。

6.7 練習問題

この章の練習問題では、sukkiri.jp（付録A参照）に公開されている「ex3.csv」を利用します。

練習6-1

pandasをインポートしてください。また、ex3.csvを読み込んでデータフレームに変換してください。

練習6-2

練習6-1のデータフレームに対して、先頭5行を表示するコードを作成してください。

練習6-3

特徴量をx0、x1、x2、x3の4列として、targetの値を予測する重回帰分析を行う場合の計算式を表してください。ただし、計算式中の係数や切片は適当なアルファベットの文字で表現してください。

練習6-4

練習6-1のデータフレームに対して、欠損値があるか確認してください。欠損値がある場合には、その列の中央値で穴埋めをしてください。

練習6-5

x0列とtarget列との散布図を描くコードを作成してください。

練習6-6

各特徴量x0〜x3とtarget列との散布図を作成し、外れ値があるか検討してください。

練習6-7

練習6-6で外れ値がある場合は、外れ値を削除してください。

練習6-8

データフレームを特徴量と正解データに分割してください。ただし、特徴量の参照にはloc処理を使ってください。

練習6-9

練習6-8で分割したデータを、さらに訓練データとテストデータに分割してください。ただし、テストデータは全体の20%として、乱数シードは1としてください。

練習6-10

重回帰のモデルを作成して、練習6-9で作成した訓練データを用いて学習させてください。

練習6-11

回帰分析では、よく利用する予測性能の指標として平均絶対誤差と決定係数がありますが、どのように使い分ければよいでしょうか？
また、それを踏まえると今回のデータの場合はどちらがよいでしょうか？

練習6-12

テストデータに対して、決定係数を計算し、予測性能がよいかどうかを判断してください。

chapter 7
分類2：客船沈没事故での生存予測

この章では、沈没した豪華客船の乗客名簿をもとに学習し、
船が沈没したときに生き残れるかどうかを予測します。
決定木モデルによる分類ですが、データはさらに複雑になります。
分析の実行後、予測性能を上げるための
トライアル＆エラーに注目しましょう。

contents

- 7.1 客船沈没事故から生き残れるかを予測
- 7.2 データの前処理
- 7.3 モデルの作成と学習
- 7.4 モデルの評価
- 7.5 決定木における特徴量の考察
- 7.6 第7章のまとめ
- 7.7 練習問題

7.1 客船沈没事故から生き残れるかを予測

7.1.1 データの概要

今回はさらに複雑なデータで分類に挑戦しよう。モデルとして使うのは決定木だよ。

分析に使用するデータ（Survived.csv）の内容を見てみましょう（図7-1）。データのダウンロードの方法については付録Aを参照してください。

Passenger	Survived	Pclass	Sex	Age	SibSp	Parch	Ticket	Fare	Cabin	Embarked
1	0	3	male	22	1	0	A/5 21171	7.25		S
2	1	1	female	38	1	0	PC 17599	71.2833	C85	C
3	1	3	female	26	0	0	STON/02.	7.925		S
4	1	1	female	35	1	0	113803	53.1	C123	S
5	0	3	male	35	0	0	373450	8.05		S

出典　https://www.kaggle.com/c/titanic/data のデータをもとに筆者作成

図7-1　Survived.csv（抜粋）

これは、ある豪華客船の乗客名簿です。年齢、性別、乗船時の状況など、個人の特徴を示す列に加え、Survived列があります。この豪華客船は航海の途中で沈没しており、Survived列は沈没の際に助かったかどうかを示しています。

各列の意味は表7-1のとおりです。

表7-1 各列の意味

列名	意味
PassengerId	乗客ID
Pclass	チケットクラス（1等、2等、3等）
Age	年齢
Parch	同乗した、自身の親と子供の総数
Fare	運賃
Embarked	搭乗港

列名	意味
Survived	1: 生存、0: 死亡
Sex	性別
SibSp	同乗した兄弟や配偶者の総数
Ticket	チケットID
Cabin	部屋番号

　このデータを利用して、それぞれの乗客がこの客船の沈没事故に遭遇した場合に無事生還できるかどうかを予測しましょう。モデルには決定木を使います。

　本章で行う機械学習の内容は次のとおりです。

行う内容：乗客の特徴から沈没時に生存か死亡かに分類するモデルを作成する。また、その過程で、どのような特徴を持つ人が生き残れたかを考察する。

　本章での分類も、決定木を利用して予測モデルを作成していきます。今回新しく学ぶ内容は次のとおりです。

データの準備と前処理

- 不均衡データの確認
- グループ集計（group by）
- ピボットテーブル
- ダミー変数化
- データフレームの連結
- 棒グラフの作り方

モデルの学習

- 正解データの不均衡を踏まえた上でのモデル学習

モデルの評価

- 過学習（性能の評価）
- 特徴量重要度（正解データへの影響度の評価）

7.2 データの前処理

7.2.1 CSVファイルの読み込み

最初は、ファイルを読み込んでデータフレームを作るんですよね。

ライブラリのインポートも忘れないでね。

Survived.csvを読み込み、データフレームを作成します。事前に付録Aの手順に従ってSurvived.csvをJupyterLabの適切なフォルダに置いてください。

今回は、必要なライブラリなどをあらかじめインポートしておきましょう。使用するのは、pandas、scikit-learnのtreeモジュールとmodel_selectionモジュールのtrain_test_split関数です。

コード7-1 CSVファイルの読み込み

```
01  import pandas as pd
02  from sklearn import tree
03  from sklearn.model_selection import train_test_split
04  df = pd.read_csv('Survived.csv')
05  df.head(2)  # 先頭2行の確認
```

実行結果

	PassengerId	Survived	Pclass	Sex	Age	SibSp	Parch	Ticket	Fare	Cabin	Embarked
0	1	0	3	male	22.0	1	0	A/5 21171	7.2500	NaN	S
1	2	1	1	female	38.0	1	0	PC 17599	71.2833	C85	C

7.2.2 正解データの集計—不均衡データ

今回は分類の問題であるため、正解データのSurvived列にどういう種類のデータがあるのか事前に調べましょう。

コード7-2 Survived列のデータ

```
01  df['Survived'].value_counts()
```

実行結果
```
0    549
1    342
```

第5章のアヤメのデータとは大きな違いがあるんだけど、わかるかな。

えっと、アヤメの正解データは3種類だけど、こちらは2種類ですよね。

松田くんの意見も間違いではありません。ただ、分類モデルを作成する際に注意しなければいけない相違点がほかにもあります。

正解データの個数の比率が不均衡なんだ。

第5章では、3種類の正解データがそれぞれ50件ありましたが、今回は死亡者（Survived列が0）のデータが549件で、生存者（Survived列が1）のデータの342件の1.6倍になっています。実際の業務では、正解データの件数の比率にさらに差がある場合も多々あります。このようなデータを**不均衡データ**と呼びます。

正解データの比率に差があると何が問題なんですか？

　たとえば、Surivived.csvのデータで比率にもっと差があり、生存者が全体の5％しかいなかったとしましょう。その場合、次のような決定木を作ると正解率は自ずと高めの95％となります。

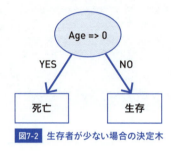
図7-2　生存者が少ない場合の決定木

年齢（Age列）が0歳以上って、すべてに該当しますよね。

そうなんだ。つまりモデルは「法則なんておかまいなく、とりあえず死亡」って学習しちゃうんだ。

　こうした現象が起きてしまうため、不均衡データを処理しておく必要があります。

不均衡データに対する処理はいくつかあるんだけど、今回は学習の段階に進んでから処理する方法を利用するよ。

7.2.3 欠損値の処理

次に欠損値を確認しよう。

コード7-3 欠損値を確認する

```
01  df.isnull().sum()
```

実行結果

```
PassengerId      0
Survived         0
Pclass           0
Sex              0
Age            177
SibSp            0
Parch            0
Ticket           0
Fare             0
Cabin          687
Embarked         2
```

うわあ、欠損値が多いですね。Cabin列なんて687件ですよ。

でも、もしデータが1億件あれば、687件はそれほど多いとはいえないよ。まずデータの総数を確認してみよう。

データフレームのshapeは、データの行数と列数を返します。

> **コード7-4** shapeでデータの行数と列数を確認

```
01  df.shape
```

> **実行結果**
> (891, 11)

　これまで行ってきたアヤメの分類や映画の興行収入予測の場合、全部で数百件のデータのうち、欠損値は数件程度だったので、ざっくりと平均値などの代表値で穴埋めしてきました。しかし今回は、データの総数891件に対し、Cabin列には欠損値が687件もあります。ここで、同じように代表値で欠損値補完をしてしまうと、Cabin列そのものの信頼性が揺らいでしまいます。

　よって今回は、とりあえず最初はCabin列を特徴量の候補外とします。そしてどうしても決定木の性能が上がらなかったら、Cabin列について深く考察していくことにしましょう。

次に欠損値が多いのはAge列ですね。年齢は生存に関係がありそうです。

うん、子供を優先的に避難させたという記録が残っているんだ。ということは、年齢が低いと生存している可能性が高いよね？

　Age列は、Cabin列ほど欠損値は多くありませんし、生存と関連がありそうなので、特徴量の候補として残しましょう。ひとまず平均値で欠損値補完を行い、モデルの性能が上がらなかったら別の方法を検討します。Embarked列は乗船した港を表しますが、こちらは欠損値が2件と少ないので、最頻値で穴埋めします。

> **コード7-5** Age列とEmbarked列の穴埋め

```
01  # Age列を平均値で穴埋め
02  df['Age'] = df['Age'].fillna(df['Age'].mean())
```

```
03  # Embarked列を最頻値で穴埋め
04  df['Embarked'] = df['Embarked'].fillna(df['Embarked'].mode()[0])
```

Cabin列を削除しなくていいんですか？

データフレームは最終的に特徴量xと正解データtに分割しますが、その際にCabin列を選ばないようにします。そのため、ここでは削除しません。

7.2.4　特徴量と正解データの取り出し

じゃあ次は外れ値の確認ですね！

いや、今回は行わないよ。

第6章の重回帰分析では、特徴量xと正解データtの散布図を描いて、全体の傾向から大きく外れる値を特定しました。これは、1件でも大きな外れ値があれば予測に大きな影響を与えるからです。一方、決定木では、1件ぐらい外れ値があってもモデルの予測性能にはそれほど影響を与えません。

決定木モデルは外れ値の影響を受けにくいけど、同じ分類でも、外れ値の影響を受けやすいモデルもあるから注意してね。

それでは特徴量xと正解データtに分割をしましょう。まず試しに、値が数値であるPclass列、Age列、SibSp列、Parch列、Fare列を特徴量、Survived列を正解データとします。

コード7-6　特徴量xと正解データtに分割する

```
01  # 特徴量として利用する列のリスト
02  col = ['Pclass', 'Age', 'SibSp', 'Parch', 'Fare']
03
04  x = df[col]
05  t = df['Survived']
```

必要な列が連続していないため、loc処理のスライステクニックは使えない

7.2.5　訓練データとテストデータの分割

最後は訓練データとテストデータの分割ですね。

　train_test_split関数を利用して、訓練データとテストデータに分割しましょう。

コード7-7　訓練データとテストデータに分割する

```
01  x_train, x_test, y_train, y_test = train_test_split(x, t,
02      test_size = 0.2, random_state = 0)
03  # x_trainのサイズの確認
04  x_train.shape
```

実行結果

(712, 5)

この節のポイント

- モデルを作成する前に、正解データの個数比に大きな差がないかをチェックする。
- 決定木は他の分類モデルと比べ、比較的外れ値に強いモデルである。

7.3 モデルの作成と学習

7.3.1 モデルの作成と学習―不均衡データの考慮

次に、モデルの作成と学習を実行しましょう。今回も決定木を使用するため、DecisionTreeClassifierを使います。ただ、今回は第5章のアヤメの分類のときとは異なり、不均衡データで対応するようなモデルにします。

コード7-8 モデルの作成と学習

```
01  model = tree.DecisionTreeClassifier(max_depth = 5,
02      random_state = 0, class_weight = 'balanced')
03  model.fit(x_train, y_train) # 学習
```

（追加：`class_weight = 'balanced'`）

モデルの作成時に、新しくclass_weight='balanced'という引数を追加しました。この引数は不均衡データに対処するためのものです。この引数を指定すると、決定木の分岐条件を考える際に、比率の大きいデータの影響を小さくして、反対に比率の小さいデータの影響度を大きくします。その結果、単純なデータ数では不均衡でも、分岐条件を考える際の影響度という点では均一になるため、予測性能の良いモデルを作れる**可能性が高くなります**。

 不均衡データに対処する決定木モデルの作成

```
tree.DecisionTreeClassifier( class_weight = 'balanced')
```

※ class_weight引数は不均衡データのときに指定する。決定木モデルだけでなく、他の分類モデルでも同様に指定できる。

7.4 モデルの評価

2人ともスムーズに学習まで終わったね。ただこの章では、この評価からが本当の山場なんだ。

7.4.1 正解率の計算

学習させた決定木モデルの正解率を計算してみましょう。score メソッドにテストデータを渡して実行します。

コード7-9 決定木モデルの正解率を計算する

```
01  model.score(X = x_test, y = y_test)
```

実行結果

```
0.7374301675977654
```

正解率が73%かあ。

もう少し予測性能を上げたいね。正解率が80%以上になるまで、モデルを再学習してみよう。

前章までは比較的単純なデータを扱ってきたので、モデルの正解率が高くなりましたが、実際のデータ分析では最初から予測性能が高いモデルを作ることはとても難しいものです。

予測性能を高めるために、モデルの前処理・学習・評価を繰り返すことを

モデルのチューニングといい、機械学習によるデータ分析ではとても重要な作業になります。モデルのチューニングこそ、データサイエンティストや機械学習エンジニアの腕の見せ所であり、最もエキサイティングな作業ともいえます。

でも、何から試せばいいんだろう…。

ふっふっふ。実は僕には試してみたい案があるんですよ！

7.4.2　過学習

決定木では、木を深くするとより複雑な分析ができるんですよね。だったらモデルを作成するときに、木の深さに大きな値を設定すればいいと思うんですけど。

なるほど。では早速やってみよう。

　モデルのチューニングは一連の作業の繰り返しなので、それを自動化するlearn関数を定義します。戻り値は訓練データでの正解率、テストデータでの正解率、作成したモデルです。

コード7-10　learn関数を定義する

```
# x:特徴量　t:正解データ　depth:木の深さ
def learn(x, t, depth=3):
    x_train, x_test, y_train, y_test = train_test_split(x,
        t, test_size = 0.2, random_state = 0)

```

```
06      model = tree.DecisionTreeClassifier(max_depth = depth,
07          random_state = 0, class_weight = 'balanced')
08      model.fit(x_train, y_train)
09
10      score = model.score(X = x_train, y = y_train)
11      score2 = model.score(X = x_test, y = y_test)
12      return round(score, 3), round(score2, 3), model
```

10行目: 訓練データでも正解率を計算している
12行目: 結果を四捨五入

　learn関数には、「デフォルト引数」と「戻り値のカンマ指定」のテクニックが使われています。Pythonの基本文法の内容ですので、詳細は姉妹書の『スッキリわかるPython入門』を参照してください。

あれ？？　10行目でどうして訓練データの正解率もチェックしてるんですか？　11行目のテストデータだけでいいじゃないですか？

まあまあ、それはこの後のお楽しみさ！

　松田くんのアイデアは、木を深くしていけば、予測性能が上がるというものでした。このアイデアが正しいかどうか、木の深さを大きくしていくと正解率はどう変化するか確認してみましょう。

コード7-11 木の深さによる正解率の変化を確認

```
01  for j in range(1,15):  # jは木の深さ（1〜14が入る）
02      # xは特徴量、tは正解データ
03      train_score, test_score, model = learn(x, t, depth = j)
04      sentence = '訓練データの正解率{}'
05      sentence2 = 'テストデータの正解率{}'
```

```
06      total_sentence='深さ{}:'+sentence+sentence2
07      print(total_sentence.format(j,
08          train_score, test_score))
```

実行結果
深さ1:訓練データの正解率0.659テストデータの正解率0.704
︙
深さ5:訓練データの正解率0.722テストデータの正解率0.737
深さ6:訓練データの正解率0.77テストデータの正解率0.698
深さ7:訓練データの正解率0.771テストデータの正解率0.648
︙
深さ14:訓練データの正解率0.92テストデータの正解率0.654

あれ？ 深さが6以降からテストデータの正解率がだんだん悪くなってる。

それだけじゃないわ。訓練データのほうはちゃんと決定木が深くなるほど正解率が高くなってる！

　決定木を深くするということは、たくさんの分岐条件を設定できるということです。それは、モデルの構成がより複雑になることを意味します。モデルの構成が複雑なほど、より予測性能が高くなると考えがちですが、実はそうとは限りません。教師あり学習において、複雑なモデルで学習すればするほど学習に利用した訓練データでの予測性能が上がりますが、一方でテストデータでの予測性能は低くなるという現象が起こります。この現象のことを過学習と呼びます。

どうして過学習が起こるんだろう？

モデルは、利用している訓練データからしか、法則を学習しません。そのため、モデルを必要以上に複雑にすると、**訓練データのとても細かい（必要以上の）特徴**までも法則として学習してしまうのです。その細かい特徴が、モデルにとって未知のテストデータにも当てはまればよいのですが、だいたいは当てはまりません。訓練データの中のごく一部にたまたま現れている特殊な特徴だからです。

そのため、モデルを必要以上に複雑にすると、学習に利用している訓練データではモデルの予測性能が向上しますが、テストデータでは予測性能が低下してしまいます。

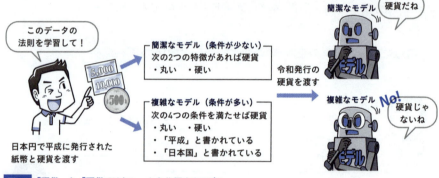

図7-3 「硬貨」か「硬貨ではない」かを分類するモデル

そっか…。図7-3の「複雑なモデル」に令和2年発行の5円玉を持っていくと、硬貨じゃないって判定されちゃうのね。

過学習は、決定木分析だけではなく教師あり学習のすべてに起こり得ます。決定木分析では、木の深さを増やしすぎると過学習を起こしやすくなり、重回帰分析では、特徴量の列の数を増やしすぎると過学習が起こりやすくなることが知られています。

どうすれば過学習を防げるのかしら。

過学習を起こさずにモデルの予測性能を上げるためには、一般的に次の方

法があります。

1. データ数を増やす
2. データの前処理の仕方を変える
3. モデルの学習時の設定を変える
4. そもそもの分析手法を変える

今回は、2と3に焦点を当てて、モデルのチューニングをしていこう。

7.4.3　欠損値の再埋め込み

まずは、前処理について工夫してみましょう。

今回のデータではAge列とEmbarked列に欠損値があったため、穴埋めを行いました。このとき、Age列には欠損値が177個ありましたが、とりあえず単純に全体での平均値で穴埋めしました（7.2.3項）。

平均値で穴埋めしたのがマズい可能性があるかもしれないですね。では、中央値はどうでしょうか。

改めてCSVファイルを読み込んでデータフレームを作成し直し、Age列の平均値と中央値を確認してみましょう。中央値はmedianメソッドで取得できます。

コード7-12 Age列の平均値と中央値を確認する

```
01  df2 = pd.read_csv('Survived.csv')
02  print(df2['Age'].mean())    # 平均値の計算
03  print(df2['Age'].median())  # 中央値の計算
```

実行結果
```
29.69911764705882
28.0
```

平均値と中央値にはあまり差がありません。つまり、穴埋めする値が平均値でも中央値でも結果はあまり変わらないということです。

> 結構いいアイデアだと思ったんですけど…。

> こんなのは機械学習では日常茶飯事だ。切り替えて次を試してみよう。

7.4.4 ピボットテーブルによる集計

> 欠損値を平均値や中央値で穴埋めするのは別にかまわない。問題は、全データでの平均値や中央値を計算している点だよ。

これまでは欠損値の行を除いた全データでAge列の平均値を計算し、その値を欠損値の穴埋めに利用しました。しかし、データを小グループごとにまとめると、Age列の分布が大きく異なる可能性があります。

たとえば、性別ごとに年齢のデータをまとめると、図7-4のようなグラフになったとしましょう。男女によって年齢の分布が異なり、平均値や中央値も異なるため、年齢を全体の平均値や中央値で穴埋めすると、予測性能に影響が出ます。そのため、性別ごとに平均値や中央値を求めて穴埋めする必要があります。

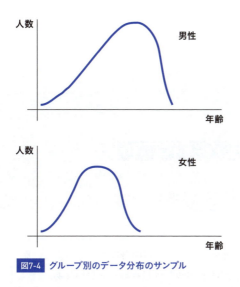

性別ごとの年齢分布（イメージ）。男性と女性で分布の形状が異なるので、たとえば男性の年齢欠損値は、男性グループ内での年齢の平均値で穴埋めするべきである。

図7-4 グループ別のデータ分布のサンプル

　なお、小グループに分ける際の基準となる列を**基準軸**と呼びます。
　今回は、小グループごとの分布をグラフで描くのではなく、小グループごとに平均値を計算して違いがあるか調べてみましょう。グループごとの集計にはgroupbyメソッドが利用できます。まずは試しに、基準値に正解データであるSurvived列を指定して集計してみましょう。

コード7-13　小グループ作成の基準となる列を指定

```
01  df2.groupby('Survived')['Age'].mean()
```
小グループ作成の基準となる列を指定

実行結果
```
Survived
0    30.626179
1    28.343690
Name: Age, dtype: float64
```
Survivedが0のグループのAgeの平均

　続いて、チケットクラスを表すPclass列で集計してみます。

コード7-14 Pclass列で集計

```
01  df2.groupby('Pclass')['Age'].mean()
```

実行結果
```
Pclass
1    38.233441
2    29.877630     Pclassが2のグループのAgeの平均
3    25.140620
Name: Age, dtype: float64
```

Pclass列の場合はグループごとに年齢の分布が異なるように見えるけど、Survived列は平均値だけじゃわからないなあ。

待って。Survived列とPclass列の2つで集計したら結果が変わってくるかもしれないわ。

なるほど。図7-5のような感じで、2軸の平均値を求めたいんだね。

	Pclass1	Pclass2	Pclass3
Survived0	41	37	30
Survived1	35	30	25

図7-5 Survived列とPclass列の2軸でAgeの平均値を集計する

Survived列とPclass列などの2つの列を使った集計を**クロス集計**といいます。このような集計は、pandasの**ピボットテーブル**機能を使って求めることができます。pivot_table関数に、データフレーム、基準となる2つの列と集計を行う列（ここではAge）を指定すると、グループごとの平均値が返されます。

コード7-15 ピボットテーブル機能を使う

```
01  pd.pivot_table(df2, index = 'Survived', columns = 'Pclass',
02       values = 'Age')
```
　　　　　　　　　　　　　縦軸となる列を指定　　　横軸となる列を指定

```
実行結果
Pclass       1           2           3
Survived
0            43.695312   33.544444   26.555556
1            35.368197   25.901566   20.646118
```

　pivot_table関数はデフォルトでは平均値を返しますが、引数aggfuncを使うと平均値以外を求めることができます。次のコード7-16は、各グループの年齢の最大値を求める例です。

コード7-16 引数aggfuncを使って平均値以外の統計量を求める

```
01  pd.pivot_table(df2, index = 'Survived', columns = 'Pclass',
02       values = 'Age', aggfunc ='max')
```

```
実行結果
Pclass    1      2      3
Survived
0         71.0   70.0   74.0
1         80.0   62.0   63.0
```

Survived列とPclass列の2つで集計すると、グループごとに年齢の平均値がずいぶん異なっていることがわかりますね。

このグループごとに平均値を計算して欠損値を穴埋めすればいんじゃない？

そうだね！ まぁ厳密にいうと考慮事項がないこともないんだが、またの機会にするとしよう。

グループごとの集計

```
df.groupby('基準列')[ '集計列'].集計関数()
```
※ groupbyの引数に、小グループ作成の基準となる列名を指定する。
※ 集計関数には,mean()や、median()やstd()などを利用できる。

クロス集計

```
pd.pivot_table(df,index = '基準列1',
    columns = '基準列2', values = '集計列',
    aggfunc = 集計関数名)
```
※ 基準列1を縦軸、基準列2を横軸として集計する。
※ aggfunc指定しないとデフォルトで平均値が計算される。

7.4.5 欠損値を明示的に補完

各グループの平均値がわかったので、Age列の欠損値を穴埋めしましょう。欠損値の穴埋めのためにfillnaメソッドを使うとすべての行を一括で穴埋めしてしまうので、loc機能で該当するセルを特定して各グループの平均値を代入していきます。

コード7-17 loc機能でAge列の欠損値を穴埋めする

```
01  # Age列の欠損値の行を抜き出す（欠損であればTrue）
02  is_null = df2['Age'].isnull()
03
04  # Pclass 1 に関する埋め込み
```

```
05  df2.loc[(df2['Pclass'] == 1) & (df2['Survived'] == 0)
06         &(is_null), 'Age'] = 43
07  df2.loc[(df2['Pclass'] == 1) & (df2['Survived'] == 1)
08         &(is_null), 'Age'] = 35
09
10  # Pclass 2 に関する埋め込み
11  df2.loc[(df2['Pclass'] == 2) & (df2['Survived'] == 0)
12         &(is_null), 'Age'] = 33
13  df2.loc[(df2['Pclass'] == 2) & (df2['Survived'] == 1)
14         &(is_null), 'Age'] = 25
15
16  # Pclass 3 に関する埋め込み
17  df2.loc[(df2['Pclass'] == 3) & (df2['Survived'] == 0)
18         &(is_null), 'Age'] = 26
19  df2.loc[(df2['Pclass'] == 3) & (df2['Survived'] == 1)
20         &(is_null), 'Age'] = 20
```

　コード7-17では、まず、isnullメソッドでAge列の欠損値を確認します。isnullメソッドは、Age列のマスを調べて、マスごとに欠損している場合はTrue、していない場合はFalseを格納したシリーズを戻り値として返します（コードの2行目）。5行目以降は、データフレームのlocにより該当するセルを指定し、グループごとに平均値を代入します。locには、Pclass列の値、Survived列の値、変数isnullという条件を、&（かつ）でつなげて指定していることに注意してください。

　それでは、コード7-11（p228）と同じ手順で、特徴量と正解データを取り出し、learn関数を使ってモデルに再び学習させてみましょう。

コード7-18　learn関数を使ってモデルに再学習させる

```
01  # 特徴量として利用する列のリスト
02  col = ['Pclass', 'Age', 'SibSp', 'Parch', 'Fare']
03  x = df2[col]
```

```
04  t = df2['Survived']
05
06  for j in range(1,15): # jは木の深さ
07      s1, s2, m = learn(x, t, depth = j)
08      sentence = '深さ{}:訓練データの精度{}::テストデータの精度{}'
09      print(sentence.format(j, s1, s2))
```

実行結果

深さ1:訓練データの精度0.659::テストデータの精度0.704
深さ2:訓練データの精度0.699::テストデータの精度0.67
深さ3:訓練データの精度0.722::テストデータの精度0.715
深さ4:訓練データの精度0.74::テストデータの精度0.704
深さ5:訓練データの精度0.76::テストデータの精度0.726
深さ6:訓練データの精度0.794::テストデータの精度0.793
︙

深さが6のところでテストデータの正解率が79％まで増えましたね。

いいね。目標を85％にして、もうひと押ししてみよう。

7.4.6 ダミー変数化

これまで、年齢や運賃など数値の列のみ特徴量に使いましたけど、性別とか、文字列の入った列も分類に影響がありそうじゃないですか？

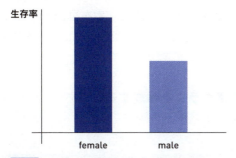

図7-6 性別が分類に影響していることを示すグラフ

図7-6みたいな棒グラフを作れたら、性別が分類に影響あるって言えそう！

　松田くんの意見を確かめるために、全体での生存率と性別ごとの生存率を調べてみましょう。
　Survived列のように、0と1の2値を取るデータに対して、1のデータの比率を調べたいときが多々あります。このとき、1になる比率はその列の平均値と一致するため、meanメソッドで計算できます。
　いま、性別ごとの生存率を調べたいので、groupbyメソッドを使って平均値を求めます。

コード7-19 groupbyメソッドを使って平均値を求める

```
01  sex = df2.groupby('Sex')['Survived'].mean()
02  sex
```

実行結果
```
Sex
female    0.742038
male      0.188908
```

　女性の生存比率が圧倒的に高いことがわかりました。より見やすくするためにこの結果を棒グラフにしてみましょう。

第6章ではデータフレームのplotメソッドを利用して散布図を作成しましたが、同様に棒グラフを作成することもできます。引数kindに'bar'を指定します。

コード7-20 plotメソッドで棒グラフを作成する

```
01  sex.plot(kind = 'bar')
```

実行結果

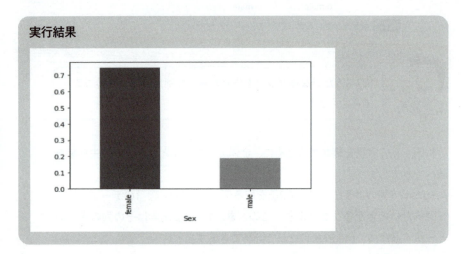

 棒グラフの作成

```
df.plot(kind = 'bar')
```

※ シリーズ.plot(kind = 'bar') でも可。

性別も予測性能に影響しそうね。

よし！　早速特徴量に追加して再学習させましょう。

　特徴量にSex列を追加して特徴量を取り出し、learn関数を使ってモデル

の再学習を行いましょう。

コード7-21 モデルの再学習を行う

```
01  # 特徴量として利用する列のリスト
02  col = ['Pclass', 'Age', 'SibSp', 'Parch', 'Fare', 'Sex']
03
04  x = df2[col]
05  t = df2['Survived']
06
07  train_score,test_score,model = learn(x, t) # 学習
```

実行結果

```
---------------------------------------------------------------------------
ValueError                                Traceback (most recent call last)
<ipython-input-27-60f9c96958e7> in <module>
      4 x = df2[col]
      5 t = df2['Survived']
----> 6 train_score,test_score,model = learn(x,t)
︙
```

えっ、エラーが出た…。

実はね、特徴量には文字列を含む列を指定できないんだ。

scikit-learnでは特徴量には数値の列しか追加できません。そのため、値が文字列である列を特徴量に加えたいときには、文字列を数値に変換した新しい列を作成し、その列を特徴量に追加します。

文字列をどんな数値に変換すればいいんだろう…。

今回のデータでは、Survived列の値が、生存の場合は1、死亡の場合は0になっていますが、'Yes'（生存）と'No'（死亡）の文字列であったらどうでしょうか。この場合は、Yesを1、Noを0に変換すればよいことになります。同じように、Sex列の'female'を0、'male'を1に変換してみましょう。

今までのpandasの知識を組み合わせれば作れるね。どうやればいいと思う、松田くん？

工藤さん、今日の僕は騙されませんよ。きっとこれも、僕たちがまだ知らない関数で一発でできるんでしょ？

あっ、ばれた！？

今回実施しているように、文字列から0と1の数値に変換することを**ダミー変数化**または**ワンホットエンコーディング**と呼びます。

pandasのget_dummies関数を利用すると、簡単に文字列をダミー変数化することができます。

コード7-22　get_dummies関数で文字列を数値に変換する

```
01  male = pd.get_dummies(df2['Sex'], drop_first = True, dtype=int)
02  male
```

```
実行結果
male
0    1
1    0
2    0
3    0
4    1
…
```

get_dummies関数の呼び出しでは、引数drop_firstにTrueを指定しています。もしこのオプションを指定しないと（またはFalseと指定すると）、get_dummies関数は、Sex列のダミー変数化の結果として、male列とfemale列を含む2列のデータフレームを返します（コード7-23）。

コード7-23 drop_firstを指定しないget_dummies関数の戻り値

```
01  pd.get_dummies(df2['Sex'], dtype=int)
```

```
実行結果
     female  male
0    0       1
1    1       0
2    1       0
…
```

このとき、male列は'male'が1、'female'が0に変換されており、female列は'female'が1、'male'が0に変換されています。1つの列の値でもう一方の列の値もわかるので、2列は必要ありません。引数drop_firstにTrueを指定すると、値の種類の数より1少ない列（この場合は、値の種類がfemaleとmaleの2つなので1列）をダミー変数化して返します。

> Sex列はmaleとfemaleの2つだけだから、0と1で大丈夫だけど、文字列が3つ以上の場合ってどうすればいいのかしら。

Survived.csvには、文字列を含む列として、Sex列以外にEmbarked列があります。この列には、C、Q、Sの3種類の文字データが出現します。このEmbarked列をダミー変数化してみましょう。

コード7-24 Embarked列をダミー変数化する

```
01  pd.get_dummies(df2['Embarked'],drop_first = True, dtype=int)
```

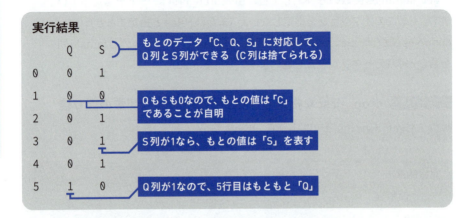

図7-7 もとのデータからQ列とS列が作成される

引数drop_firstにTrueを指定しているので、Q列とS列の2列を含むデータフレームが返されました。Q列は'Q'が1、それ以外が0に変換されており、S列は'S'が1、それ以外が0に変換されています。

> 戻り値を1列にして、'C'を0、'Q'を1、'S'を2に変換してくれたほうがわかりやすくないですか？

　特徴量のデータは、モデル作成の際に内部でとても複雑な数学計算に利用されます。松田くんの言うように、仮に、Embarked列の値を、'C'→0、'Q'→1、'S'→2として1列のみを作成し、特徴量に追加したとしましょう。

Embarked 列
S
C
S
S
S
Q

Embarked_new 列
2
0
2
2
2
1

図7-8　Embarked列から1列のみ作成する

　モデルの学習時に、内部でEmbarked_new列に関して、1 + 1 = 2という計算が行われたとします。これはEmbarked列のもともとの値に戻すと「Q + Q = S」という意味です。当然ながら、このような文字の足し算に意味などないため行うことはできません。

> だから、文字列を含む列を特徴量に追加する場合は、値を単純に整数に変換するのではなく、ダミー変数化する必要があるんだよ。

　なお、Embarked列をダミー変数化する際に引数drop_firstにFalseを指定するか、引数自体を省略すると、ダミー変数化されたC列、Q列、S列を含むデータフレームが返されます。

コード7-25 drop_first を False にしてみた場合

```
01  embarked =pd.get_dummies(df2['Embarked'],drop_first = False, dtype=int)
02  embarked.head(3)
```

実行結果

```
   C  Q  S
0  0  0  1
1  1  0  0
2  0  0  1
```

drop_first=False 指定すると、データの種類分、ダミー変数列を作成する

引数 drop_first をどう使い分けるかは上級者向けの問題になるから、基本的に True にすることだけを覚えておこう。

 文字列をダミー変数化する

```
pd.get_dummies(df['列名'], drop_first =●●, dtype=int)
```

※ drop_first=True で(データの種類数-1)のダミー変数列を、drop_first=False で(データの種類数)のダミー変数列を、それぞれデータフレームとして作成する。

7.4.7 データフレームの連結

ダミー変数化した male 列を特徴量 x に追加しよう。

　get_dummies 関数により Sex 列をダミー変数化した male 列を作成できました。これを特徴量 x に追加しましょう。get_dummies 関数の戻り値はデータフレームなので、これを特徴量 x のデータフレームにつなげる必要があります。

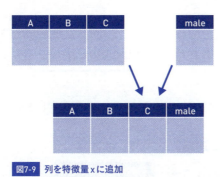

図7-9 列を特徴量xに追加

　データフレームの連結には、concat関数を利用します。concat関数は、2つのデータフレームを横方向（列を追加）または縦方向（行を追加）に連結できます。
　ここでは、次のように引数axisに1を指定して列を追加します。

コード7-26 concat関数で2つのデータフレームを横方向に連結

```
01  x_temp = pd.concat([x,male], axis = 1)
02                      xとmaleを横方向に連結
03  x_temp.head(2)
```

実行結果　Sex列は学習前に削除する必要あり

	Pclass	Age	SibSp	Parch	Fare	Sex	male
0	3	22.0	1	0	7.2500	male	1
1	1	38.0	1	0	71.2833	female	0

　concat関数は、連結したデータフレームを戻り値として返すため、これを変数に代入します。元のxやmale自体は変化しません。

ちなみに、これまでのpandasの関数の傾向からすると、axisの値を変えると行方向に連結できそうですね。

> 素晴らしい読みだよ！　まさしくそのとおりさ。

データフレームを行方向に連結する場合は、引数axisに0を指定します。

コード7-27 axis = 0で縦方向に連結

```
01  tmp = pd.concat([x, x], axis = 0)    行方向に連結させる
02
03  tmp.shape
```

実行結果

```
(1782, 6)
```

 データフレームの連結

```
pd.concat( [df1, df2] , axis = ●)
```

※ df1、df2はデータフレーム。
※ 2つのデータフレームを要素としたリストを第1引数に指定する。
※ axis = 0で行方向、axis = 1で列方向に連結する。

7.4.8　モデルの再学習

それではmale列を追加した特徴量を使い、モデルの再学習を行いましょう。

コード7-28 モデルの再学習

```
01  x_new = x_temp.drop('Sex', axis = 1)
02  for j in range(1, 6):   # jは木の深さ
03      # x_newは特徴量、tは目的変数
04      s1, s2, m = learn(x_new, t, depth = j)
```

```
05      s = '深さ{}:訓練データの精度{}::テストデータの精度{}'
06      print(s.format(j, s1, s2))
```

実行結果

深さ1:訓練データの精度0.787::テストデータの精度0.788
深さ2:訓練データの精度0.792::テストデータの精度0.782
深さ3:訓練データの精度0.847::テストデータの精度0.81
深さ4:訓練データの精度0.854::テストデータの精度0.849
深さ5:訓練データの精度0.865::テストデータの精度0.86

深さが5のところで、テストのデータの正解率が85％を超えたわ！

おめでとう。決定木モデルでこれ以上精度を上げるのはちょっと難しいから、このくらいにしておこう。

現状の前処理では、木の深さの最大値が5のときに目標を達成することがわかったので、改めて学習させましょう。

コード7-29 学習したモデルを保存する

```
01  # 木の深さを5に指定して改めて学習
02  s1, s2, model = learn(x_new, t, depth = 5)
03
04  # モデルの保存
05  import pickle
06  with open('survived.pkl', 'wb') as f:
07      pickle.dump(model, f)
```

このように試行錯誤を繰り返してモデルの予測性能を上げていくんだ。

すごく難しいんですけど、意外に楽しいかな。

予測性能を上げるためのアイデアが的外れだったときは悔しいわ。でも、だからこそいろいろ試してうまくいったときは、本当に嬉しいです。

そう。その気持ちが大事なんだよ。

この節のポイント

- モデルを複雑にしすぎると過学習が発生する。
- groupbyメソッドやpivot_table関数などを使って効率よくデータを集計する。
- 文字データはダミー変数化で数値に変換する。
- 自分が立てた仮説のもと、試行錯誤でモデルの予測性能を上げることこそ最高の楽しみである。

7.5 決定木における特徴量の考察

7.5.1 特徴量と正解データの関係性

どんな特徴の人が生き残りやすいか、気になるところですね！

決定木でも、重回帰のように、特徴量と正解データの関係性を分析する方法があるといいんですけど…。

前章で行った重回帰分析では、作成した計算式の係数を比較することで、正解データに強く影響を与える特徴量は何かを分析することができました。決定木でも、実は同様の分析をすることができます。たとえば、乗船客の生存予測で次のような決定木が使われるとします。

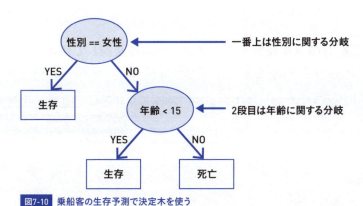

図7-10 乗船客の生存予測で決定木を使う

決定木では、より上にある分岐条件ほど「正解データの分類に影響を与える」と解釈されます。したがって、図7-10の決定木の場合、年齢よりも、性

別のほうが生存率に影響を与えることがわかります。

決定木の図示化によって考えてもいいけど、一般的には特徴量重要度という数値指標で評価するよ。

決定木の図を作成することで、影響を与える特徴量を視覚的に確認できますが、scikit-learnの決定木分析では、分類に強い影響を与える特徴量かどうかを測る**特徴量重要度**という指標があります。特徴量重要度は、モデルのfeature_importances_ で表示できます。

コード7-30 feature_importances_ で特徴量重要度を確認

```
01  model.feature_importances_
```

実行結果
```
array([0.12084767, 0.25107251, 0.06754808, 0.00275855, 0.05145686,
       0.50631633])
```

特徴量重要度はnumpyモジュールのarray型として返されます。表示される順序はfitメソッドで指定した特徴量順なので、わかりやすくデータフレームに変換して表示します。

コード7-31 特徴量重要度をデータフレームに変換して表示

```
01  # データフレームに変換
02  pd.DataFrame(model.feature_importances_, index = x_new.columns)
```
Indexに、x_newの列名を指定

実行結果
```
                0
Pclass    0.120848
Age       0.251073
```

```
SibSp    0.067548
Parch    0.002759
Fare     0.051457
male     0.506316
```

特徴量重要度は0〜1の値を取ります。**値が大きいほどその列が分類に与える影響は大きい**ことになります。

male列の値が一番大きいので、性別が一番大きく生存率に影響を与えていると考察できる。

Pclass列（チケットクラス）も結構影響が大きいですが、これってどうしてですかね？

古い階級制度が残る時代の話だから、高額なチケットを買っていた乗客（つまり富裕層）が救助の際にも優先されたのかもね。

決定木の特徴量重要度を確認する

`モデルの変数.feature_importances_`

この節のポイント

- 作成した決定木の上にある分岐条件ほど、分類に影響を与える。
- 特徴量重要度で、数値的に特徴量と正解データの関係性を考察できる。

7.6 第7章のまとめ

データの前処理

- 欠損値は、データ全体の平均値や中央値で穴埋めすると不適切な場合があるので、クロス集計を利用した小グループごとの値を用いるとよい。
- plotメソッドによる棒グラフでデータを視覚化し、特徴量に加えるデータを検討する。
- 文字データの列を特徴量に加える際にはダミー変数化をして数値化する必要がある。
- 分類の問題の場合、正解データが不均衡データかどうかを事前に調べる。

モデルの作成と学習

- 不均衡データの場合、モデル作成時にclass_weightパラメータを指定する。

モデルの評価

- モデルを複雑にしすぎると、過学習が発生する。
- モデルの精度を試行錯誤により上げることが機械学習の醍醐味である、と心得る。

決定木における特徴量の考察

- 決定木の上に位置するほど、分類に強い影響を与える分岐条件といえる。
- 特徴量重要度で、特徴量と正解データの関係性を考察することができる。
- 特徴量重要度は0～1の値をとり、その値が大きいほど正解データに与える影響が強いと解釈できる。

7.7 練習問題

付録Aを参照して「ex4.csv」をインポートし、Jupyterで読み込めるように適切な位置に保存してください。「ex4.csv」に含まれるデータex4は、次のようになっています。

列名	意味
class	等級（大きいほど役職が上位）
dept_id	部署番号
sex	性別
score	評価点

練習7-1

pandasを利用して、ex4.csvをデータフレームとして読み込んでください。また正しく読み込めたかを確認するために上位3件のデータを表示してください。

練習7-2

性別の列では、1が男性、0が女性を表しています。可能な限り効率よく、全体における男性比率を計算してください。

練習7-3

class列は会社内の役職を表していて、数字が大きくなるとより上位の役職についています。役職ごとのscoreの平均値を計算して表示してください。

練習7-4

役職ごと、かつ性別ごとのscore列の平均値を計算してください。その結果をもとに、どのグループが最も平均値が高いかを調べて次の文の空欄を埋めてください。

最も平均値が高いグループは、役職が [　ア　] で性別が [　イ　] のグループ

練習7-5

dept_id列は部署番号を表す整数であり、その値自体には意味がありません（1が総務部、2が人事部、3が営業部など、重複していない限りなんでもOK）。このような整数をラベルとして利用している場合、そのまま特徴量として利用するのではなく、ダミー変数化が必要です。

dept_id列をダミー変数化して、もとのデータフレームと連結してください。このとき、ダミー変数化する前のdept_id列は削除してください。ただし、ダミー変数として加える列数はデータの種類数-1とします。

練習7-6

過学習に関する次の4つの説明文の中から、正しいものを1つ選択してください。

A. 大量のデータによって十分にモデルの学習が済んでいるため、訓練データとテストデータの両方で高い予測性能が出る状態である。
B. データ数（サンプルサイズ）が少なすぎると過学習が起きやすい。
C. 決定木分析の場合、木の深さを深くすることで過学習を予防できる。
D. 過学習が起きていなければ、予測性能が低くても問題ない。

chapter 8
回帰2：住宅の平均価格の予測

本章では、ある都市に関するデータから
重回帰分析によりその地区の住宅の平均価格を予測します。
複雑なデータを分析に用いたときにすべき前処理や、
モデルの評価とチューニングで注意すべき点を見ていきましょう。

contents

8.1　住宅平均価格を予測する
8.2　データの前処理
8.3　モデルの作成と学習
8.4　モデルの評価とチューニング
8.5　第8章のまとめ
8.6　練習問題

8.1 住宅平均価格を予測する

8.1.1 データの概要

この章では、より複雑なデータを使って回帰の分析をしていくよ。データの題材は、米国マサチューセッツ州ボストンに関するデータだ。

あなたはボストン市内で戸建住宅を購入したいと考えています。良さそうな物件はいくつかあり、その価格が妥当かどうかを知りたいところです。

なるほど。ってことは物件の適正価格を予測する必要がありますね。

そう。そして、ボストンに関する情報を調べていくうちに次の表データを手に入れることができたとしよう。

分析に使用するデータ（Boston.csv）の内容を見てみましょう（図8-1）。データのダウンロードの方法については付録Aを参照してください。

CRIME	ZN	INDUS	CHAS	NOX	RM	AGE	DIS	RAD	TAX	PTRATIO	LSTAT	PRICE
high	0	18.1	0	0.718	3.561	87.9	1.6132	24	666	20.2	7.12	27.5
low	0	8.14	0	0.538	5.95	82	3.99	4	307	21	27.71	13.2
very_low	82.5	2.03	0	0.415	6.162	38.4	6.27	2	348	14.7	7.43	24.1
low	0	21.89	0	0.624	6.151	97.9	1.6687	4	437	21.2	18.46	17.8
high	0	18.1	0	0.614	6.98	67.6	2.5329	24	666	20.2	11.66	29.8

出典　https://archive.ics.uci.edu/ml/machine-learning-databases/housing/ のデータをもとに筆者作成

図8-1 Boston.csv（抜粋）

これは、ボストン市におけるいくつかの「地区」に関するデータであり、カリフォルニア大学アーバイン校（UCI）が、機械学習を学ぶ人向けに無償で提供しているデータセットを本書の内容に合わせて修正したものです。

各列の意味は次のとおりです。

表8-1 データの各列の意味

列名	意味
CRIME	その地域の犯罪発生率（high、low、very_low）
ZN	25,000平方フィート以上の住居区画の占める割合
INDUS	小売業以外の商業が占める面積の割合
CHAS	チャールズ川の付近かどうかによるダミー変数（1: 川の周辺、0: それ以外）
NOX	窒素酸化物の濃度
RM	住居の平均部屋数
AGE	1940年より前に建てられた物件の割合

列名	意味
DIS	ボストン市内の5つの雇用施設からの距離
RAD	環状高速道路へのアクセスしやすさ
TAX	10,000ドルあたりの不動産税率の総計
PTRATIO	町ごとの教員1人当たりの児童生徒数
LSTAT	人口における低所得者の割合
PRICE	その地域の住宅平均価格

列の中に、PRICE列があります。この列は、ボストン市内のその地域の住宅平均価格を表しています。

> ということは、このPRICE列を正解データとして、予測する回帰式を作ればいいんですね！

予測性能の良い回帰式を作成することができれば、不動産のある地区に照らし合わせて適切な価格を設定することができますし、回帰式の係数を確認することにより、どの項目が一番価格に影響を与えているのか考察することもできます。

今回は、このデータを利用して機械学習による重回帰分析を行いましょう。

行う内容：ボストン市内の特定の地域の住宅価格を予測する回帰式を作成し、どのような地域だと価格が高くなりやすいのかを考察する。

この題材を通して本章で新しく学習する内容は次のとおりです。

データの考察や前処理

- 相関係数の計算
- map処理
- データの並べ替え
- データの標準化
- 列や行の追加
- 多項式特徴量追加
- 交互作用特徴量の追加

モデルの学習

（新規の学習項目なし）

モデルの性能評価

- 訓練データと検証データとテストデータの分割
- 標準化データで検証するときの注意

8.2 データの前処理

8.2.1 CSVファイルの読み込み

これまでと同様にBoston.csvを準備しましょう。コード8-1では、まず必要なライブラリをインポートします。

コード8-1 ライブラリなどをインポートする

```
01  import pandas as pd
02  from sklearn.linear_model import LinearRegression
03  from sklearn.model_selection import train_test_split
```

コード8-2 Boston.csvを読み込む

```
01  df = pd.read_csv('Boston.csv')
02  df.head(2)
```

実行結果

	CRIME	ZN	INDUS	CHAS	NOX	RM	AGE	DIS	RAD	TAX	PTRATIO	LSTAT	PRICE
0	high	0.0	18.10	0	0.718	3.561	87.9	1.6132	24.0	666	20.2	7.12	27.5
1	Low	0.0	8.14	0	0.538	5.950	82.0	3.9900	4.0	307	21.0	27.71	13.2

8.2.2 ダミー変数化

最初のCRIME列は文字列データですね。では、ダミー変数化しましょう！

1列目のCRIME列には文字列データが格納されているので、ダミー変数化を行います。まずは、value_countsメソッドを使ってデータが何種類あるか調べましょう。

コード8-3 CRIME列にデータが何種類あるか調べる

```
01  df['CRIME'].value_counts()
```

実行結果
```
very_low    50
high        25
low         25
Name: CRIME, dtype: int64
```

CRIME列には'very_low'、'high'、'low'の3種類のデータがあることがわかったので、get_dummies関数でダミー変数化を行いましょう。引数drop_firstにはTrueを指定してください。続いて、もとのデータフレームとダミー変数化した列をconcat関数で連結します。連結したデータフレームからCRIME列を削除しましょう。

コード8-4 ダミー変数化した列を連結しCRIME列を削除

```
01  crime = pd.get_dummies(df['CRIME'], drop_first = True, dtype=int)
02
03  df2 = pd.concat([df, crime], axis = 1)
04  df2 = df2.drop(['CRIME'], axis = 1)
05  df2.head(2)
```

- CRIME列をダミー変数化
- dfとダミー変数列を連結し、元のCRIME列を削除

実行結果
```
    ZN  INDUS CHAS NOX    RM   AGE   DIS   RAD  TAX  PTRATIO LSTAT PRICE low very_low
0  0.0  18.10  0   0.718 3.561 87.9 1.6132 24.0 666  20.2     7.12 27.5   0    0
1  0.0   8.14  0   0.538 5.950 82.0 3.9900  4.0 307  21.0    27.71 13.2   1    0
```

よし！ 次は欠損値の確認ですね。

ちょっと待って。今回はまだ、欠損値の確認をしちゃだめだよ。

8.2.3　訓練データ、検証データ、テストデータの分割

訓練データとテストデータに分割した理由を覚えているかな。

モデルが、未知のデータに対しても期待する予測性能を示すか確認するためですよね。

　モデルは、学習に利用するデータに当てはまる法則を導き出します。そのため、学習に利用したデータでモデルを評価しても、そのデータに都合が良いように、予測性能が高くなるのは当たり前です。そこで、未知のデータでも期待する予測性能が得られるか確認するために、教師データを訓練データとテストデータに分割し、テストデータでモデルを評価してきました（ホールドアウト法）。

　しかし、第7章では、モデルを評価したあと、何度もトライアル＆エラーでモデルに学習させて少しずつテストデータでの正解率を上げていきました。この状況は、「**テストデータに都合が良いようにチューニング**をしている」といえます。

この問題に対処するために、教師データを2つじゃなくて3つに分割するよ。

訓練データにもテストデータにも都合の良いモデルを作成しないために、この章では教師データを次の3つに分割します。①学習に利用する訓練データ、②学習には利用せずにチューニングの参考に利用する検証データ、③チューニングを行った最終的な学習済みモデルに対して予測性能を評価するためのテストデータ、という3つです。

全データ	学習に利用するデータ	①訓練データ（training）
	学習には利用せず、チューニングの参考にするためにモデルの予測性能だけを計算するデータ	②検証データ（validation）
	学習にもチューニングの参考にも利用せず、最終的なモデルの予測性能を評価するためだけのデータ	③テストデータ（test）

図8-2　教師データを3つに分割する

ただし、一度に3つには分割しません。データの前処理の前に、「訓練データ＆検証データ」と「テストデータ」の2つに分割します。2つに分割したら、「訓練データ＆検証データ」を全データとして、これまでのように「前処理→学習→評価」の手順でデータ分析を行います。その後、学習済み（かつチューニングによる最適状態）のモデルで、予測性能を評価します。

テストデータで最終チェックをする際には次の点に注意してください。訓練＆検証データでトライアル＆エラーを繰り返すうちに、最適な前処理方法などが判明していきます。学習済モデルに対して、テストデータで検証させるためには同様の前処理をテストデータにも改めて行う必要があります。

あれ？　まだ分割前だけど、もうダミー変数化はやっちゃいましたよ。

ダミー変数化は、対象となるデータの種類数によって列が変わるから、分割する前にやっておく必要があるんだ。

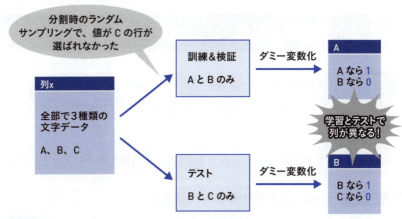

図8-3 ランダムな分割によってダミー変数が一致しない可能性がある

そっか、分割後にダミー変数化すると、そもそもの列が異なる可能性があるのね！

　このように、ダミー変数化は「データ分割前に実施しなければならない、少し特別な前処理」であることに注意しましょう。
　では、ここで「訓練データ＆検証データ」と「テストデータ」に2分割しましょう。df2をtrain_test_spit関数で分割し、訓練データ＆検証データをtrain_val、テストデータをtestに代入します。

コード8-5 訓練データ＆検証データとテストデータに分割する

```
01  train_val, test = train_test_split(df2, test_size = 0.2,
02      random_state = 0)
```

testはモデル完成後の最終評価のときのためにとっておくデータだから、当分使わない。testのことはいったん忘れて、train_valに対して前処理を行っていくよ。

8.2.4 欠損値の処理

ここからは今までと同じですね。まずは欠損値の確認だ。

isnullメソッドでtrain_valの欠損値を確認し、その数を表示してみましょう。

コード8-6　train_valの欠損値を確認する

```
01  train_val.isnull().sum()
```

```
実行結果
ZN       0
INDUS    0
CHAS     0
NOX      1
RM       0
 :
```

NOX列に欠損値があります。今までと同じように、fillnaメソッドを使って平均値で穴埋めしましょう。

コード8-7　欠損値を平均値で穴埋めする

```
01  train_val_mean = train_val.mean()  # 各列の平均値の計算
02  train_val2=train_val.fillna(train_val_mean)  # 平均値で穴埋め
```

8.2.5 外れ値の処理

第6章で紹介したように、重回帰分析の場合、1つの外れ値がモデルに大きな影響を与えるから取り除いておこう。

外れ値の確認には散布図を使います。今回は、住宅の平均価格を表すPRICEを予測する回帰モデルを作成したいので、plotメソッドを使って各特徴量の列とPRICE列との相関関係を示す散布図を描きます。

コード8-8　各特徴量の列とPRICE列の相関関係を示す散布図を描く

```
01  colname = train_val2.columns
02  for name in colname:
03      train_val2.plot(kind = 'scatter', x = name, y = 'PRICE')
```

実行結果

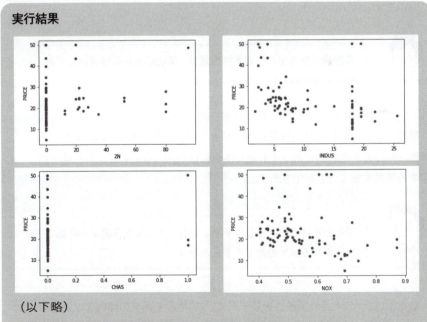

（以下略）

※ 本来は1列で表示されますが紙面の関係上2列で表記しています。

いろいろな列に外れ値がありそうですね。すべての外れ値を削除したほうがいいでしょうか。

今回は、特徴量として利用する列を事前に決めて、その列の外れ値だけを取り除こう。

　決定木分析では、特徴量として、何種類かの列を指定すると、内部で予測に使う列（とその条件）と予測に使わない列をモデル自体が取捨選択してくれます。第5章のアヤメの分類では、モデルに特徴量として4列を渡しましたが、結局決定木に関わっていた列は1つだけでした。

　しかし、重回帰分析では、モデルが学習を行うときに、特徴量の取捨選択を行わず、与えられた列をすべて利用しようとします。そのため、特徴量として予測に大きな影響を与える列の中に、予測に影響しない列を紛れ込ませると、それに足を引っ張られて、モデル全体の予測性能が低下することも起こり得ます。

重回帰分析モデルに渡す特徴量は、事前に人が取捨選択してあげなきゃならないんだ。

　散布図によって特徴量の候補に当たりをつけることができれば、それ以外の列にはたとえ外れ値があっても結局学習には利用しないので、外れ値を削除する手間を省くことができます。

手間を省けるのは嬉しいです。でも、どんな散布図なら特量に採用できるって判断できるんだろう？

　散布図は2つの項目の関係性を表す図で、2項目のデータの傾向を確認できます。データが右肩上がりまたは右肩下がりの線を描くように分布している場合は、2つの項目に相関関係がある、つまりその列が予測に大きな影響を

与える特徴量であるとみなすことができます。データがばらばらにプロットされており、相関関係がない場合は、有効な特徴量である可能性は低いでしょう。

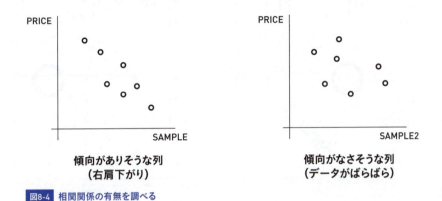

図8-4 相関関係の有無を調べる

それでは、作成した散布図を見て、予測により大きな影響を与えそうな列にあたりをつけましょう。

INDUS、NOX、RM、PTRATIO、LSTATにPRICEと相関関係がありそうです。

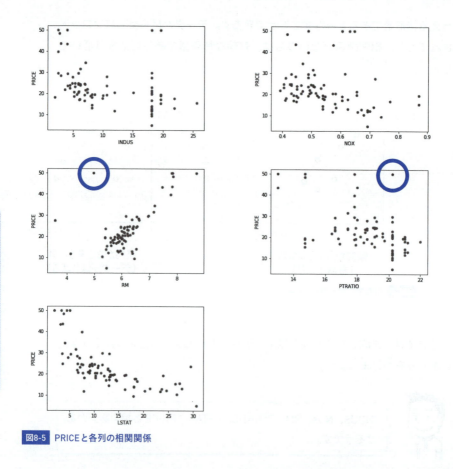

図8-5 PRICEと各列の相関関係

　PRICE列の予測に利用できそうな列として次の5列を絞り込めました。

- INDUS列（小売業以外の商業が占める面積の割合）
- NOX列（窒素酸化物の濃度）
- RM列（住居の平均部屋数）
- PTRATIO列（町ごとの教員1人当たりの児童生徒数）
- LSTAT列（低給与の職業に従事する人口の割合）

　各列とPRICEの散布図で外れ値のデータを探すと、RM列とPTRATIO列に分布傾向から大きく外れた値があります（図8-5で青い丸をつけた箇所）。今回はRM列とPTRATIO列の外れ値を処理しましょう。

ほかの列にも外れ値がありますけど、そのままでいいんですか。

外れ値を全部取り除いた綺麗なデータだけで学習させると、テストデータに外れ値が含まれている場合、モデルの予測性能が低くなるんだ。ある程度、外れ値は残しておこう。

まず、散布図の外れ値を条件に、RM列とPTRATIO列で外れ値が存在するインデックスを確認します。

コード8-9　外れ値が存在するインデックスを確認する

```
# RMの外れ値
out_line1 = train_val2[(train_val2['RM'] < 6) &
    (train_val2['PRICE'] > 40)].index
# PTRATIOの外れ値
out_line2 = train_val2[(train_val2['PTRATIO'] > 18) &
    (train_val2['PRICE'] > 40)].index

print(out_line1, out_line2)
```

実行結果

Index([76], dtype = 'int64') Index([76], dtype = 'int64')

2つの外れ値を調べてみると、どちらもインデックスが76のデータでした。dropメソッドを使って外れ値を削除します。

コード8-10　外れ値を削除する

```
train_val3 = train_val2.drop([76], axis = 0)
```

特徴量をINDUS列、NOX列、RM列、PTRATIO列、LSTAT列に絞り込んだ

ので、それ以外の列を取り除きましょう。PRICE列は正解データなので残しておきます。

コード8-11 絞り込んだ列以外を取り除く

```
01  col = ['INDUS', 'NOX', 'RM', 'PTRATIO', 'LSTAT', 'PRICE']
02
03  train_val4 = train_val3[col]
04  train_val4.head(3)
```

実行結果

	INDUS	NOX	RM	PTRATIO	LSTAT	PRICE
43	5.86	0.431	6.108	19.1	9.16	24.3
62	5.86	0.431	6.957	19.1	3.53	29.6
3	21.89	0.624	6.151	21.2	18.46	17.8

ふう。前処理はこれで終わりですね。

まだだよ。利用する特徴量をもっと絞り込もう。

8.2.6 相関係数による特徴量の絞り込み

次の図は、外れ値を削除したあとの、「INDUS列とPRICE列」および「LSTAT列とPRICE列」の散布図です。どちらも右肩下がりの傾向があります。

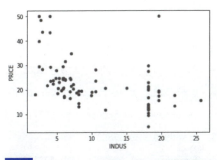 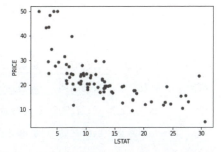

図8-6 INDUS列・LSTAT列とPRICE列の散布図

2つの散布図の違いを考察してみよう。

う〜ん。INDUSの散布図は最初に急激に低下して、あとは平行状態って感じなんですよね。対してLSTATは綺麗な右肩下がりになっています。

松田くんの分析は間違ってはいません。ただし、散布図を主観的に観察しただけの分析であるため、客観性に欠けます。

もしかして相関係数を使えば、影響が大きい列を調べられるんじゃないかしら。

第2章で、2つの項目の相関関係の強さを測る指標の1つとして相関係数を紹介しました。実は、特徴量と正解データの相関係数が大きいほど、特徴量が予測に与える影響が大きいことを意味し、モデルの予測性能が高くなる可能性があります。データフレームのcorrメソッドを使えば、各列同士の相関係数を調べることができます。

コード8-12 列同士の相関係数を調べる

```
01  train_val4.corr()
```

実行結果

```
         INDUS      NOX        RM       PTRATIO    LSTAT     PRICE
INDUS    1.000000   0.785722  -0.403129  0.249438  0.578406  -0.470889
NOX      0.785722   1.000000  -0.272996  0.077533  0.484295  -0.325289
RM      -0.403129  -0.272996  1.000000  -0.404568 -0.560454   0.753771
PTRATIO  0.249438   0.077533  -0.404568  1.000000  0.326563  -0.542449
LSTAT    0.578406   0.484295  -0.560454  0.326563  1.000000  -0.693490
PRICE   -0.470889  -0.325289   0.753771 -0.542449  0.693490   1.000000
```

コード8-12の実行結果のように、各項目の相関係数を一覧表にしたものを**相関行列**と呼びます。

ここでは各列とPRICE列との相関係数を知りたいので、corrメソッドの戻り値からPRICE列だけを取り出しましょう。

コード8-13 各列とPRICE列との相関係数を見る

```
01  train_cor = train_val4.corr()['PRICE']
02  train_cor
```

corrメソッドの戻り値であるデータフレームからPRICE列を抜き出す

実行結果

```
INDUS    -0.470889
NOX      -0.325289
RM        0.753771
PTRATIO  -0.542449
LSTAT    -0.693490
PRICE     1.000000
Name: PRICE, dtype: float64
```

1列の抜き出しなのでシリーズとして返される

相関係数

```
df.corr()
```
※ 戻り値はデータフレーム。
※ n行m列目の値と、m行n列目の値は同じになる。

今回は特徴量の候補が少ないので、実行結果を人間が見て判断できますが、列が多いとパッと見るだけではPRICEとの相関係数が大きい列がわかりにくくなります。そこで、相関関係が強い順に並べ替えてみましょう。

 このとき、正の相関関係が強いと相関係数は＋1に近づき、負の相関関係が強いと−1に近づくことに注意しよう。

散布図で、データの分布が右肩上がりの場合は2つの項目には正の相関関係があり、右肩下がりの場合は負の相関関係があります。正の相関関係が強いと相関係数は＋1に近づき、負の相関関係が強いと−1に近づきます（2.2.4項）。ここでは正負に関係なく相関関係の強さ順に並べ替えたいので、相関係数を絶対値に変換してから並べ替える必要があります。

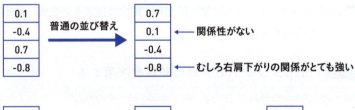

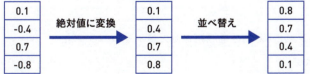

図8-7 相関係数を絶対値に変換して関係の強さ順に並べ替える

シリーズの各要素を絶対値に変換（map処理）

まず、相関係数を格納しているシリーズの各要素を絶対値に変換します。絶対値への変換にはPythonの組み込み関数であるabs関数を使います。

コード8-14　abs関数で絶対値に変換

```
01  print(abs(1))   # 1の絶対値を計算
02  print(abs(-2))  # -2の絶対値を計算
```

実行結果

```
1
2
```

ってことは、あとはfor文を使ってシリーズの各要素をabs関数で絶対値に変換すればいいかな。

実はシリーズにはmapという便利なメソッドがあってね、これを使えばforループを作ることなく、もっと簡単にできるよ。

シリーズのmapメソッドは、引数に指定した関数の処理を各要素に適用してくれます。簡単な例を見てみましょう。

コード8-15　mapメソッドで要素に関数を適用する

```
01  se = pd.Series([1, -2, 3, -4])  # シリーズの作成
02
03  # seの各要素にabs関数を適応させた結果をシリーズ化
04  se.map(abs)
```

実行結果
```
0    1
1    2
2    3
3    4
```

　mapメソッドは、引数に指定された関数を各要素に適用した結果のシリーズを戻り値として返します。そのため、for文を使う必要はありません。

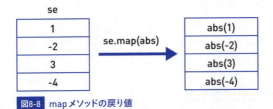

図8-8 mapメソッドの戻り値

　mapメソッドには、自分が定義した関数を指定することもできます。

 シリーズの作成

> `pd.Series(リスト, index = インデックスのリスト)`
>
> ※ index引数を指定しないと、デフォルトで、0から始まる整数がインデックスとなる。

 シリーズに関数を適用する

> `se.map(関数名)`
>
> ※ seはシリーズの変数。
> ※ シリーズの各要素を引数として関数を実行し、その各戻り値からなるシリーズを作成。
> ※ 引数にディクショナリを指定することも可能。その場合は、シリーズの要素をキーとしたディクショナリの値を返す。

　それでは、相関行列のPRICE列との相関係数を絶対値に変換しましょう。

> **コード8-16** 相関行列のPRICE列との相関係数を絶対値に変換する

```
01  abs_cor = train_cor.map(abs)
02  abs_cor
```

実行結果

```
INDUS     0.470889
NOX       0.325289
RM        0.753771
PTRATIO   0.542449
LSTAT     0.693490
PRICE     1.000000
```

シリーズの要素を降順に並び替える

　シリーズのsort_valuesメソッドを利用すると、要素を降順に並べ替えることができます。引数ascendingには、昇順の場合はTrue、降順の場合はFalseを指定します。

> **コード8-17** sort_valuesメソッドで要素を降順に並べ替える

```
01  # 降順に並べ替える
02  abs_cor.sort_values(ascending = False)
```

実行結果

```
PRICE     1.000000
RM        0.753771
LSTAT     0.693490
PTRATIO   0.542449
INDUS     0.470889
NOX       0.325289
```

シリーズの要素を並び替える

```
se.sort_values(ascending =●●)
```

※ se はシリーズ変数。
※ ascending には、昇順の場合 True、降順の場合 False を指定する（省略時 True）。

データフレームの行を並び替える

```
df.sort_values(by =▲▲, ascending =●●)
```

※ by には並べ替えの基準となる列を指定する。
※ ascending には、昇順の場合 True、降順の場合 False を指定する（省略時 True）。

> そういえば、今回、散布図のチェック⇒相関係数のチェック、という順番でやりましたが、最初から相関係数をチェックすればよくないですか？

　この考えは一見正しいようで、実はあまりおすすめできません。なぜなら、相関係数は外れ値の影響を受けやすく、**全体的な傾向としては相関関係があるが、一部の外れ値のせいで相関係数の値が0に近くなる**、ということが起こりえるからです。
　そのため、先ほどは、散布図⇒外れ値チェック⇒相関係数という順番で進めました。
　実際のデータ分析でも、最初から統計指標を計算するのではなく、まず散布図やヒストグラムでデータの傾向を可視化したうえで、より厳密に比較したいというときに平均値や相関係数などの数値的な指標を利用しましょう。

> 今回は、相関関係が強い上位3つの列、RM列、LSTAT列、PTRATIO列だけを特徴量として利用しよう。

8.2.7 訓練データと検証データの分割

特徴量として用いる列が決まったので、RM列、LSTAT列、PTRATIO列を特徴量、PRICE列を正解データとして取り出しましょう。さらに、そのデータを8.2.3項で解説したように、訓練データと検証データに分割します。

コード8-18 訓練データと検証データに分割する

```
01  col =['RM', 'LSTAT', 'PTRATIO']
02  x = train_val4[col]
03  t = train_val4[['PRICE']]          リストで指定（理由は後述）
04
05  # 訓練データと検証データに分割
06  x_train, x_val, y_train, y_val = train_test_split(x, t,
07      test_size = 0.2, random_state = 0)
```

次はいよいよモデルの作成と学習ですね。特徴量を絞り込んだぶん、どれくらい予測性能が上がるかしら。

待って。今回は前処理として、もう1つやってみてほしいことがあるんだ。

8.2.8 データの標準化

第6章では映画の興行収入を予測する計算式を作りましたが、仮に今回のcinema.csv以外にもさまざまな特徴量があって、それは次のようなものだったとしましょう。

(興業収入)＝
10 × (SNS3の投稿数)＋100 ×(主演俳優の前年の映画出演数)＋10

この場合、SNS3の投稿数より主演俳優の前年の映画出演数のほうが係数が大きいから、興業収入との関係がより強いということですよね。

　計算式の係数は、「その特徴量を1増加させたときに、正解データはどれだけ増加するか」を表します。したがってこの計算式により、SNSの投稿が1増えると興業収入は10増加して、主演俳優の映画出演数が1増えると、興業収入は100増加することがわかります。
　しかし実は、計算式の係数をそのまま解釈するのは危険な場合もあります。

問題は、SNSの投稿を1増やす労力と、俳優が出演する映画の数を1増やす労力は、まったくの別物ということなんだ。

　人気俳優であっても、1つの映画に出演するためにかかる諸々の労力が、一般人も含めたSNS上での投稿を1件増やす労力と同じであるわけがありません。それなのに、「特徴量を1増やしたときに正解データは○○増加する」という観点で単純に係数の大小を比較するのは不適切です。

では、どうすればいいんですか。

そんなときは特徴量を標準化して、特徴量の平均と標準偏差を統一させるんだ。

　先ほどは、わかりやすいように「特徴量を1増加させるための労力が異なる」と表現しましたが、これはもう少し専門的に表現すると、**各特徴量の分布が大きく異なる**と言い換えることができます。具体的に2つの特徴量の分布を確認してみましょう。「SNS3」のヒストグラムと、「主演俳優の前年の映画出演数」のヒストグラムが次のような結果だとします。

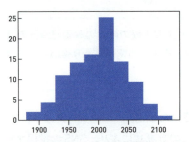
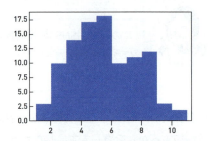

SNS3のヒストグラム。平均値は2000で1900〜2100と広範囲にばらついている。

主演俳優の前年の映画出演数のヒストグラム。平均値が5で1〜11と狭い範囲にばらついている。

図8-9 「SNS3」と「主演俳優の前年の映画出演数」のヒストグラム

2つのヒストグラムを見比べると、平均値が2000と5で、大きく異なることがわかります。またデータのばらつき（標準偏差　2.2.3項、分散　2.2.2項）も具体的な計算はされていませんが、最小と最大の幅から考えるに、SNSと映画出演数で大きく異なるはずです。このように、各分布において分布特徴を表す平均値と標準偏差が大きく異なると、特徴量をそのまま比較することはできません。そのため何かしらの加工処理をして統一させる必要があります。

そんなときには**標準化**という加工処理を行って、特徴量の平均値とばらつきを統一させるんだ。

標準化を行うと、**元のデータ集合がどのような分布でも、標準化後のデータ集合は「平均値が0、標準偏差が1」の分布となります**。そのため、各特徴量の分布の特徴が統一され、適切な比較と分析が可能になります。また、機械学習手法によっては、標準化したデータで学習させたほうが、予測性能が上がりやすいこともあります。

では、その標準化とは具体的にどのような手順で行われる処理なのでしょうか。たとえば、x1、x2、…というデータ集合を標準化して、z1、z2、…という新しいデータ集合を作るとします。元のデータ集合の平均値をm、標準偏差をSDとすると、x1を標準化したz1は次のように表すことができます。

$$z1 = \frac{x1 - m}{SD}$$

計算手順としては、まず、データのx1から平均値mを引き算したあとに、標準偏差SDで割るだけです。まとめると次の図8-10のようになります。

```
x1、x2、x3・・・xn
   ↓
z1、z2、z3・・・zn

     このときの変換は、

z1 = (x1 - m)/SD 、 z2 = (x2 - m)/SD 、 z3 = (x3 - m)/SD  ・・・
```

m：平均
SD：標準偏差

図8-10 データ集合を標準化して新しいデータ集合を作る

今回のように表データを標準化する場合は、各列ごとに平均値と標準偏差を計算して、それぞれ標準化処理を行い、標準化後データでの表を作成します。

すごい複雑な計算処理をするかと思ったけど、意外と計算式自体はシンプルなのね！

えっと、標準化を行うには平均値と標準偏差を求めて、for文で各データを計算して…えーっと…。

scikit-learnのモジュールを利用すれば、もっと簡単にできるよ。

scikit-learnのpreprocessingモジュールは、標準化などの処理を行うために準備されたモジュールです。このモジュールのStandardScalerクラスをインポートし、オブジェクトを生成します。fitメソッドは、引数に指定したデータフレームの平均値と標準偏差を計算します。そのあとに、transformメソッドに元のデータを渡して呼び出すと、戻り値として標準化されたデータを返してくれます。

コード8-19 scikit-learnのpreprocessingモジュールを使う

```
01  from sklearn.preprocessing import StandardScaler
02
03  sc_model_x = StandardScaler()
04  sc_model_x.fit(x_train)
05
06  # 各列のデータを標準化してsc_xに代入
07  sc_x = sc_model_x.transform(x_train)
08  sc_x # 表示
```

04行目注釈: 各列の平均値や標準偏差を調べて、sc_model_xに格納している

実行結果

```
array([[-0.10238334, -0.89546338, -0.97250163],
       [-0.11741281, -0.37386886,  1.21732721],
       [-0.92274224,  2.49984836,  0.83648742],
       ...
```

numpyモジュールのarray型データ集合。列の順番はx_trainの順番と同じ

標準化されたデータの平均値が0、標準偏差が1になっているか確認してみましょう。

コード8-20 平均値0を確認する

```
01  # array 型だと見づらいのでデータフレームに変換
02  tmp_df = pd.DataFrame(sc_x, columns = x_train.columns)
03  # 平均値の計算
04  tmp_df.mean()
```

実行結果

```
RM       -3.101575e-16
LSTAT     1.727014e-16
PTRATIO  -1.436241e-16
dtype: float64
```

コンピュータの内部計算の都合上、厳密な0ではありませんが、「e-16」とほぼ0の値となっています。

コード8-21　標準偏差1を確認する

```
01  tmp_df.std()  # 標準偏差の計算
```

実行結果
```
RM       1.008032
LSTAT    1.008032
PTRATIO  1.008032
dtype: float64
```

一般的には特徴量だけでなく、正解データも標準化します。

コード8-22　正解データを標準化する

```
01  sc_model_y = StandardScaler()
02  sc_model_y.fit(y_train)
03
04  sc_y = sc_model_y.transform(y_train)
```

なお、コード8-18の3行目で、正解データtを、今までとは異なりシリーズではなくデータフレーム形式で抜き出した理由は、正解データに対しても標準化をするためです。fitメソッドの引数にシリーズを指定するとエラーになります。

 データの標準化

変数1＝StandardScaler()
変数1.fit(データ集合)
変数2 ＝ 変数1.transform(変換前データ)

※ 事前にfrom sklearn.preprocessing import StandardScalerでインポートしておく。

標準化後のデータを標準化前に逆変換

変数1.inverse_transform(標準化後のデータ)

※ 変数1とは、上記「データの標準化」で記載されている手順1の変数1のこと。

 この節のポイント

- データは、訓練データ、検証データ、テストデータの3つに分割する。
- 重回帰分析に利用する特徴量には、正解データとの相関係数が高い項目を選ぶ。
- 学習前にデータの標準化を行い、データの分布特徴を統一させる。

8.3 モデルの作成と学習

8.3.1 モデルの作成と学習

ようやく前処理が終わって、次はモデルの作成と学習ですね。

ここでも、重回帰モデルを利用するよ。

　重回帰モデルの作成と学習にはlinear_modelモジュールのLinearRegressionクラスを使います。作成したモデルは、標準化済のデータで学習させます。

コード8-23　標準化したデータで学習させる

```
01  model = LinearRegression()
02  model.fit(sc_x, sc_y) # 標準化済みの訓練データで学習
```

8.4 モデルの評価とチューニング

8.4.1 標準化データによる予測性能の評価

あれ、さっそくscoreメソッドで決定係数を計算してみたら、変な結果になっちゃった…。

松田くんは、予測性能を評価するために、scoreメソッドで決定係数を求めました（6.4.3項）。

コード8-24 scoreメソッドで決定係数を求める

```
01  model.score(x_val, y_val)
```

実行結果

-13.085044375040095

あらっ、決定係数って0～1の値になるはずよね。

特徴量がどれだけ予測に影響するかを示す決定係数は、基本的には0～1の値をとります（p207）。しかし、次に示すような場合は、例外的に負の値になることもあるので注意しましょう。

① 予測に有効な特徴量がない状態で無理矢理モデルを学習させたため、予測性能が非常に低くなった。
② 学習に利用したデータとまったく関係のない別のデータで、決定係数を計算した。

> ちゃんと、検証データを使って計算したのに…。

> 待って。これって、標準化する前のデータじゃない？

　コード8-23では、モデルの学習時に標準化後のデータを利用しました。つまりモデルは、標準化後の特徴量から標準化後の正解データを予測するためにしか使えません。そのため、検証データやテストデータで予測性能を調べるときや、システムに組み込んだ実運用において単に推論をするときでも、同じ手順で標準化したデータを利用する必要があります。

　検証データの標準化には、訓練データの標準化に利用した、sc_modelのtransformメソッドを用います。このsc_model変数には、訓練データの平均値と標準偏差の値が格納されており、これをもとに検証データの標準化を行います。

コード8-25　検証データを標準化する

```
01  sc_x_val = sc_model_x.transform(x_val)
02  sc_y_val = sc_model_y.transform(y_val)
03  # 標準化した検証データで決定係数を計算
04  model.score(sc_x_val, sc_y_val)
```

sc_model_xには、訓練データの平均値や標準偏差の情報が格納されている。その情報をもとに、x_valを変換する

実行結果
```
0.7359028880291
```

> 標準化かあ…。注意しなきゃ。

　標準化は、必ず、学習に利用した訓練データ（つまりfitメソッドの引数）の平均値と標準偏差で行うことに注意してください。次のように、検証データの平均値と標準偏差を使ってしまう間違いがよくあります。

コード8-26 間違って検証データの平均値と標準偏差を使って標準化

```
01  # 以下、やってはいけない間違いのコード
02  sc_model_x2 = StandardScaler()
03  sc_model_x2.fit(x_val)
04  sc_x_val = sc_model_x2.transform(x_val)
05  sc_model_y2 = StandardScaler()
06  sc_model_y2.fit(y_val)
07  sc_y_val = sc_model_y2.transform(y_val)
08  model.score(sc_x_val, sc_y_val)
```

（03行目・06行目への注釈）検証データでの平均値と標準偏差を調べて、その値で標準化している

検証データの標準化

予測性能の評価をする前に、学習に利用したデータの平均や標準偏差を用いて、検証データを標準化する必要がある。

8.4.2 チューニングの目標と準備

続いてチューニングをしていこう。目標はチューニング後の検証データで決定係数0.87以上、チューニング後のテストデータで0.7以上とするよ。

8.2.3項で述べたように、モデルは訓練データに当てはまるように法則を学習しますが、その後は検証データでチューニングします。そのため、チューニングに時間をかければ、学習に関与していないとはいえ、検証データでの予測性能が向上するのは当然といえます。

一方、テストデータは学習にもチューニングにも関与していません。そのため、チューニング後、検証データでの予測性能が良くても、テストデータで改めて予測させると性能が大きく下がることは十分にあり得ます。

今回は、検証データでの決定係数が0.87以上、テストデータでの決定係数が0.7以上になることを目標としましょう。

それでは前章同様、チューニングをしやすいように、learn関数を定義します。learn関数は特徴量と正解データを引数として受け取り、訓練データと検証データの分割、訓練データの標準化、モデルの作成と学習、検証データの標準化、および決定係数の計算を行います。戻り値は、訓練データと検証データの決定係数です。

コード8-27 learn関数の定義

```
01  def learn(x, t):
02      x_train, x_val, y_train, y_val = train_test_split(x, t,
03          test_size = 0.2, random_state = 0)
04      # 訓練データを標準化
05      sc_model_x = StandardScaler()
06      sc_model_y = StandardScaler()
07      sc_model_x.fit(x_train)
08      sc_x_train = sc_model_x.transform(x_train)
09      sc_model_y.fit(y_train)
10      sc_y_train = sc_model_y.transform(y_train)
11      # 学習
12      model = LinearRegression()
13      model.fit(sc_x_train, sc_y_train)
14  
15      # 検証データを標準化
16      sc_x_val = sc_model_x.transform(x_val)
17      sc_y_val = sc_model_y.transform(y_val)
18      # 訓練データと検証データの決定係数計算
19      train_score = model.score(sc_x_train, sc_y_train)
20      val_score = model.score(sc_x_val, sc_y_val)
21  
22      return train_score, val_score
```

RM列、LSTAT列、PTRATIO列を特徴量、PRICE列を正解データとしてlearn関数を実行してみましょう。

コード8-28 learn関数を実行する

```
01  x = train_val3.loc[ :,['RM','LSTAT', 'PTRATIO']]
02  t = train_val3[ ['PRICE']]
03
04  s1,s2 = learn(x, t)
05  print(s1, s2)
```

実行結果

0.7175897572515981   0.7359028880290999

8.4.3 特徴量の追加

現状で正解率70%台前半、まだ目標には遠く及ばないね。さて、チューニングは何から始めようか。

特徴量にINDUS列を追加するのはどうですか。相関係数は小さいけど、散布図では相関関係があるように見えたし。

松田くんのアイデアのとおりに、特徴量にINDUS列を追加してみましょう。

コード8-29 特徴量にINDUS列を追加する

```
01  x = train_val3.loc[ :, ['RM', 'LSTAT', 'PTRATIO', 'INDUS']]
02  t = train_val3[['PRICE']]
03  s1,s2 = learn(x, t)
04  print(s1, s2)
```

実行結果

```
0.7190252930186809    0.7295535344941493
```

あれっ、検証データの決定係数がむしろ下がっちゃった。

　線形重回帰分析の場合、不必要に特徴量の列を追加すると過学習を起こします。INDUS列は、残念ながら予測をする際にそれほど重要ではない列である可能性が高いといえます。

8.4.4　特徴量エンジニアリング

　第7章では、欠損値の処理方法を変えてみることで性能向上を実現できましたが、今回はそもそも欠損値のデータがほとんどないため、影響はまずないでしょう。散布図と相関係数を使って、予測に利用する列と利用しない列の取捨選択は事前に済んでしまっています。

八方ふさがりじゃないですか…。もうチューニングできる余地はないような気がするんですが…。

こういうときは特徴量エンジニアリングで列を生成してみよう。

　準備されたデータをもとに新しい列を作成して、特徴量に加えることを、**特徴量エンジニアリング**と呼びます。

えっ、自分で列を作ってもいいんですか。

> 値を自分で好き勝手に決めるようなものはダメだけど、元のデータに基づいて明確な手順に従っているなら問題ないよ。

8.4.5　多項式特徴量と多項式回帰

　回帰分析では、元のデータの列に対して2乗した値の列や、3乗した値の列を生成して、特徴量に加えることがよくあります。これを**多項式特徴量**といい、多項式特徴量を用いた回帰分析を、**多項式回帰**といいます。今回は、ためしにRM列を2乗した列を考え、特徴量として追加してみましょう。

RM	RM 列の 2 乗
1	1（1 の 2 乗）
5	25（5 の 2 乗）
3	9（3 の 2 乗）

図8-11　多項式特徴量の例

　次のコードは、データフレームのRM列のデータを2乗するサンプルです。

コード8-30　データフレームのRM列のデータを2乗する

```
01  x['RM'] ** 2
```
　　　　　　　　**は、Python基本文法で、累乗の計算を行う演算子

実行結果
```
43    37.307664
62    48.399849
3     37.834801
⋮
```

　これを応用して、RM列の値を2乗した列を新しく特徴量に追加します。データフレームに新しい列名を指定してシリーズを代入すると、その列名で新しい列を追加できます。

コード8-31 新しい列を特徴量に追加する

```
01  # RM2乗のシリーズを新しい列として追加
02  x['RM2'] = x['RM'] ** 2
03  # コード8-29で、INDUS列を追加したので削除
04  x = x.drop('INDUS', axis = 1)
05  x.head(2)
```

実行結果

```
       RM     LSTAT   PTRATIO   RM2
43   6.108    9.16     19.1    37.307664
62   6.957    3.53     19.1    48.399849
```

列が追加できるなら当然行も追加できるんですよね？？

　第8章の本筋とはあまり関係ありませんが、せっかくなので行の追加も検証してみましょう。

コード8-32 行を追加する

```
01  # インデックスを2000として新しい行を追加
02  x.loc[2000] = [10, 7, 8, 100]
03  print(x.tail(2)) # 確認
04
05  # 第8章の本筋には関係ないので削除
06  x = x.drop(2000, axis = 0)
```

実行結果

```
         RM     LSTAT   PTRATIO   RM2
44     5.85     8.77     19.2    34.2225
2000  10.00     7.00      8.0   100.0000
```

列の追加

```
df['新しい列名'] = シリーズ
```
※ 右辺はリストでも可。

行の追加

```
df.loc[新しいインデックス名] = シリーズ
```
※ 右辺はリストでも可。

それでは、再び学習してみましょう。

コード8-33 新しい列が追加されたので再学習を行う

```
01  s1, s2 = learn(x, t)
02  print(s1, s2)
```

実行結果

0.8456207631185567   0.8372526287986773

決定係数の値が一気に上がった！

LSTAT列、PTRATIO列についても、それぞれ2乗した列を特徴量に追加してみましょう。

コード8-34 LSTAT列とPTRATIO列で新しい列を特徴量に追加する

```
01  # LSTAT列の2乗を追加
02  x['LSTAT2'] = x['LSTAT'] ** 2
03  s1, s2 = learn(x, t)
04  print(s1, s2)
```

```
05
06  # PTRATIO列の2乗を追加
07  x['PTRATIO2'] = x['PTRATIO'] ** 2
08  s1, s2 = learn(x, t)
09  print(s1, s2)
```

実行結果
0.8552480538789501   0.8425282632102129
0.8643834988984441   0.8678022326740724

思ったほど上がらないわね…。

そんなときは、3乗や4乗の列を作って検証してみるといいよ。

　今回は2乗の列だけを追加しましたが、実際には3乗や4乗の列などさまざまな列を作成して試します。RM列で3乗や4乗の列を作成し、決定係数がどう変わるか検証してみるのもいいでしょう。

8.4.6　交互作用特徴量

たとえば、RM（部屋数）とPRICE（平均価格）には正の相関関係があったけど、外れ値もあったよね。部屋数が多いのに、家賃が安いのってどういうときかな。

いわくつきの物件とか？

> 立地も関係ありそうですよね。部屋数が少なくても都心なら価格は高いし、部屋数が多くても田舎なら安いと思います。

単純に、部屋数と平均価格の関係を考えても、例外的な外れ値は必ず発生します。しかし、裏を返すと「部屋数が多くて、かつ都心である」のように、2つの項目の組み合わせも考慮すると予測性能を向上できそうです。

現在、特徴量として、RM列（部屋数）、PTRATIO（児童と教員の比率）、LSTAT（低所得者の比率）と、RM列を2乗した列を利用しています。ここにRM列とLSTAT列の組み合わせを考慮した列などを別途作成します。

このように、特徴量同士を組み合わせて新しい特徴量を作ることを**交互作用特徴量**といいます。

> 交互作用特徴量は、2つの列の対応する要素同士を掛け算して作成するんだ。

RM	LSTAT	RM*LSTAT（交互作用特徴量）
1	2	1*2 = 2
3	0.1	3*0.1 = 0.3
4	3	4*3 = 12

図8-12　交互作用特徴量

2つのシリーズに対して算術演算を利用すると、対応する各要素同士の計算が行われます。

コード8-35　2つのシリーズに算術演算を行う

```
01  se1 = pd.Series([1, 2, 3])
02  se2 = pd.Series([10, 20, 30])
03  se1 + se2  # 対応する各要素を足し算したシリーズ
```

実行結果

```
0    11
1    22
2    33
```

シリーズのこの動作を利用して、RM列とLSTAT列を使って交互作用特徴量を追加しましょう。

コード8-36 交互作用特徴量を追加する

```
01  x['RM * LSTAT'] = x['RM'] * x['LSTAT']
02  x.head(2)
```

実行結果

	RM	LSTAT	PTRATIO	RM2	LSTAT2	PTRATIO2	RM*LSTAT
43	6.108	9.16	19.1	37.307664	83.9056	364.81	55.94928
62	6.957	3.53	19.1	48.399849	12.4609	364.81	24.55821

特徴量を追加したので、再度学習させます。

コード8-37 特徴量を追加したので再学習を行う

```
01  s1, s2 = learn(x, t)
02  print(s1, s2)
```

実行結果

```
0.8668534967796696    0.8739347357775973
```

やった！ 検証データでの決定係数が0.87を突破したぞ！

> よし、今回はこのくらいにしておこう。

　トライアル＆エラーが一段落して、最適な前処理方法やモデルチューニングが判明したら、モデルに再学習させます。ただし、fitメソッドに与えるデータは、訓練データと検証データを合わせた全データ（テストデータを除く）です。再学習の前に、データの標準化も忘れないでください。

コード8-38　データの標準化後に再学習を行う

```
01  # 訓練データと検証データを合わせて再学習させるので
02  # 再度、標準化する
03  sc_model_x2 = StandardScaler()
04  sc_model_x2.fit(x)
05  sc_x = sc_model_x2.transform(x)
06
07  sc_model_y2 = StandardScaler()
08  sc_model_y2.fit(t)
09  sc_y = sc_model_y2.transform(t)
10  model = LinearRegression()
11  model.fit(sc_x, sc_y)
```

8.4.7　テストデータでの評価

　最後に、作成したモデルについて、テストデータを使って最終的な予測性能を評価しましょう。ただし、テストデータはまだダミー変数化を行っただけなので、前処理をする必要があります。

> テストデータに対して、訓練データ＆検証データと基本的に同じ前処理を行うよ。

今回行った前処理は次のとおりです（ダミー変数化は実行済み）。

1. 欠損値を訓練＆検証データの平均値で穴埋めする。
2. 散布図で外れ値を確認して削除する。
3. RM列、LSTAT列、PTRATIO列を特徴量、PRICE列を正解データとして取り出す。
4. RM列、LSTAT列、PTRATIO列の2乗の列を作成して特徴量として追加する（多項式特徴量）。
5. RM列とLSTAT列を組み合わせた列を作成して特徴量として追加する（交互作用特徴量）。
6. データを標準化する。

テストデータに対してもこれと同じ手順で進めますが、2の外れ値の削除は行いません。

本当の未知のデータでの予測性能を評価するためには、外れ値があっても恣意的に削除してはだめなんだ。

では、テストデータに対して前処理を行いましょう。

コード8-39　テストデータの前処理

```
01  test2 = test.fillna(train_val.mean()) # 欠損値を平均値で補完
02  x_test = test2.loc[ :, ['RM', 'LSTAT', 'PTRATIO'] ]
03  y_test  = test2[['PRICE']]
04
05  x_test['RM2'] = x_test['RM'] ** 2
06  x_test['LSTAT2'] = x_test['LSTAT'] ** 2
07  x_test['PTRATIO2'] = x_test['PTRATIO'] ** 2
08
09  x_test['RM * LSTAT'] = x_test['RM'] * x_test['LSTAT']
10
11  sc_x_test = sc_model_x2.transform(x_test)
```

```
12  sc_y_test = sc_model_y2.transform(y_test)
```

作成済みのモデルに前処理をしたテストデータを渡し、決定係数を計算します。

コード8-40 決定係数を計算する

```
01  model.score(sc_x_test, sc_y_test)
```

実行結果
0.7649249353669062

テストデータでの目標値の0.7を超えたね。もし目標に達しなかったら、訓練データと検証データで再度チューニングをし直すよ。

8.4.8 モデルの保存

最後に、モデルを保存します。今回は標準化を行ったので、「標準化のやり方」が詰まったStandardScalerオブジェクト（sc_model_x2、sc_model_y2）も保存しておきましょう。将来このモデルを使って予測を行わせる際などには、未知のデータをそのままモデルに与えるのではなく、標準化してあげる必要があるからです。

コード8-41 モデルを保存する

```
01  import pickle
02  with open('boston.pkl', 'wb') as f:
03      pickle.dump(model, f)
04  with open('boston_scx.pkl', 'wb') as f:
05      pickle.dump(sc_model_x2, f)
06  with open('boston_scy.pkl', 'wb') as f:
```

```
07    pickle.dump(sc_model_y2, f)
```

この節のポイント

- もとの列を加工して新しい列を生成することを特徴量エンジニアリングという。
- もとの列を累乗して、回帰式を作ることを多項式回帰という。
- 2つの列を掛け算して作った新しい列を交互作用特徴量という。
- チューニングが終わったら、訓練データと検証データをまとめて再学習させる。
- テストデータについては、訓練＆検証データと同様の前処理手順を踏んで予測性能を評価する。

8.5 第8章のまとめ

データの前処理

- 全データを訓練データと検証データとテストデータの3つに分割する。
- 標準化を行うことにより、元のデータがどのような分布でも平均値0、標準偏差1の分布に変換することができる。
- もとの列を累乗した値の列を追加して回帰分析を行うことを多項式回帰と呼ぶ。
- 2つの列の対応する値を掛け算して作る列を交互作用特徴量と呼ぶ。

回帰式での特徴量選択

- 不必要に特徴量の列数を増やすと、過学習が発生する。
- 特徴量と正解データの相関係数を調べ、相関係数の絶対値が大きい特徴量を選択するとよい。

テストデータでの評価

- 訓練データと検証データでチューニングをし終えたら、2つを全体の訓練データとして、改めてモデルに再学習させる。
- 訓練データと同様の前処理とチューニングをテストデータに施して、学習済モデルで予測性能を検証する。
- 正解データを標準化している場合は、予測結果も標準化されているため、標準化前に逆変換する必要がある。

8.6 練習問題

練習8-1

次の文章の中から間違っているものをすべて選択してください。

1. 検証データは、チューニング時の参考のみに利用する。
2. データを2分割しただけでは不十分である。
3. 最終的な予測性能を上げるためには、テストデータも十分に吟味する。
4. 訓練データおよび検証データとテストデータを分割した後に、標準化やダミー変数化などの前処理を行う。

練習8-2

重回帰分析に関する次の文章の中から間違っているものをすべて選択してください。

1. 特徴量は多いに越したことがないので、すべて利用して学習させる。
2. 特徴量を標準化することで、各特徴量の最大値と最小値の幅は一致する。
3. 特徴量と正解データの散布図を描いたときに、その散布図の中に外れ値があったら取り除いたほうがよい。

練習8-3

次のA列とB列に関して、交互作用特徴量を作成してください。

A列	B列	交互作用特徴量
2	7	
3	4	
5	1	

column 決定係数がマイナスになるときは

　テスト時に決定係数が明らかに低下しすぎていたり、マイナスになってしまっているなどのミスが生じた場合は、学習時とテスト時でデータの列の順番が間違っている可能性があります。

コード8-42 列の順番が間違っている

```
01  print(x.columns)       # 訓練&検証データの列名を表示
02  print(x_test.columns)  # テストデータの列名を表示
```

実行結果
```
Index(['RM','PTRATIO','LSTAT', ・・・・（以下略）
Index(['RM','LSTAT','PTRATIO', ・・・・（以下略）
```

　結果に表示される列の順番が異なっています。おそらくloc処理で特徴量を抜き出すときに順番の記述を間違えていると考えられます。

column 予測結果は逆変換する

今回作成したモデルで予測を行うと、予測結果は、正解データを標準化した値となっています。そのため、予測結果を標準化後から標準化前の値に逆変換する必要があります。標準化後のデータを標準化前データに逆変換するにはinverse_transform関数を使います。

コード8-43 標準化後のデータを標準化前に逆変換する

```
01  sc_temp = StandardScaler()
02  # NOXとRMの2列をそれぞれ標準化
03  sc_temp.fit(df[['NOX', 'RM']])
04  # 標準化後データの[1.0, -0.7]を元のデータに戻す
05  data = [[1.0, -0.7]]
06  sc_temp.inverse_transform(data)
```

chapter 9
教師あり学習の総合演習

分類と回帰を学んできた第II部もこれで終了です。
第9章は、第II部全体を出題範囲とする練習問題の章となります。
これまで、各章末の練習問題では、
設問によって行うべき処理が導かれていましたが、
この総合演習では自分1人の力で分析を進めていきましょう。
これまで第II部で学んだことも図にまとめたので
参考にしてください。

contents

9.1　第II部で学習した内容のまとめ
9.2　練習問題：金融機関のキャンペーン分析

9.1 第Ⅱ部で学習した内容のまとめ

第Ⅱ部ではたくさんのことを学んだ。ここで全体を俯瞰しておこう。9.2節の練習問題を考察する際にも参考にしてほしい。

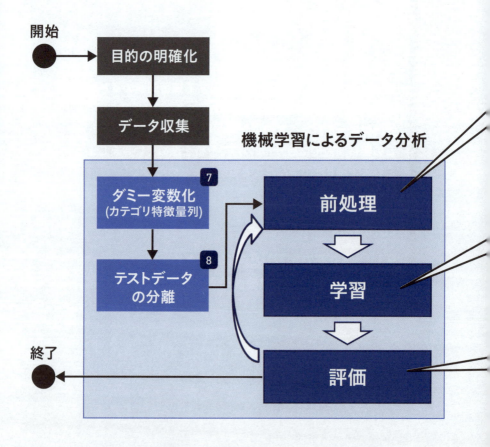

※ 図中に示した ５ などの数字は、そのトピックが出てくる章番号です。

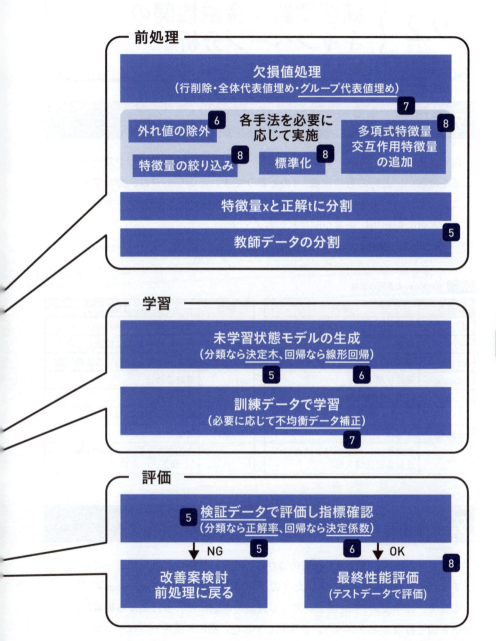

9.2 練習問題:金融機関のキャンペーン分析

9.2.1 データの内容

付録Aを参照し、スッキリ銀行の顧客データ「Bank.csv」をダウンロードしてください。各列の意味は表9-1のとおりです。このデータは、カリフォルニア大学アーバイン校（UCI）が公開しているBankMarketingデータセットを、本書の勉強用に筆者が改良したものです。
（データの出典　https://archive.ics.uci.edu/ml/datasets/bank+marketing）

表9-1　Bank.csvの各列の意味

列名	意味
id	顧客ID
age	年齢
job	職種
education	最終学歴
marital	既婚／未婚／離別など
loan	個人ローンの有無
housing	住宅ローンの有無
amount	年間キャンペーン終了時点での、総投資信託購入額

列名	意味
default	債務不履行の有無
previous	キャンペーン前に接触した回数
campaign	現キャンペーン内での接触回数
day	最終接触日
month	最終接触月
duration	接触時の平均時間（秒）
contact	連絡方法
y	今回のキャンペーンの結果（1:購入、0:未購入）

9.2.2 問題背景

スッキリ銀行は、預貯金や融資のほかに、投資信託商品の販売も行っていますが、購入顧客数や顧客1人あたりの平均購入金額は伸び悩んでいます。

そこで、昨年度の1年間はテレアポや資料の郵送など、銀行側から顧客に接触を図る各種のキャンペーンを実施しました。初の年間キャンペーンでもあり、さまざまな顧客に手当たり次第接触を試みましたが、次回のキャンペーンでは昨年得られたデータを生かして、もっと効率よく実施したいと考

えています。

さて、スッキリ銀行の課題を解決するためには、行ったキャンペーンが効果的だったか検証をする必要があります。また、どういう顧客が購入してくれたのか、顧客特性の考察も必要です。

9.2.3　データ分析の方針検討

まずは、次の練習問題を考察してください。良い結果を得るため、必ず最初に分析と結果活用の方針を立てておきましょう。

練習9-1

どのような機械学習手法を用いるとよいでしょうか。

練習9-2

練習9-1の分析手法によって得られるアウトプットはどのようなものでしょうか。また、その分析結果からどのようにスッキリ銀行の課題を解決することができるでしょうか。

9.2.4　分析の実施

前項で、行うべき分析の方針を立てることができたら、実際に分析を行っていきましょう。次の練習問題を考察してください。

練習9-3

データの読み込みから始めて、まずはモデルの学習まで行ってみましょう。ただし、データは訓練、検証、テストの3つに分割してください。それ以外の乱数シードの値などはすべて読者の皆さんにお任せします。

練習9-4

練習9-3で作成したモデルに対して、テストデータにおける予測性能を可能な限り高めましょう。

以上の問題の模範解答は、付録Aを参照してダウンロードできます。

column

 locの親戚iloc

　データフレームのloc機能を利用すると、列名とインデックス（行名）を指定して、柔軟にデータの参照ができました。このlocと似た機能に、ilocがあります。ilocを使うと、「列番号と行番号」を指定してデータを参照することができます。行番号は先頭から0番、1番と数え、列番号は左列から0番、1番と数えます。locと同様に：（スライス）機能を使えますが、A:Bと指定すると、A以上B未満のデータを参照するので注意が必要です。

　また、リストと同様に、末尾からカウントするマイナスの添え字指定もできます。

```
01  import pandas as pd
02  data = {'A':[1, 2], 'B':[10, 20], 'C':[100, 200]}
03  df = pd.DataFrame(data, index = ['X', 'Y'])
04  # 0行目0列目
05  print(df.iloc[0, 0])
06  print('##########')
07  # 1行目以降、0列目から末尾列の手前まで
08  print(df.iloc[1:, 0:-1])
09  print('##########')
```

実行結果
```
1
##########
   A   B
Y  2  20
##########
```

第III部 中級者への最初の1歩を踏み出そう

chapter 10　より実践的な前処理
chapter 11　さまざまな教師あり学習：回帰
chapter 12　さまざまな教師あり学習：分類
chapter 13　さまざまな予測性能評価
chapter 14　教師なし学習1：次元の削減
chapter 15　教師なし学習2：クラスタリング
chapter 16　まだまだ広がる機械学習の世界

今後も学び続けるための道しるべ

教師あり学習の一連の流れに関して、だいぶ慣れてきました。前処理→学習→評価！！

自分の仮説のもとに特徴量の加工やモデルのチューニングをして、実際に性能が上がると本当うれしいです！！

2人ともいいね！　これまでの内容が把握できたなら、機械学習入門者から機械学習初級者にステップアップできたって言ってもいいかな？

第Ⅱ部の内容を通して、教師あり学習の一連に流れについての基本は身に付いたかと思います。しかし、「一人前」のデータサイエンティストとなるためには、まだまだたくさんの知るべきことがあります。
この第Ⅲ部ですべてを紹介することはできませんが、初級者→中級者へのスタートダッシュを切れるように、少し応用的なトピックを紹介していきます。

chapter 10
より実践的な前処理

これまでは機械学習に慣れていただくために、
pandasなどを用いた基本的なデータの前処理を紹介してきました。
しかし、実際のデータ分析においては
本当にありとあらゆるデータ加工が必要とされます。
本章では、そのなかから「中級者を目指す第一歩」
として不可欠ないくつかの手法を紹介します。

contents

10.1 さまざまなデータの読み込み
10.2 より高度な欠損値の処理
10.3 より高度な外れ値の処理
10.4 第10章のまとめ
10.5 練習問題

10.1 さまざまなデータの読み込み

中級者を目指す第一歩は、前処理のレベルアップだ。自転車レンタルの題材を通して、いろんなトピックを学んでいこう。

「前処理を制する者は機械学習を制す」ですものね！

10.1.1 表データの区切り文字

まずはじめにsukkiri.jpから、「bike.tsv」、「weather.csv」、「temp.json」をダウンロードして適切な位置に保存してください。最初に利用するbike.tsvは次の表10-1のような列を持っている表形式データです。これらはUCIが公開しているデータを本書用に修正したものとなっています。
（データの出典　https://archive.ics.uci.edu/ml/datasets/bike+sharing+dataset）

表10-1　bike.tsvの各列の意味

列名	意味
dteday	日付
weekday	曜日（0＝日、…6＝土）
weather_id	天気

列名	意味
holiday	祝日フラグ（普通の土日は含めない）
workingday	平日フラグ
cnt	利用者数

　このデータは、とある県内で展開しているサイクリング用自転車貸出サービスのデータです。県内20か所に店舗があり、そのうちの1店のデータと思ってください。自転車貸出サービスでは、サイクリング後に借りたお店まで返却する必要はなく、好きな店舗に返すことができます。この「どこでも返却」は利用者にとってはとても便利なのですが、店舗ごとの在庫（貸出可能な自転車）数がまちまちになってしまうというデメリットがありました。

そのため、もし事前にその日の利用者数を予測することができれば、店頭に置いてある自転車数が予測よりも足りないときは余裕のある他店舗から借りることで、「お客様に自転車を貸すことができない」という事態を避けることができるのです。

要は、cntを予測する回帰モデルを作るってことですね！

そうだね。今回は、このデータを利用して、いろいろ分析していこう。

それでは、今までと同じようにpandasを利用してデータを読み込みましょう。

コード10-1 bike.tsv を読み込む

```
01  import pandas as pd
02  df = pd.read_csv('bike.tsv')
03  df.head(3)
```

実行結果

```
  dteday      holiday   weekday   workingday       weather_id        cnt
0 2011-01-01\t0\t6\t0\t2\t985
1 2011-01-02\t0\t0\t0\t2\t801
2 2011-01-03\t0\t1\t1\t1\t1349
```

おそらく、適切にデータフレームが作られなかったのではないでしょうか。

あれっ…なんか読み込んだデータがバグってるみたい…。工藤さん、このファイル壊れてませんか？

原因は、読み込みファイルの区切り文字だよ。

bike.tsvをテキストエディタで開いてみましょう（Windowsならメモ帳、Macならテキストエディットなど）。

```
dteday      holiday   weekday   workingday   weather_id   cnt
2011-01-01     0         6          0             2        985
2011-01-02     0         0          0             2        801
2011-01-03     0         1          1             1       1349
2011-01-04     0         2          1             1       1562
︙
```

図10-1 bike.tsvをテキストエディタで開く

これまでのCSVファイルの場合、データとデータの区切りを表すために「,（カンマ）」がありましたが、今回はカンマではなくタブ（tabキー入力）で区切りが表現されています。このように、タブによってデータが区切られているファイルを「TSVファイル」と呼びます。read_csv関数はCSVファイルを読み込むための関数なので、TSVを正しく読み込めなかったわけです。

TSV専用の関数はないから、read_csv関数に対して、今回の区切り文字はtabですよってことを教えてあげる必要があるんだ。

read_csv関数に、パラメータ引数を追加します。

コード10-2 read_csv関数にパラメータ引数を追加する

```
01  df = pd.read_csv('bike.tsv', sep = '\t')
02
03  df.head(2)
```

\tでtabを表す

\（バックスラッシュ記号）を入力するには、Windowsなら¥キー、macOSならoptionキーを押しながら¥キーを押す

実行結果
```
    dteday     holiday weekday workingday  weather_id  cnt
0   2011/1/1   0       6       0           2           985
1   2011/1/2   0       0       0           2           801
```

区切り文字か…。細かいところだけど気をつけなくちゃね！

ちなみに、実はCSVファイルは、区切り文字をカンマにせずに自分のオリジナルのもの（;や、半角スペースなど）を利用して、ファイル名を「●●.csv」としても特にエラーになったりはしません（変な読み込まれ方をするだけ）。もし、CSVファイルを読み込んだはずなのに変な読み込まれ方がされたときには、区切り文字を疑いましょう。

10.1.2 文字コードの指定

あれ？　そういえば、weather_id 列の説明は天気ってなっているけど数値ですよね？　具体的に、「何番なら晴れ」といった対応の情報はないんですか？

おっ、いいところに気づいたね！　答えとしてはあるよ。別のCSVデータを読み込んでみよう。

さきほどダウンロードしたweather.csvに、ID番号と実際の天気の対応表が入っています。

表10-2 ID番号と実際の天気の対応表

weather_id	weather
1	晴れ
2	曇り
3	雨

しかし、先ほどと同じように単純にread_csv関数で読み込もうとしても、うまくいかないはずです。

コード10-3 read_csv関数でweather.csvを読み込む

```
01  df2 = pd.read_csv('weather.csv')
```

実行結果

```
--------------------------------------------------------------------------
UnicodeDecodeError                        Traceback (most recent call last)
pandas/_libs/parsers.pyx in pandas._libs.parsers.TextReader._convert_tokens()
 :
```

原因は文字コードのミスマッチだよ。

文字コードって何ですか？？

　これまでもPythonプログラミングでいろいろな文字列データを扱ってきましたが、Pythonに限らず、ITの世界では、さまざまな形の文字データと、その1つひとつに割り当てられた数値の対応表があり、コンピュータの内部ではその文字に対応した数値で管理されています。

文字	対応する数値
A	65
B	66
C	67
・	・
・	・

図10-2 文字コード

この文字と数値の対応表なんだけど、困ったことにいろいろな種類があるんだ…。

　この対応表のことを文字コードといいます。文字コードには種類がいくつかあり、適切に使い分ける必要があります。たとえば、マイクロソフトが開発した「shift-jis」や、世界レベルで標準的な「UTF-8」などが文字コードとして有名です。
　これまでの章で用いてきたCSVファイルはすべてUTF-8に従ったものだったのですが、今回用いたweather.csvファイルは、「shift-jis」に従って作成されています。pandasのread_csv関数は、デフォルトではUTF-8に従ったファイルとみなして動作するため、今回は正しく読み込めなかったのです。

でも、pandasに、「今から読み込むファイルの文字コードはshift-jisですよ」って教えてあげれば大丈夫なんだ。

コード10-4　文字コードを指定する

```
01  weather = pd.read_csv('weather.csv', encoding = 'shift-jis')
02  weather
```

文字コードの指定

実行結果

	weather_id	weather
0	1	晴れ
1	2	曇り
2	3	雨

　weather.csvから作成したデータフレームを確認すると、weather_idが1だと晴れで、3だと雨であることがわかります。

read_csv関数

> pd.read_csv(ファイル名, sep = '区切り文字',
>   encoding = 文字コード)

※ 区切り文字には、","や"\t"や" "を指定する。
※ 文字コードには、"shift-jis"や"UTF-8"などを指定する。

---

column 文字コードとエンコーディング

今回紹介したように、shift-jisやUTF-8のような対応表のことを、実務上「文字コード」と呼ぶことは一般的です。しかし厳密には、文字コードとは各文字に割り当てられた数値（'A'に対応する65、など）を意味する用語であり、対応表のことは**符号化文字集合**や**エンコーディング規則**といいます。オプション引数指定が「encoding」である理由も、納得ですね。

10.1.3 JSONファイルの読み込み

まだ利用できるファイルがあるんだ。次はJSONファイルだよ。

JSONファイルとは

これまで利用してきたデータファイルは、表形式で表示しやすい「CSVファイル」や「TSVファイル」でしたが、データのやり取りで**JSON**というファイル形式を用いることもあります。ダウンロードしたtemp.jsonをテキストエディタやメモ帳などで開いてみましょう。

```
{"0":{"atemp":0.363625,"dteday":"20110101","hum":0.805833,"temp":0.3
44167,"windspeed":0.160446},"1":{"atemp":0.353739,"dteday":"20110102
","hum":0.696087,"temp":0.363478,"windspeed":0.248539},"2":{"atemp":
⋮
```

図10-3 temp.json

うぎゃ〜！ なんなんですか、このデータは！ めちゃくちゃいろんなことが書いてあるんですが！

う〜ん。でもなんか、どこかで見た覚えがある気が…。

Pythonにはデータ集合を管理するしくみとしてディクショナリ型（辞書型）がありました。JSONファイルの構造は、ディクショナリ型と似ていて、キーとバリューの構造でデータを管理しています。たとえば、temp.jsonの先頭には、

```
"0":{"atemp":0.363625,"dteday":"20110101","hum":0.805833,"temp":0.3441
67,"windspeed":0.160446},
```

と記載されており、キー"0"に対応するバリューの値が、さらにまたディクショナリとなっています。

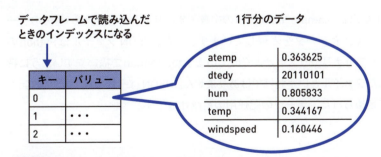

図10-4 キーとバリューの構造でデータを管理

なお、JSONでは必ずしも2階層の複雑なキーバリュー構成をとる必要はなく、次のようにシンプルな1階層の構成のJSONファイルもあります。

{"A":10,"B":30,"C":40}

また、バリューにはリストを利用することもできます。

{"A":[0,1],"B":[1,2,3],"C":4}

リストも使うことができるんですね！

そう。だからJSONファイルを駆使することによって、本当に柔軟にデータ管理の構造を決めることができるんだ。

今回のtemp.jsonはディクショナリの2階層構造で表データを表現していますが、リストとディクショナリを組み合わせた2階層で表データを表現することもあります。「sample_data.json」をダウンロードして直接ファイルを開いてみましょう。

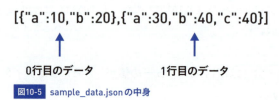

図10-5　sample_data.jsonの中身

図10-5は、sample_data.jsonの中身です。リストの各要素を1行分のデータとして、表データを表現しています。なお、JSONファイルはPythonのディクショナリやリストとよく似ていますが、Pythonで扱いやすいように特化したファイルというわけではありません。JSONはそれ自体で1つの言語として定められた、データの記述用の言語仕様です。

JSONファイルの読み込み

これまではread_csv関数で、CSVファイルをデータフレームに変換しましたが、JSONファイルのデータを読み込むためのread_json関数もあります。

コード10-5　JSONファイルを読み込む

```
01  temp = pd.read_json('temp.json')
02
03  temp.head(2)
```

実行結果

	0	1	2	3	（以降の列は省略）
atemp	0.363625	0.353739	0.189405	0.212122	
dteday	2011-01-01	2011-01-02	2011-01-03	2011-01-04	

> あれ？　なんか作られたデータフレームがおかしいですね…。行と列が反転しちゃってる…。

今回使用したtemp.jsonは、キーに何件目かの整数で、バリューには各列の値のディクショナリをさらに持っているという構造です。しかし、read_json関数の仕様によりキーである「0」や「1」はデータフレームの列として認識されてしまい、結果として行と列が逆転してしまったデータフレームが作成されたのです。使用するJSONファイルが、read_jsonの仕様どおりの構造になっていれば問題ないのですが、今後さまざまな外部ファイルを扱っていくと、関数の仕様上本来あるべきデータの構造と、実際のファイル内でのデータ構造との不一致は、日常茶飯事です。

> まぁまぁ慌てるでない。pandasの力を使えば、この程度の問題は一瞬で解決できるよ。

コード10-6　行と列を反転させる

```
01  temp.T
```

実行結果

	atemp	dteday	hum	temp	windspeed
0	0.363625	2011-01-01	0.805833	0.344167	0.160446
1	0.353739	2011-01-02	0.696087	0.363478	0.248539
2	0.189405	2011-01-03	0.437273	0.196364	0.248309
…					

JSONファイルの読み込み

pd.read_json('ファイル名')

※ pdはpandasの別名

データフレームの行と列の反転

データフレーム.T

データフレームの行と列を反転させることを**転置**と呼びます。

> 見慣れない処理だけど転置にはちゃんと数学的な意味があるんだ。興味があれば付録Eを見てほしい。

なお、tempの各列の意味は次の表10-3のとおりです。

表10-3　tempの各列の意味

列名	意味
atemp	体感気温
hum	湿度
windspeed	風速

列名	意味
dteday	日付
temp	気温

10.1.4 内部結合

う〜ん。今回3つのデータフレームを利用していくけど、その都度見比べるって面倒ですね…。1つにまとめるってできないですか？

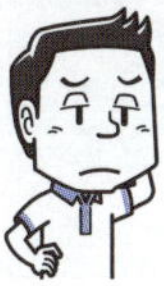

ダミー変数のときに使ったconcat関数で連結すればいいんじゃない？

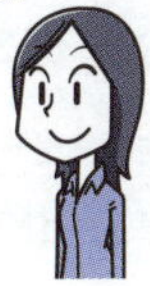

concat関数は、2つのデータフレームを列方向（または行方向）に単純に連結することができる関数ですが、今回のシチュエーションには実は不適切です。

■行数が同じ表を単純に上から順番に結合

A	B
10	1
20	2
30	2

B	C
1	30
2	60
3	70

A	B	B	C
10	1	1	30
20	2	2	60
30	2	3	70

■2つの表の共通の列であるweather_id列が一致するように行を結合。2つの表の行数が同じ必要はない

cnt	weather_id
10	1
20	2
30	2
35	1

weather_id	weather
1	晴れ
2	曇り
3	雨

cnt	weather_id	weather
10	1	晴れ
20	2	曇り
30	2	曇り
35	1	晴れ

図10-6 concat関数（左図）と今回やりたいこと（右図）のイメージ

今回の状況のように、2つのデータフレームの中にある共通の列に対して、同じ値の行同士を結合する方法を**内部結合**と呼びます。また、結合する際の基準となる列を**結合キー**とも呼びます。

bike.tsvとweather.csvのファイルの場合、weather_id列が結合キーだね！

pandasではmerge関数を使うことで、内部結合を実現可能です。

コード10-7　内部結合を行う

```
01  df2 = df.merge(weather, how = 'inner', on = 'weather_id')
02  # 内部結合後は、行が順不同の可能性があるので並び替えを行う
03  df2 = df2.sort_values(by="dteday")
04  df2.head(2)
```

結合キーの指定

実行結果

```
   dteday      holiday  weekday  workingday  weather_id  cnt  weather
0  2011-01-01  0        6        0           2           985  曇り
1  2011-01-02  0        0        0           2           801  曇り
```

weather表から内部結合したweather列

1つのデータフレームに結合できました。試しに、weatherごとのcntの平均値を集計してみましょう。

コード10-8　weatherごとのcntの平均値を集計する

```
01  df2.groupby("weather")['cnt'].mean()
```

実行結果

```
weather
晴れ    4876.786177
曇り    4052.672065
雨     1803.285714
Name: cnt, dtype: float64
```

次は、JSONから読み込んだtempとの結合ですね。dtedayを結合キーにしたら良さそう！

いや、これは内部結合じゃダメなんだ。

10.1.5 外部結合

読み込んだtempデータフレームの200行目付近を確認してみましょう。

コード10-9 tempデータフレームの200行目付近を表示する

```
01  temp = temp.T
02  temp.loc[199:201]
```

実行結果

	atemp	dteday	hum	temp	windspeed
199	0.747479	2011-07-19	0.650417	0.776667	0.1306
200	0.826371	2011-07-21	0.69125	0.815	0.222021
201	None	2011-07-22	0.580417	0.848333	0.1331

7月20日のデータが抜け落ちている

2011-07-20のデータがまるっと抜け落ちてしまっています。おそらく、気象を計測しているセンサー機材のメンテナンスなどが原因で、この日はデータを取得しなかったのでしょう。しかし、もう一方のdf2データフレームには、ちゃんと2011-07-20のデータが存在しています。

コード10-10 2011-07-20を表示する

```
01  df2[df2['dteday'] == '2011-07-20']
```

```
実行結果
        dteday      holiday  weekday  workingday  weather_id  cnt   weather
370    2011-07-20   0        3        1           1           4332  晴れ
```

このとき、df2とtempを、dteday列を結合キーとして内部結合しても、エラーにはなりません。しかし、結合できなかったdf2の行は、結合結果から削除されてしまうのです。

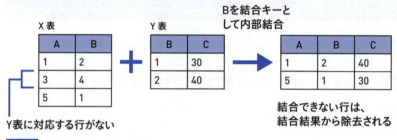

図10-7　結合できなかった行は削除される

う〜ん。削除しちゃうのはもったいないですね。

結合できなくても、せっかく情報としてあるのだから残しておきたいというときは、**外部結合**を行います。

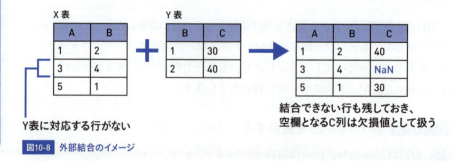

図10-8　外部結合のイメージ

外部結合も、merge関数でできるんだ。引数パラメータを変えればいいんだよ。

コード10-11 merge関数で外部結合を行う

```
01  df3 = df2.merge(temp, how = 'left', on = 'dteday')
02
03  df3[df3['dteday'] == '2011-07-20']
```

02行目の `'left'` が外部結合の指定

表示結果

	dteday	holiday	weekday	workingday	weather_id	cnt	weather	atemp	hum	temp	windspeed
370	2011-07-20	0	3	1	1	4332	sunny	NaN	NaN	NaN	NaN

あのぉ…内部結合がinnerだったので、外部結合はouterかなと思ってたんですが…。なんでleftなんですか？

実は、外部結合にもいろいろあって、今回紹介したのは左外部結合っていうヤツなんだ。outerを指定すると別の意味になっちゃうんだ。

　今回紹介した内部結合・外部結合などは、もともとデータベースの世界で広く使われてきたデータ操作です。より詳しくはデータベース入門用の姉妹書『スッキリわかるSQL入門』などを参照してください。

内部結合と外部結合

・内部結合

```
データフレーム1.merge(データフレーム2,
    how = 'inner', on = '結合キー')
```

※ 結合できない行は結合結果から削除される。
※ howのデフォルトは'inner'なので、パラメータ指定ごと省略してもよい。

・外部結合

```
データフレーム1.merge(データフレーム2, how = 'left',
    on = '結合キー')
```

※ 結合できなくても、データフレーム1の行は必ず残る。

10.2 より高度な欠損値の処理

10.2.1 線形補間

　第Ⅱ部では、欠損値の箇所を別の値で穴埋めする際には、その列の欠損値を除いたデータで平均値や中央値を計算してその値を使っていました。
　この節では、ほかにどういった方法があるのかを紹介します。

今回のデータだけど、これまでのデータとの違いとして時系列データであることが挙げられるね。

　時系列データとは、一定間隔の時間ごとに観測され、前後のデータに何かしらの関係があるデータです。時系列データをグラフで図示する際には、横軸を日時などの時間にし、折れ線グラフなどで表現することが一般的です。
　今回のデータの場合、日付を表すdteday列があり、日付順にデータが並んでいるので、正解データのcnt列や、特徴量候補となるtempや、humも、時系列データということができます。

そういえば、棒グラフや散布図は前にやったけど折れ線グラフはまだ作ったことないわね。

それじゃあ、せっかくだし作ってみようか。

　それでは、気温に関する折れ線グラフを作成してみましょう。

コード10-12 気温に関する折れ線グラフを作成する

```
01  df3['temp'].plot( kind = 'line')
```

実行結果

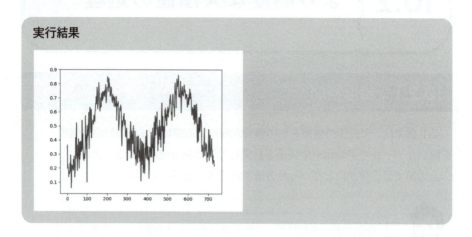

また、1つの図の中に複数本の折れ線グラフを作って比較させることもできます。temp列とhum列を折れ線グラフにして比較してみましょう。

コード10-13 temp列とhum列を折れ線グラフにして比較する

```
01  df3[['temp', 'hum']].plot(kind = 'line')
```
列名のリストで複数列を指定している

実行結果

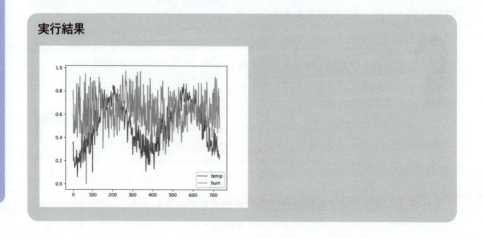

う〜ん。結局、plotメソッドの中の引数を少し変えるだけで、いろんなグラフを作れちゃうんですね！

ちなみに、これまで扱ってきませんでしたが、1列の数値データの分布を確認するヒストグラムも、plotで作成できます。

コード10-14 plotメソッドでヒストグラムを作成する

```
01  df3['temp'].plot(kind = 'hist')
02  df3['hum'].plot(kind = 'hist', alpha = 0.5)
```

alpha = 0.5 → ヒストグラムの色の濃淡を0〜1で調整

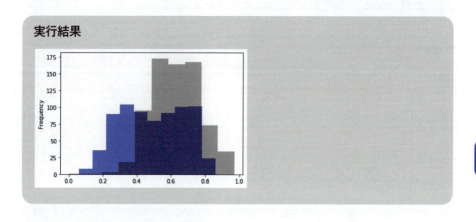

実行結果

 折れ線グラフ

データフレーム['列名'].plot(kind = 'line')

※ kind引数のデフォルト引数は"line"なので、引数を省略してもよい。

 ヒストグラム

データフレーム['列名'].plot(kind = 'hist', alpha = 値)

※ alphaには0〜1の値を指定。

でも、欠損値の話から始まったのに、どうして時系列データの話をしているんでしたっけ…？

これから紹介する欠損値の線形補間法は、今回のような時系列のデータで欠損値がある際に特に有効な手法です。

atemp列の全データをグラフ化するとわかりにくいので、欠損値付近のデータだけを抜き出して折れ線グラフを作成してみましょう。

コード10-15 欠損値付近の折れ線グラフを作成する

```
01  # インデックス695~705を抜き出して、折れ線グラフで表示
02  df3['atemp'].loc[695:705].plot(kind='line')
```

実行結果

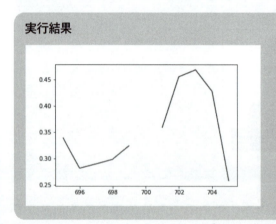

df3['atemp']はシリーズ型となっています。これまでloc処理はデータフレームに行ってきましたが、シリーズにも利用でき、コード10-15のように利用することで特定のデータを抽出することが可能です。

インデックス（横軸）で700のデータが欠損しているようだね。浅木さんなら、欠損値の本来の値はいくつぐらいだと推測する？

> そうですね。前後の値から推測してだいたい 0.34 ぐらいでしょうか？

　時系列データには「相互に依存する」という特徴があります。つまり、「前のデータは次のデータに影響を与えて、次のデータはまたその次のデータに影響を与えている」という関係です。そのため浅木さんのアイデアのように、欠損値の前後の値をもとに欠損値を予測するということはとても自然なことです。欠損値の前後のデータに対して直線を引いて、欠損しない本来の値を予測することを**線形補間**と呼びます。

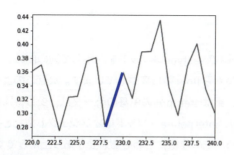

図10-9　線形補間のイメージ

> なるほど。たしかに順番どおりに並んでいる時系列データじゃないと、やっちゃダメなテクニックですね。

　それでは、Pythonのプログラムで実際に線形補間を実行しましょう（コード10-16）。

コード10-16　欠損値を線形補間する

```
01  # atemp列の型をfloatに変換
02  df3['atemp'] = df3['atemp'].astype(float)
03  df3['atemp'] = df3['atemp'].interpolate() # 欠損値を線形補間
04
```

```
05  df3.loc[695:705, "atemp"].plot()
```

実行結果

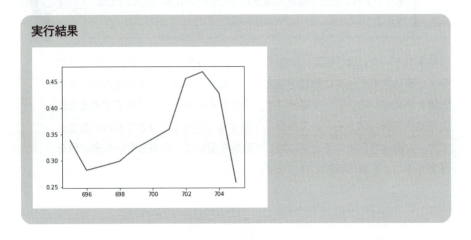

　ちなみに、コード10-16の先頭で、astypeメソッドを利用して列の内のデータのデータ型をオブジェクト型からfloat型に変更しています。なぜこのようなことをしているかというと、実はatemp列の中身のデータは、少し特殊なオブジェクト型という型であり、interpolateメソッドはオブジェクト型だと補間しないようになっているため、その仕様に合わせる必要があったからです。

 列内のデータ型の変換

データフレーム[列名].astype(データ型名)

※ 引数には、int、float、str、boolなどを指定できる。

 欠損値の線形補間

データフレーム[列名].interpolate()

※ データフレーム自体を書き換えないため、結果を別変数に代入する必要あり。

10.2.2 教師あり学習による補完

　線形補間は欠損している本来の値を予測するという点でとても素晴らしいアイデアです。しかし欠損値の箇所とその前後のデータが関連しあっている時系列データでないと意味がありません。これまで扱ってきたirisデータやcinemaデータのような場合でも、「平均値」よりもう少し賢い欠損値の予測方法はないものでしょうか。

重回帰をマスターした君たちなら大丈夫。欠損値のある列を予測するモデルを作ればいいんだ。

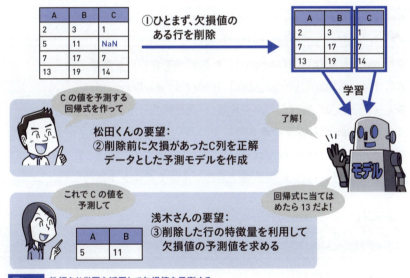

図10-10 教師あり学習を活用して欠損値を予測する

す…すごい！　でも、この流れでやれば、確かに欠損値を予測できる気がする！

> 機械学習の前処理のためにも機械学習を使うって…目からウロコね！

　ここは必ずしも重回帰分析である必要はなく、他の回帰の教師あり学習手法でも良いのですが、本書では重回帰分析で話を進めていきます。流れはコード10-17のようになります。

　第5章で扱ったirisのデータには「がく片長さ」列に欠損値がありました。他の列を特徴量として「がく片長さ」を予測する重回帰の予測モデルを作成してみましょう。

コード10-17 がく片長さを予測する重回帰の予測モデルを作成する

```
01  # 「がく片弁長さ」列に2個の欠損がある
02  iris_df = pd.read_csv('iris.csv')
03  non_df = iris_df.dropna() # 欠損値を含む行を削除
04  from sklearn.linear_model import LinearRegression
05  x = non_df.loc[:, 'がく片幅':'花弁幅']
06  t = non_df['がく片長さ']
07  model = LinearRegression()
08  model.fit(x,t) # 欠損値予測のためのモデルを予測
```

実行結果
```
LinearRegression()
```

> あれ？　訓練データとかテストデータとかに分けなくていいんですか？

> もちろん、本格的に高い精度の欠損値予測をするためには必要だよ。でもまあ、今の内容には本質的に関係ないからここでは省略するね。

がく片長さを予測することのできるモデルを作成できたので、欠損データの本来の値を予測させましょう。

コード10-18 欠損データの本来の値を予測させる

```
01  # 欠損行の抜き出し
02  condition = iris_df['がく片長さ'].isnull()
03  non_data = iris_df.loc[condition]
04  
05  # 欠損行の入力に利用する特徴量だけを抜き出して、モデルで予測
06  x = non_data.loc[:, 'がく片幅':'花弁幅']
07  pred = model.predict(x)
08  
09  # 欠損行のがく片長さのマスを抜き出して、predで代入
10  iris_df.loc[condition, 'がく片長さ'] = pred
```

condition変数はTrueとFalseのシリーズなので、検索条件として利用できる

fillnaメソッドだと同じ値で穴埋めしてしまうので、loc処理で欠損行を抜き出して普通に代入している点がポイントです（10行目）。

今回は数値列の欠損について扱ったけど、文字データの欠損値とかなら、当然、分類の予測モデルだね。

この節では、欠損値をより高度に補完するための手法として、線形補間や教師あり学習を用いた欠損値の穴埋めを紹介しました。欠損値の穴埋めに関しては、より高度な手法もありますが、それは本書のレベルを遥かに超えるので別の機会に譲ります。

うおお！　これで、第7章の沈没船のデータとかやり直してみるとまた予測性能が上がるかもですね！

column リレーショナルデータベースとの接続

　これまではCSVなどのファイルを読み込んできましたが、実際の企業のデータは、多くの場合、リレーショナルデータベースというDBシステムに格納されています。pandasには、DBシステムにアクセスして、表データを抽出する機能があります。

```
01  # 今回の環境にはDBの準備はしていないので、
02  # このコードを実行してもエラーになる
03  dbname = 'Test.db'
04  import sqlite3
05  conn = sqlite3.connect(dbname)
06
07  # test表のid列の値が2の行だけを抽出
08  sql = 'SELECT * FROM test WHERE id = 2'
09  df = pd.read_sql(sql, con = conn)
```

実行結果
（省略）

　この処理は、SQLというデータベースを操作するための処理命令言語を利用しています。SQLに関しては姉妹書の『スッキリわかるSQL入門』を参照してください。

10.3 より高度な外れ値の処理

10.3.1 マハラノビス距離

第Ⅱ部の第6章や第8章では、モデルの予測性能を上げるために、外れ値の除去を行いました。

> 特徴量と正解データの散布図を作ったやつですね！

第Ⅱ部のときのように特徴量が少ないときには、散布図を描いて、目視で外れ値を確認するやり方でも問題ありませんが、特徴量の数が膨大になってくるとそのすべてを目視で確認するのは一苦労です。

> それに、外れ値かどうか微妙なデータだと、判定が分析者に依存しちゃうのも問題だね。

この節では、分析者の主観に左右されずにロジカルに外れ値かどうかを判定する方法を紹介していきます。

データの「単純な距離」を用いた判断方法

外れ値とは、「データの分布から非常に孤立しているデータ」のことです。では、何をもって、「孤立しているかどうか」を判断すればいいでしょうか。

> データの距離を計算して利用するんだ。

これにはさまざまな方法が考えられますが、基本的な方針としては、分布の中心を求めて、その中心とデータとの距離を計算します。中心から離れて

いるということは、孤立している可能性が高いので、予め決めておいた基準値と照らし合わせて、基準値以上ならそのデータを外れ値とするわけです。

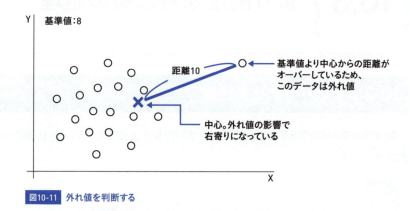

図10-11 外れ値を判断する

なるほど、基準値をいくつにするかは試行錯誤が必要そうですが、意外と単純ですね。

いや、実はもうちょっと工夫は必要だよ。

他の特徴量との「相関関係」や「ばらつき」を踏まえた距離を用いた判断方法 ～マハラノビス距離～

2次元以上のデータの外れ値を判定する際には、マハラノビス距離というものを計算します。

図10-11では、外れ値以外は、円状にデータが分布していますが、実際のデータでは相関関係などがあることもしばしばです。

実は、特徴量同士で相関関係があったり、ばらつきに違いがあったりすると、前述の単純な中心からの距離計算では外れ値の判定をすることはできません。

たとえば、次の図10-12のような場合を考えてみましょう。グラフ上で右肩上がりにデータが存在していることから、正の相関があることがわかります。

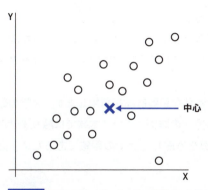

図10-12　X軸とY軸のデータに正の相関がある場合

むむ。右下の点は外れ値臭がプンプンしますねぇ。

　図中の中心点は外れ値に引きずられて若干下にずれていますが、問題はそこではありません。次の図10-13で、2点と中心との距離を比べてみましょう。

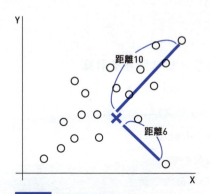

図10-13　中心との距離を比べる

外れ値臭がプンプンする右下のデータは距離が6だけど、右上のデータは距離が10だね。

　外れ値とは、分布から孤立しているデータのことです。しかし、右上のデータは中心からの距離は遠いものの、分布から孤立しているわけではなく、

外れ値とみなすべきではないでしょう。

このように、単純な中心からの距離計算ではデータの分布の形状（相関やばらつきなど）を考慮していないため、外れ値の判定に利用するのは不適切です。

そこで、**マハラノビス距離**という特別な距離計算を利用します。大学の数学程度の知識が必要となるため計算方法の詳細について本書では触れませんが、マハラノビス距離は分布の特徴を考慮した上での距離であるため、図10-13のような矛盾は起きません。

イメージをつかんでもらうために、2次元のデータで説明したけど、当然3次元以上のデータでも計算できるよ。

そして、それがscikit-learnの中にちゃんとあるんですよね？

そのとおり！

コード10-19 自転車データでマハラノビス距離を計算

```
01  from sklearn.covariance import MinCovDet
02  # 試しに適当な数値列でマハラノビス距離を計算
03  df4 = df3.loc[:, 'atemp':'windspeed']
04  df4 = df4.dropna()  # 欠損値を削除
05  # マハラノビス距離を計算するための準備
06  mcd = MinCovDet(random_state = 0, support_fraction = 0.7)
07  mcd.fit(df4)
08
09  # マハラノビス距離
10  distance = mcd.mahalanobis(df4)
11  distance
```

07行目: マハラノビス距離を計算するために必要な、共分散行列というものを計算

10行目: 全データ（730件）のマハラノビス距離の計算

実行結果
```
array([5.28685919e+00, 2.93958299e+00, 1.08873903e+01, 3.91777267e+00,
       5.83743181e+00, 6.85979161e+00, 4.57807325e+00, 1.12294313e+01,
       3.07879561e+01, 1.07350024e+01, 4.93484073e+00, 1.74968772e+01,
       ...
```

- 1件目のデータのマハラノビス距離
- 4件目のデータのマハラノビス距離

これで、各データと分布の中心との距離を計算できたので、ある一定のしきい値以上の値を外れ値とみなすことにしましょう。

でもどのぐらい離れていたら外れ値とみなしていいんだろう？

各データのマハラノビス距離を計算できましたが、いくつ以上なら外れ値とみなしたらいいでしょうか。マハラノビス距離のデータ集合に限らず、1次元のデータ集合における外れ値の判定方法にはさまざまなものがありますが、今回は中央値を利用する方法を紹介します。

10.3.2 中央値を用いた外れ値の判定

第2章で紹介したように、中央値はデータを小さい順に並べた時の真ん中の順位の値でした。

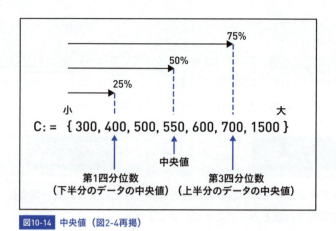

図10-14 中央値(図2-4再掲)

　第3四分位数と第1四分位数の差分を**四分位範囲**(IQR)と呼び、以下のように表します。

四分位範囲 = 第3四分位数 − 第1四分位数

　四分位範囲の中に全データの50%が必ず収まるので、外れ値があるデータ集合などでデータのばらつきを見る指標として使われることがあります。

> 今回はこの四分位範囲を用いて外れ値を決めるよ。

　外れ値かどうかを判断する閾値は、次のようになります。

- **値が大きい側の外れ値のしきい値 = 第3四分位数 + 1.5 × IQR**
- **値が小さい側の外れ値のしきい値 = 第1四分位数 − 1.5 × IQR**

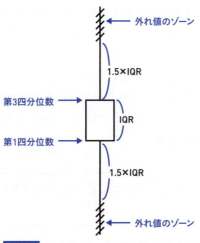

図10-15 IQRを用いた、外れ値の範囲の設定法

なお、これまで散布図や折れ線グラフの描画に用いてきたplotメソッドで箱ひげ図も描画することができ、外れ値があるかどうかも知ることが可能です。

コード10-20 箱ひげ図で外れ値を見つける

```
01  distance = pd.Series(distance) # シリーズに変換
02  distance.plot(kind = 'box') # 箱ひげ図
```

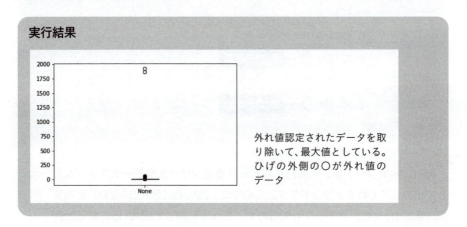

実行結果

外れ値認定されたデータを取り除いて、最大値としている。ひげの外側の〇が外れ値のデータ

コード10-20の実行結果は、一見、箱ひげ図に見えませんが、値が1800くらいのあまりにも大きすぎる外れ値のために、相対的に箱がつぶれてしまっているだけです。

外れ値の個数が少なくて、最大値のひげから十分に離れているときは、グラフの結果をもとに外れ値データのインデックスを検索すればよいですが、コード10-20の表示結果のように外れ値が密集していて図から明確に判断できないときは、プログラミングで対処します。

第1四分位数と第3四分位数も、実は簡単に調べることができるんだ。

コード10-21 さまざまな基本統計量を調べる

```
01  tmp = distance.describe()  # さまざまな基本統計量を計算
02  tmp
```

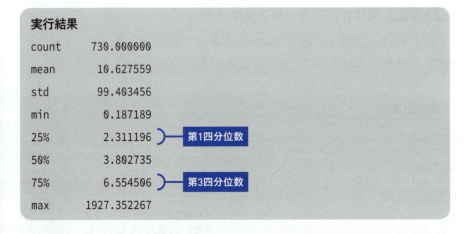

describeメソッドは、代表的な基本統計量をシリーズやデータフレームとして出力してくれるメソッドです。この中に、25%点（第1四分位数）と75%点（第3四分位数）のデータもあるので、これを利用して図10-15に準じた外れ値の判定を行いましょう。

コード10-22 四分位範囲を用いた外れ値の判定

```
01  iqr = tmp['75%'] -tmp['25%']  # IQR計算
02  jougen = 1.5 * (iqr) + tmp['75%']  # 上限値
03  kagen = tmp['25%'] - 1.5 * (iqr)  # 下限値
04
05  # 上限と下限の条件をもとに、シリーズで条件検索
06  outliner = distance[ (distance > jougen) | (distance < kagen) ]
07  outliner
```

実行結果

```
8      30.787956
11     17.496877
12     18.733133
...
```

6行目では外れ値と判定されたデータを条件検索で抜き出しています。これまでは、条件検索はデータフレームを対象に行っていましたが、6行目のようにシリーズに対しても行うことができるのです。このoutliner変数のindexを利用して、これまでと同じように外れ値を削除します。

---

column データフレームの各列のデータ型（dtype）

　線形補間を行うとき、メソッドの仕様を合わせるために、列のデータ型を変えましたが、そもそも現状のデータ型をどう確認すればよいでしょうか。「シリーズ.dtype」と指定すると型を確認できます。

```
01  se = pd.Series([1, 2, 3, 4])
02  print(se.dtype)  # 型の確認
03  se2 = se.astype(float)
04  print(se2.dtype)  # 型の確認
```

chapter 10 より実践的な前処理

実行結果
int64
float64

column

グラフの保存

　第II部冒頭のコラム「matplotlibで細かい描画を行う」で紹介した描画ライブラリmatplotlibに、pandasのplotメソッドを組み合わせると、さまざまな描画ができます。ここでは作成したグラフの保存について紹介します。

```
01  import matplotlib.pyplot as plt
02  # df4は10章で利用したデータフレーム
03  df4.plot(kind = 'scatter', x = 'atemp', y = 'hum')
04  plt.savefig('test0.png') # pngファイルとして保存
```

実行結果
（省略）

　この3行のコードを1つのセルに書いて一括で実行すると、test0.pngが出力されているはずです。

column

subplotsによる分割

前ページのコラム「グラフの保存」では、1枚の画像の中に1つのグラフを入れましたが、1枚の画像ファイルの中にグラフを複数個入れることもできます。

```
01  import matplotlib.pyplot as plt
02  # 1枚の画像を2行2列に分割、サイズは縦が6、横が10
03  fig, axs = plt.subplots(2, 2, figsize = (10, 6))
04
05  # 画像内の0行0列の位置に配置
06  df4.plot(kind = 'scatter', x = 'atemp', y = 'hum',
07      ax = axs[0, 0])
08  # 画像内の1行1列の位置に配置
09  df4.plot(kind = 'scatter', x = 'temp', y = 'hum',
10      ax = axs[1, 1])
11  plt.savefig('test1.png') # pngファイルとして保存
```

実行結果

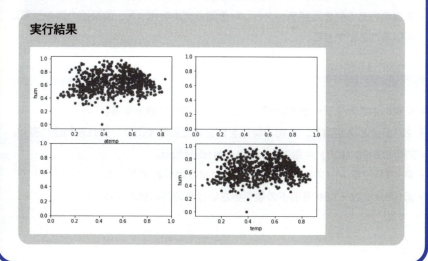

10.4 第10章のまとめ

データの読み込み

- 外部ファイルを読み込む際には、必要に応じて文字コードを指定する。
- JSONファイルは、キーバリュー構造でデータを管理するファイルである。

高度なデータフレーム結合

- 内部結合は、結合キーが合致する行同士で2つのデータフレームを結合する。
- 外部結合は、結合キーが合致しない行も残して置く。

欠損値の処理

- 時系列データの場合、線形補間で欠損値を穴埋めすることができる。
- 欠損値のある列を正解データとした予測モデルを作って、欠損値の値の予測に用いることができる。

外れ値の処理

- 分布の中心からデータの距離が遠いデータを外れ値とする。
- マハラノビス距離は、分布の特徴を踏まえた距離であり、外れ値判定に有用。
- 四分位範囲（IQR）＝第3四分位数－第1四分位数。
- 第3四分位数 +1.5IQR 以上の値を大きいほうの外れ値とする。
- 第1四分位数－1.5IQR 以下の値を小さいほうの外れ値とする。

10.5 練習問題

練習10-1

内部結合と外部結合に関して正しいものを1つ選んでください。

1. 内部結合は、合致しない行も残して結合する。
2. 内部結合と外部結合は、名称の違いであり本質的な違いはない。
3. 外部結合の結果、新しく欠損値が生まれることがありえる。

練習10-2

欠損値処理に関して、間違っているものを1つ選んでください。

1. 線形補間は欠損値の手前と直後のデータを利用する。
2. 予測モデルによる欠損値予測は重回帰分析が最適である。
3. 欠損値予測のためのモデルはチューニングすることが好ましい。

練習10-3

外れ値の処理に関して、正しいものを1つ選んでください。

1. マハラノビス距離とは、データの分布の特徴を考慮した中心からの距離である。
2. 四分位範囲は、分散を改良したばらつきの指標である。
3. 第1四分位数 + 1.5×IQR 以上が大きいほうの外れ値の範囲である。

練習10-4

本章で学習した内容を用いることにより、第9章の総合演習で作成した予測モデルの性能をより高めることができるかもしれません。本章の内容を利用して、第9章をやり直してみましょう。

chapter 11
さまざまな教師あり学習：回帰

これまでみなさんと学んできた教師あり学習には
ほかにもたくさんの手法があります。
第11章と第12章では、そのなかのごく一部ですが、
代表的な手法を見ていきましょう。
この章では、回帰モデルのバリエーションとして
「リッジ回帰」「ラッソ回帰」「回帰木」について紹介します。

contents

11.1　リッジ回帰
11.2　ラッソ回帰
11.3　回帰木
11.4　第11章のまとめ
11.5　練習問題

11.1 リッジ回帰

11.1.1 リッジ回帰の概要

第Ⅱ部では、回帰の手法として線形単回帰分析や線形重回帰分析（まとめて線形回帰分析）を学習しました。

正解データを予測するために予測計算式を作る手法でしたね！

第6章でも紹介したように、線形回帰分析は最小2乗法によって、直線の計算式の最適な係数を決めます。

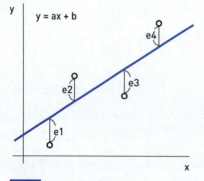

以下の式で計算される2乗誤差の合計値 E が最小となるような、a と b のペアを考える。

$$E = e_1^2 + e_2^2 + e_3^2 + e_4^2$$

図11-1 最小2乗法のイメージ

この最小2乗法を少しアレンジした手法にリッジ回帰というものがあるんだ。

この節で新たに紹介する**リッジ回帰**も結局のところは第Ⅱ部で紹介した重回帰と同じで、次のような、正解データを予測するための回帰式を作成する

ことを目的としています。

(興行収入) =
100×(SNS1のつぶやき数) + 120×(SNS2のつぶやき数) − 50

しかし、回帰式の係数を決めるやり方は、最小2乗法を少しアレンジしたやり方となっている点に違いがあります。

> アレンジってことは、重回帰の上位互換ってことですよね？
> 決定係数とかの予測性能が良くなりやすいんですか？

> う～ん。上位互換というのは語弊があるかもだけど、リッジ回帰を使うことによって過学習を防げる可能性が高くなるよ。

> えっ？ 何それ素敵！！

リッジ回帰は「**係数をできるだけ小さくしつつ、予測と実際の誤差を小さくする**」というコンセプトの上で成り立っています。

たとえば、次の2つの予測式（回帰式）を考えてみましょう。

予測式1：興行収入 = 1000×(SNS1)−20000　　(2乗誤差合計　E = 50)
予測式2：興行収入 = 500×(SNS1)−150　　(2乗誤差合計　E = 60)

予測式1と2はどちらもSNS1だけをもとに予測式を作成しているのですが、係数が異なります。このとき、単純に予測と実際の誤差の合計であるEを比較すると、式1は式2よりEが小さいので、予測式1のほうが「良い式」のように思えます。

> けど、計算式の係数を見てみると、予測式2より予測式1の係数の絶対値はめちゃくちゃ大きいよね？

このときリッジ回帰では、「式1は、誤差は少ないが係数がとても大きい。

対して式2は係数がとても小さく、誤差も、式1には劣るもののそれほど変わらない。**よって2つのうち最適な計算式は式2のほうである**」と考えます。

もうちょっと数式チックにいうと図11-2のような感じだよ。

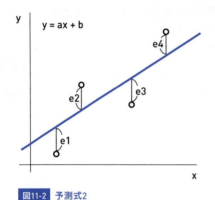

- $E = e_1^2 + e_2^2 + e_3^2 + e_4^2$
  ※ プラスの誤差とマイナスの誤差が打ち消しあわないようにそれぞれ2乗している。

- $F = a^2 + b^2$
  ※ 係数を2乗して合計する。

- $L = E + F$ として、L が最小になるような係数 a と b を算出する。

図11-2 予測式2

誤差Eが小さくなるように、計算式を作成するだけでなく、係数の大きさを表すF(**正則化項**と呼ぶ)も小さくなるように、計算式の係数を選びます。Eの値が十分に小さくても、Fの値が十分に大きい場合、結局全体としてのLは大きくなる可能性があるので、最適とはいえません。ちなみに、正則化項のことを罰則項またはペナルティー項といいます。

正則化項は、ただ係数を合計するんじゃなく、2乗してから合計するのね！

係数にもプラスの係数とマイナスの係数があるので、単に合計すると正負の打ち消しによる悪影響が出る可能性があります。そこで、係数を2乗することにより、合計時の打ち消しをなくしています。

ちなみに、実際には $L = E + 0.5 \times F$ のように、正則化項を定数倍することによって、係数決定時のFの影響度合いを調整することができます。

どうしたの浅木さん。あんまりしっくり来ていないような顔だけど…。

いや、そもそも、どうして係数を小さくすると過学習を防げるのかと思いまして…。

うん、第Ⅲ部は応用編だからね。少し応用的な話をしようか。

11.1.2 バイアス・バリアンス分解

第Ⅱ部で皆さんに実際に体験していただいたように、過学習とは「訓練データでは予測と実際の誤差が少ないのに、未知のテストデータでは、誤差が大きくなる現象」です。

ここで、そもそも「未知データでの誤差」がどういう原因で生じるかをより厳密に考えてみよう。

もちろん、厳密には複雑な数学の知識が必要となりますが、ここでは数式を利用せず、イメージを掴んでいきましょう。未知データの誤差は3つの要素に分解できることが知られています。今回は、第6章で扱った映画のデータで考えましょう。単回帰の簡単なモデルとして、次のような回帰式を作るとします。

(興行収入) = A × (SNS1) + B

これまでは、実際に得られた1つのデータセットから1つのモデルを作るということを考えていましたが、次の図11-3のような反復実験を行ったと「仮定」しましょう。

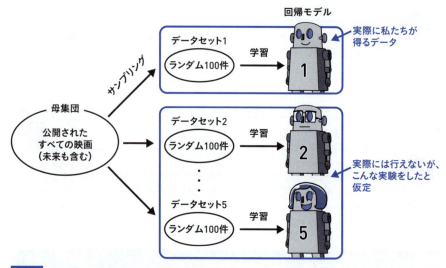

図11-3 1つのデータセットから1つのモデルを作る

> これまでとの一番の違いは、俺たちが持っているデータは、多数の映画の母集団からランダムに選ばれているということを明確に意識している点だね。

　全部で5回、100件分のランダムサンプリングを行うので、モデルは5個作られます。5個のモデルに関して意識してほしいのは次の2点です。

- すべてのモデルが単回帰の「興行収入 = A × (SNS1) + B」というモデル。
- 学習データは異なるので、係数のAと定数Bは各モデルで異なる。

　ここで、ランダムサンプリングで一度も選ばれなかった未知データを、この各モデルに当てはめたときの予測と実際の誤差を考えます。たとえば、データセットに選ばれなかった映画の中でSNS1が170の作品があったとして、それがどういう予測をされるのか考えてみましょう。

　最初に、正解データ自身の傾向について考えます。母集団には十分な件数があるとするので、未知データの中で、SNS1の値が170の映画も何本もあるはずです。そこで、SNS1が170の映画の興行収入のヒストグラムを考えます。

　このとき、SNS1が170の映画がすべて同じ興行収入になることは現実的にはありえず、ある程度ばらつくはずです。仮に、平均値が100の左右対称の

山状のヒストグラムになったとしましょう（図11-4の左図）。

いま、単回帰モデルは全部で5個あるね。訓練データが異なるから、係数は微妙に異なるけど、適切に学習できているならば、各モデルに、SNS1＝170を代入すると、だいたい似ている予測値を返す「はず」だよ！

　実はこのとき、ちょっとした不都合が生じます。たとえば、5個のモデルにSNS1＝170の値を代入したところ、どのモデルも100近辺の値を返したとしましょう。
　このモデルたちの性能を確認するために、SNS1＝170のデータの中からテストデータを1件選んだ場合、そのデータが興行収入＝101なら精度が良いと判断されますし、興行収入＝180なら精度が悪いと判断されてしまいます。
　このように、同じSNS1＝170に対する正解データが根本的にばらついていたら、「どのような予測値を返したら良い精度なのか？」を判断しようがありません。
　ここは開き直って、SNS1＝170のデータにおいて、正解データ（興行収入）のばらつきはもうどうしようもない問題としましょう。そこで、**分布の代表値である平均値＝100を各モデルが予測すべき値とします**。

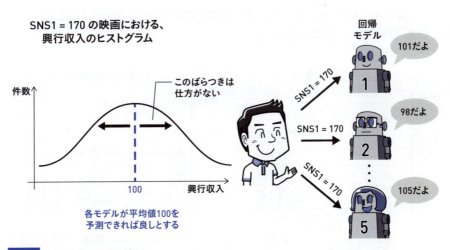

図11-4　SNS1＝170のヒストグラム

いま、モデルは5個あるので、各モデルの予測結果の平均値と、予測するべき値100（正解データの平均値）の誤差を評価します。当然、誤差がほとんどない最適な状況とは次の図11-5のような状況です。

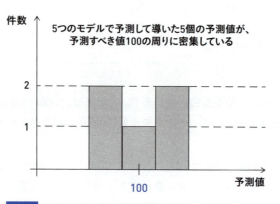

図11-5　5つのモデルによる予測値とその件数のヒストグラム

5個のモデルの予測値は、予測すべき値100の周りに密集しています。5個の予測値の平均を取るとほぼほぼ100になるでしょう。対して、誤差が生じている不適切な状況を考えると、次の2通りがあります。

- 予測結果自体は密集しているが、根本的に予測結果の平均値が100から遠く離れたところにある（**バイアス**が高いという）。
- 予測結果の平均は100に近いが、予測結果自体にばらつきが大きく生じている（**バリアンス**が高いという）。

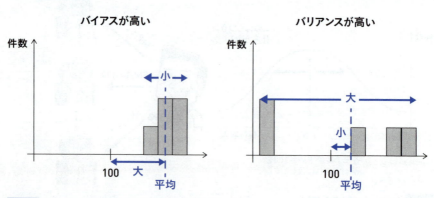

図11-6　5つのモデルの結果に誤差が生じている不適切な状況

バリアンスが高くても、予測結果の平均を取ったら誤差が少ないんだし、いいじゃないですか。

駄目だよ。モデル2〜5はあくまでも仮想実験の産物で、俺たちが実際に作ることができるのはモデル1だけだ。

そっか！

　未知データにおいて、予測と実際（実際のデータの平均値）の誤差は、このバイアスが高い状態とバリアンスが高い状態が原因であり、実世界のデータは、この2つの要因が同時に組み合わさっています。
　また、いまはSNS1の値から興行収入を予測するモデルを考えていますが、実際にはSNS1の値が同じでも各作品の興行収入はばらついているので、そこでも未知データの予測誤差が生じます。この正解データにおける平均値からのばらつきを**ノイズ**と呼びます。
　よって、未知データの予測誤差は、

実際と予測の誤差 = バイアス＋バリアンス＋ノイズ

と分解でき、これを**バイアス・バリアンス分解**と呼びます。
　ノイズは、必ず発生してしまうどうしようもない誤差です。そのため分析者は残りのバイアスとバリアンスを下げるようにモデルチューニングやデータ加工をします。

11.1.3 バリアンスと過学習

では、バイアスやバリアンスを下げるためにはどうしたらいいのでしょうか。

> バイアスが高い状態（バリアンスが高いか低いかは関係ない）は、モデルが、訓練データ内の法則を十分に捉え切れていないときに起こるよ。

バイアスが高い状態を解消する一番簡単な方法は、モデルを複雑にして、訓練データ内のさまざまな法則をモデルに学習させることです。モデルを複雑にし、訓練データにおける予測性能を上げることによって、バイアスを下げることができます。たとえば、重回帰分析の場合は特徴量の列を増やしたり、決定木の場合は木の深さを深くすることによって、バイアスを下げることができます。

> なるほど！　バイアスを下げるのは結構簡単ですね！

> ちょっと待って！　モデルを複雑にしすぎたら過学習が発生しちゃうじゃん！

第5章で体験したようにモデルを複雑にすると過学習が発生します。このとき、バリアンスはどうなっているでしょうか。

> 浅木さんは気づいたようだね。そう、実は過学習は、バイアスに対してバリアンスが高い状態のことを言うんだ。

バリアンスとは何だったか復習しましょう。

母集団からランダムサンプリングしてデータセットを作り、それを訓練データとしてモデルに学習させるという作業を何セットか繰り返し、学習済

モデルをいくつか作ります。このとき、モデルの作り方は同じでも母集団からのランダムサンプリングで作成されたデータセットは異なるので、学習後のモデルはそれぞれ微妙に異なります（重回帰の場合係数の値が異なる）。微妙に異なるモデルなので、同じ入力 x の値を入れたら各モデルの予測結果は異なり、予測結果にばらつきが生じます。この、同じ値を入力したときの複数モデルでの予測結果のばらつきを、バリアンスと呼ぶのでした。

そして**過学習とは、モデルを必要以上に複雑にした結果、バリアンスが異常に高くなった状態のこと**なのです。

モデルが複雑なことと、予測結果のばらつきが大きいことが結びつかないんですが…。

各モデルでの予測結果の分散が大きくなるのは、ランダムサンプリングの際に偏ったデータセットが複数作られ、結果としてさまざまなモデルが作られてしまう、ということが原因です。

それを踏まえた上で、モデルが複雑なことと、予測結果の分散が大きいことに関して次のように結びつけてみます。

1. **各ランダムサンプリングで、データセットの選び方に偏りが生じる。**
2. **モデルが複雑ならば、偏ったデータセットに対して完ぺきにフィットするように学習が行われてしまう。**
3. **別のランダムサンプリングで得られたデータセットの場合でも同様に、そのデータセットにのみ完ぺきにフィットするように学習してしまう。そのため、同じ入力データ x（未知データ）の予測結果に対して、モデルごとにばらつきが生じる。**

確かにこう考えると、モデルが複雑ならば、予測結果のばらつきが大きくなるって言えそうね。

よって、過学習を起こさない（バリアンスを低く抑える）ためには次の2つのアプローチがあることがわかります。

A. データの件数を増やす。
B. データセットが偏っても、同じような学習結果になる分析手法（学習法）を選択する。

　Aに関しては、根本的にデータセットの偏りをなくす方法です。たとえば、母集団として100件のデータがあり、うち2件だけを抽出するとします。このとき作成されるデータセットにはさまざまなパターンが存在します。一方、同じ母集団に対して99個のデータを抽出する場合はどうでしょう。このとき作られるデータセットと、あとでもう一度99個抽出して作るデータセットの中身はほとんど同じになり、データセットの偏りはほとんどありません。

　このように、学習に用いるデータの件数（行数）を増やすという方法は小難しい理屈を知らなくてもできる簡便な過学習対策です。

とはいっても、実際には現在あるデータだけでなんとかしないといけないケースが多いんだ…。

　これに対してBの方法は、データセットの偏りに関しては仕方ないとして、偏ったデータを用いても学習後のモデルが同じような結果になるようにすることで、結果としてバリアンスを減らそうという考えです。ただし、実際に私たちが得ているデータはデータセット1だけで、実際にはデータセット2〜Nの実験は行えません。

だから、本当にモデル1〜Nの予測がばらつかないかの検証はしないけど、理論上は似た感じのモデルができるはずだ、って手法を考える必要があるんだ。で、その手法の1つがリッジ回帰なのさ。

　リッジ回帰は「係数が大きくなりすぎては駄目」という制限を加えた重回帰分析と考えることができます。データセットに偏りが生じていても、その制約の中で学習を行おうとするため、同じような結果、つまり同じような係数になりやすいのです。

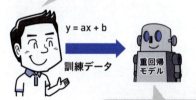

図11-7 通常重回帰とリッジ回帰

確かに、ただの最小2乗法よりも、「係数は大きくなりすぎてはいけない」って制約を与えたほうが、同じような回帰式になりそうですね。

11.1.4 リッジ回帰の利用

それでは、実際に「いかにも過学習を起こしそうなデータセットと特徴量」を用意した上で、通常の線形回帰とリッジ回帰の結果の違いを調べてみましょう。まずは共通の準備作業を行います。

コード11-1 共通する準備作業

```
01  # 絶対使うであろうモジュールのインポート
02  import pandas as pd
03
04  from sklearn.model_selection import train_test_split
05  from sklearn.preprocessing import StandardScaler
```

そして第II部でも利用したBoston.csvを利用しましょう。

コード11-2　Boston.csvを利用する

```
01  df = pd.read_csv('Boston.csv') # csvの読み込み
02  df = df.fillna(df.mean()) # 欠損値補完
03  df = df.drop([76], axis = 0) # 外れ値の行を削除
04
05  t = df[['PRICE']] # 正解データ抜き出し
06  x = df.loc[:,['RM', 'PTRATIO', 'LSTAT']] # 特徴量抜き出し
07
08  # 標準化
09  sc = StandardScaler()
10  sc_x = sc.fit_transform(x)
11  sc2 = StandardScaler()
12  sc_t = sc2.fit_transform(t)
```

第8章の特徴量エンジニアリングを覚えているかな。予測精度を上げるために2乗列や交互作用特徴量を追加していったね。

　ある程度目星をつけて、特定の列だけ2乗列や交互作用特徴量を作成するには、第8章でやったようにデータフレームに列の追加を行えば済みます。しかし、目星がつかないなどの理由でとりあえず全パターンの2乗列や交互作用特徴量が欲しいときには、とても便利な関数がscikit-learnにあります。

コード11-3　累乗列と交互作用特徴量を一括追加する

```
01  from sklearn.preprocessing import PolynomialFeatures
02                                                        ← 2乗までの指定
03  pf = PolynomialFeatures(degree = 2, include_bias = False)
04  pf_x = pf.fit_transform(sc_x) # 2乗列と交互作用特徴量の追加
05  pf_x.shape # 行数と列数
```

実行結果
(99, 9) → 2乗列と交互作用特徴量の列が増えている

うおおお！ めっちゃ便利じゃないですか！ Polynomial Featuresという関数を呼んで、そのあと、fit_transformすればいいんですね！

便利といえば便利なんだけど、追加された列がわかりづらいんだよね…。

fit_transformメソッドの結果として得られるpf_xはnumpyの型であり、pandasのデータフレームのように列名情報を持っていません。そのため、列名を確認するには別途次の処理を実行する必要があります。

コード11-4 列名を確認する処理

```
01  pf.get_feature_names_out()
```

実行結果
['x0', 'x1', 'x2', 'x0^2', 'x0 x1', 'x0 x2', 'x1^2', 'x1 x2', 'x2^2']

- x0^2 → x0列の2乗項
- x0 x2 → x0列とx2列の交互作用特徴量

結果としてx0やx1という列名が得られますが、これは、元の列の0番目、1番目…を意味しています。今回の場合、もとの列の順番が「RM、PTRATIO、LSTAT」という順番になっているので、x0はRMを、x1はPTRATIOを意味しています。

確かに列名がわかりづらいわね。全部やる必要がないときは、普通に自分で指定してデータフレームに追加したほうが効率よさそう！

多項式項と交互作用特徴量の一括作成

・多項式項や交互作用特徴量の作成

```
pf = PolynomialFeatures(degree = 整数, include_bias = False)
作成後データの変数 = pf.fit_transform(データフレーム)
```

※ from sklearn.preprocessing import PolynomialFeaturesでインポート済であること。
※ degreeで、追加する次数を指定。degree = 3とすると、x0*x1*x2項なども作成する。

・列名の確認

```
pf.get_feature_names_out()
```

※ pfは上記メソッドの戻り値の変数。

今回、PolynomialFeaturesを用いて特徴量を大量に増やしたので、このまま機械学習を行うといかにも過学習を起こしそうです。試しにまずは通常の線形回帰でどの程度過学習が起こるか確認してみましょう。

コード11-5 線形回帰で過学習が起こることを確認

```
01  from sklearn.linear_model import LinearRegression
02
03  x_train, x_test, y_train, y_test = train_test_split(pf_x,
04      sc_t, test_size = 0.3, random_state = 0)
05  model = LinearRegression()
06  model.fit(x_train, y_train)
07
08  print(model.score(x_train, y_train)) # 訓練データの決定係数
09  model.score(x_test, y_test) # テストデータの決定係数
```

実行結果

0.8710525685992707
0.7854929935582585

ふむ。たしかに過学習が起きていますねぇ…。

それじゃあ今度はリッジ回帰をやってみよう。

コード11-6 リッジ回帰で過学習が起こるか確認

```
01  from sklearn.linear_model import Ridge  # モジュールインポート
02  # モデルの作成
03  ridgeModel = Ridge(alpha = 10)     正規化項につく定数
04  ridgeModel.fit(x_train, y_train)  # 学習
05  print(ridgeModel.score(x_train, y_train))
06  print(ridgeModel.score(x_test, y_test))
```

実行結果

0.8607320524729507
0.8458730019328176

　基本的な流れは、重回帰の場合と同じでしたが、モデル作成時のパラメータ引数のみが違います。リッジ回帰は「訓練データでの予測と実測の誤差の合計」と「計算式の係数の2乗の合計」を足し合わせた値Lが最小となるような計算式の係数を探してくれます。このとき、次の式により正則化項のFをどのぐらい重要視するかの影響度合いを決めることができます。

L = E ＋ (定数) × F

※ 定数は分析者が事前に設定。
※ Eは予測と実測の誤差（正確には誤差の2乗）の合計。
※ Fは係数の2乗の合計。

　定数（最小値0）は小さくすると係数の大きさはほとんど考慮せずに、通常の重回帰と同様に分析します。反対に大きくしすぎると、係数の大きさを忌避するあまりそもそもの訓練データ自体での予測性能が悪くなってしまいます。

定数は一概にいくつがいいっていうのはなくて、パラメータチューニング時に検証データでの性能指標が小さくなるような値を頑張って探すよ！

繰り返し文により、定数を0.01~20まで（0.01刻み）検証するコードを書いてみましょう。

コード11-7 正則化項の定数を0.01~20まで0.01刻みで検証するコード

```
01  maxScore = 0
02  maxIndex = 0
03  # range関数により整数列を1～2000生成
04  for i in range(1, 2001):
05      num = i/100
06      ridgeModel = Ridge(random_state = 0, alpha = num)
07      ridgeModel.fit(x_train, y_train)
08
09      result = ridgeModel.score(x_test, y_test)
10      if result > maxScore:
11          maxScore = result
12          maxIndex = num
13
14  print(maxIndex, maxScore)
```

実行結果

17.62   0.8528754801497631

表示結果より、定数が17.62のときの決定係数が最大になることがわかりました。

最後に、本当に計算式の係数が通常の重回帰より小さくなっているか確認してみましょう。リッジ回帰の係数は、通常の重回帰と同様の方法で調べる

ことができます。

コード11-8 重回帰とリッジ回帰の係数の大きさを比較する

```
01  print(sum(abs(model.coef_)[0]))   # 線形回帰の係数（絶対値）
02                                    # の合計
03  print(sum(abs(ridgeModel.coef_)[0]))  # リッジ回帰の合計
```

実行結果
```
1.5566745983288373
1.21528008240268l7
```

  リッジ回帰モデルの作成

　　モデル変数 = Ridge(alpha = 数値)

※ from sklearn.linear_model import Ridge をインポート済みとする。
※ alphaを大きくすると過学習防止効果が強くなるが、大きくしすぎると予測性能が低下する。

11.2 ラッソ回帰

11.2.1 ラッソ回帰の概要

　前項で紹介したリッジ回帰と同様に、係数が小さくなるように回帰式を作成する手法として**ラッソ回帰**があります。リッジ回帰では、正則化項として「係数の2乗の合計」を用いましたが、ラッソ回帰では「係数の絶対値の合計」を使う点が異なります。

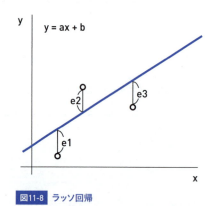

- $E = e_1^2 + e_2^2 + e_3^2$
  ※ プラスの誤差とマイナスの誤差が打ち消し合わないようにそれぞれ2乗している。

- $F = |a| + |b|$
  ※ 係数の絶対値をとって合計する。

- $L = E + F$ として、L が最小になるような係数 a と b を算出する。

図11-8　ラッソ回帰

　リッジ回帰との違いは、リッジ回帰では係数の2乗の合計を正則化項に利用することに対し、ラッソ回帰では係数の絶対値の合計を正則化項として利用する点です。

 ラッソ回帰を利用すると、予測にあまり役に立たないような特徴量を学習中に削除してくれるんだ。

　ラッソ回帰は、予測にほぼほぼ役に立たないであろう特徴量の係数を0にします。係数が0の場合、予測時に回帰式に値を代入しても、予測結果にはまったく影響を与えません。つまり、ラッソ回帰は「不要な特徴量を削除し

た上で回帰式を作成するモデルである」と解釈することができます。

11.2.2 ラッソ回帰の実装

実際にPythonを使ってラッソ回帰を実装してみましょう。データの取得は、前節のコード11-1～コード11-5と同様とします。まずは、ラッソ回帰のモデルで学習して過学習が起きていないか確認しましょう。

コード11-9 ラッソ回帰モデルで過学習が起きていないか確認する

```
01  # コード11-1~11-5は実行済
02
03  # ライブラリインポート
04  from sklearn.linear_model import Lasso
05
06  x_train, x_test, y_train, y_test = train_test_split(pf_x,
07      sc_t, test_size = 0.3, random_state = 0)
08
09  # ラッソ回帰のモデル作成（alphaは正則化項につく定数）
10  model = Lasso(alpha = 0.1)
11  model.fit(x_train, y_train)
12
13  print(model.score(x_train, y_train)) # 訓練データの決定係数
14  print(model.score(x_test, y_test)) # テストデータの決定係数
```

実行結果

```
0.8224680202036665
0.858846785318774
```

通常の線形回帰と比べて、過学習が防げていることが確認できました。続いて、回帰式の係数を確認してみましょう。

コード11-10 回帰式の係数を確認する

```
01  weight = model.coef_  # 係数抜き出す
02  # 見やすいようにシリーズ変換
03  pd.Series(weight, index = pf.get_feature_names_out())
```

実行結果

```
x0       0.409426
x1      -0.083104
x2      -0.287714
x0^2     0.150001
x0 x1   -0.000000
x0 x2   -0.037450
x1^2    -0.000000
x1 x2    0.000000
x2^2     0.000000
```

すごい！ 確かに、きっかり0になっている項目がいくつかありますね！

　結果より、x0x1列、x1^2列、x1x2列、x2^2列の4列が予測を行う上で不要と判断されました。このようにして、ラッソ回帰を用いれば、正解データに影響を与える特徴量の項目を絞って考察することができます。

 ## ラッソ回帰の実装

・モデル作成

```
変数 = Lasso(alpha = 数値)
```

※ alphaの値が大きいほど、正則化項を重要視しようとする。
※ from sklearn.linear_model import Lasso を実行済。

11.3 回帰木

11.3.1 回帰木の概要

第II部では、分類の手法として決定木を学習しました。

実はあの決定木、回帰でも利用することができるんだ。

えっ！？

予測するためのフローチャートを作成できる決定木分析ですが、実は分類だけでなく回帰の問題にも利用することができます。厳密には、回帰のためのフローチャートを**回帰木**、分類のためのフローチャートを**分類木**と呼び、この両者をまとめて「決定木」と呼ぶのです。

あれ？　でも、分類木って予測するときは学習に利用したデータたちを当てはめて、それで多数決させるんでしたよね？　回帰木の場合は正解が数値データだけど多数決なんてできるんですか？

たとえば人間のデータで「身長・体重」を特徴量、「握力」を正解データとして教師あり学習をしたいとしましょう。

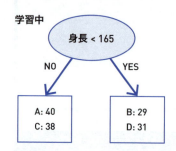

氏名	身長 (cm)	体重 (kg)	握力 (kg)
A	170	60	40
B	158	40	29
C	175	68	38
D	160	53	31

図11-9　身長・体重を特徴量、握力を正解データとして教師あり学習を行う

　深さが1の段階で学習を打ち切った場合、左下のリーフに流れ着いたときの予測結果と、右下のリーフに流れ着いたときの予測結果はどうなるでしょうか。

リーフ内のデータたちの平均値を取ってあげるよ。

　たとえば、図11-9の場合、学習中に左下リーフに行きついたのは、AさんとCさんです。このとき、左下にたどり着いた場合の予測結果としてはAさんとCさんの握力の平均を取ります。すなわち、予測値は39.0です。よって、この学習済みモデルを利用して未知データ「Eさん、身長172cm、体重50kg」のデータを当てはめた場合、予測結果は39.0となります。このように、学習に利用した訓練データの、そのリーフごとの正解データの平均を取ることで、回帰の予測であっても決定木を作成することができるのです。
　では、第8章で利用したボストンの住宅価格のデータで実際に回帰木を作成してみましょう。

コード11-11　ボストンの住宅価格のデータを読み込む

```
01  import pandas as pd
02  from sklearn.model_selection import train_test_split
03
04  df = pd.read_csv('Boston.csv')
05  df = df.fillna(df.mean(numeric_only=True))
```

```
06  x = df.loc[:, 'ZN':'LSTAT']
07  t = df['PRICE']
08
09  x_train, x_test, y_train, y_test = train_test_split(x, t,
10      test_size = 0.3, random_state = 0)
```

コード11-12 回帰木を用いた学習

```
01  # ライブラリインポート（回帰木バージョン）
02  from sklearn.tree import DecisionTreeRegressor
03
04  # 木の深さの最大を10と設定
05  model = DecisionTreeRegressor(max_depth = 10,
06      random_state = 0)
07  model.fit(x_train, y_train)
08  model.score(x_test, y_test) # テストデータでの決定係数
```

実行結果
0.5948799836466233

また、分類木のときと同じように特徴量の重要度も参照することができます。見やすいようにシリーズに変換して表示しましょう。

コード11-13 特徴量の重要度を参照する

```
01  pd.Series( model.feature_importances_, index = x.columns )
```

実行結果

```
ZN         0.000014
INDUS      0.001895
CHAS       0.000000
NOX        0.001700
RM         0.761572
AGE        0.139970
DIS        0.012577
RAD        0.001148
TAX        0.026027
PTRATIO    0.002160
LSTAT      0.052938
dtype: float64
```

11.4 第11章のまとめ

誤差と過学習

- 未知データにおける予測と実測値の誤差は、バイアスとバリアンスとノイズに分解することができる。
- ノイズは正解データの分散。
- バリアンスは予測結果の分散。
- バイアスは正解データの平均値と予測結果の平均値の誤差。
- 過学習は、バリアンスが高い状態のこと。

リッジ回帰

- リッジ回帰は、回帰の手法であり、係数が小さくなるような回帰式を作成する。
- リッジ回帰は、通常の重回帰と比較して、過学習を抑止できる。

ラッソ回帰

- ラッソ回帰は、リッジ回帰と同じように係数が小さくなるような回帰式を作る手法だが、正則化項の計算が異なる。
- ラッソ回帰は、不要な特徴量の係数を0にする。

回帰木

- 決定木は回帰でも利用でき、回帰問題における木のことを回帰木と呼ぶ。

11.5 練習問題

練習11-1

リッジ回帰に関して正しいものをすべて選んでください。

1. **リッジ回帰は、データサイエンティストが特徴量を選択する必要がない。**
2. **リッジ回帰は、係数を小さくしようとするので、予測と実際の値の誤差に関しては考慮していない。**
3. **リッジ回帰は訓練データの誤差を小さくすることができる。**
4. **リッジ回帰は、テストデータでの誤差を小さくすることができる。**

練習11-2

次のラッソ回帰の内容に関して、正しいものをすべて選択してください。

1. **ラッソ回帰は、正則化項が係数の2乗の合計である。**
2. **ラッソ回帰は特徴量の変数選択をすることができる。**
3. **リッジ回帰より、係数が0になりやすい。**
4. **ラッソ回帰は過学習が起きやすい。**

練習11-3

次の各文に関して正しい内容をすべて選んでください。

1. **分類木は、分類でも回帰でもどちらもできる。**
2. **回帰木では訓練データの正解データの中央値を予測結果とする。**
3. **回帰木でも特徴量重要度を調べることができる。**

練習11-4

今回学習した内容を利用して、改めて第9章の総合演習の問題を解き直してみ

ましょう。

column

教師あり学習の落とし穴：リーク

　教師あり学習を利用して予測システムを開発する際は、そのモデルが実際に運用されるシチュエーションを具体的にイメージする必要があります。もし、このイメージが不十分だと、「リーク」という現象が生じるかもしれません。

　次のような例を考えてみましょう。あるスーパーマーケットの店主が、商品の在庫管理に役立てるために、商品Aの1週間の売上個数を予測する回帰モデルを作ったとします。店には過去5年分のいろいろな情報が蓄積されており、特徴量の候補もたくさんあります。このとき、テストデータで最も良い性能を示したのは次の回帰式でした。

(その週の商品Aの売上数) = ● × (その週の来店客数) + △

　さて、テストデータでも良い結果が出たので、この回帰式は実際に運用してもそれなりの結果を示すはずです。しかし、運用初日のある月曜日の朝、店長はあることに気づきます。それは、「週のアタマに予測をさせて店舗の経営に役立てたいのに、結局来店客数は、週の終わりにならないとわからない」ということです。

　このように、実際に予測をさせたいタイミングよりも未来に発生するデータを特徴量に入れてモデルの学習を行ったために、机上のテストデータ検証では良い精度が出る現象のことを**リーク**と呼びます。

chapter 12
さまざまな教師あり学習：分類

前章に続き、さまざまな教師あり学習の中から
代表的な手法を学んでいきましょう。
この章では、分類の手法として広く用いられている
「ロジスティック回帰」と「ランダムフォレスト」を紹介します。

contents

12.1 ロジスティック回帰
12.2 ランダムフォレスト
12.3 アダブースト
12.4 第12章のまとめ
12.5 練習問題

12.1 ロジスティック回帰

12.1.1 ロジスティック回帰の概要

第II部では、決定木分析を用いて、アヤメの種類の分類モデル（第5章）や沈没船の生存予測モデル（第7章）を作成しました。この章で紹介する**ロジスティック回帰**でも、決定木と同様に分類の予測モデルを作ることができます。

「回帰」って単語が入ってるだけで、やってることは分類なんだ。

予測をするための計算式（回帰式）を作成するという点で、ロジスティック回帰は、重回帰と共通しています。しかしロジスティック回帰は、分類するための予測式を作るという点が特徴的です。

2グループ分類でイメージしやすい沈没船の生存予測を例に挙げましょう。ロジスティック回帰を使って「male列」と「Pclass」列から生き残るかどうかに関する計算式を作ると、

(生き残る確率) = 1.0 − 0.6 × (male列) − 0.1 × (Pclass列)

重回帰と同じで、機械学習の力で求めているのは予測式の係数と切片

厳密な計算式の形はもっと複雑ですが、イメージとしては「=」の右辺の計算式に特徴量の値を代入することで、左辺の計算結果は生き残る確率になると思ってください。

column ロジスティック回帰の回帰式

沈没船の生存予測の分類のように、「生存」と「死亡」の2値分類をするときには、厳密には次のような回帰式を作成します。たとえば、Sex列とPclass列を特徴量にした場合、

$$y = A(\text{Sex列}) + B(\text{Pclass列}) + C \quad \cdots ①$$

$$(\text{生き残る確率} P) = \frac{1}{1 + e^{-y}} \quad \cdots ②$$

という2つの数式を利用して生死を予測します。

eは**ネイピア数**と呼ばれる自然科学界で非常に重要な定数であり、値は約2.718です。ロジスティック回帰を行うことにより式①の係数A、B、Cがわかります。

この2つの計算式を使って確率を計算するには次の手順を踏みます。まず、最初に入力データの値を式①に代入して、yの値を計算します。次にそのyの値を式②の右辺側に代入することで生き残る確率を計算することができます。

式②は**シグモイド関数**とも呼ばれており、yの値を0〜1に圧縮します（図12-1）。

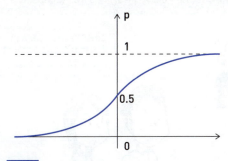

図12-1 シグモイド関数

ロジスティック回帰が確率を計算してくれることはわかったんですが、そもそも分類の話なのになんで急に確率の話が出てくるんですか？

確率とは、大まかにいうと「なにかしらの物事の起こりやすさ」を表しています。たとえば、「生き残る確率が10%」とは「同じような特徴量の人が100人いたら、そのうちの10人は生き残る」ということを表しています。

「生き残る確率」が10%ってことは、反対の「死亡の確率」は90%ってことだよね。

確率は、起こりうるすべての項目の確率を合計したら100%（小数表記の場合は1.0）となるので、生き残る確率をもとに、死亡の確率も計算することができます。

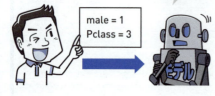

図12-2　学習済モデルでの予測例

このように、教師あり学習の答えとなる正解データに対して、それぞれの確率を計算して、その多寡によって最終的な分類を判断します。基本的には**確率が一番大きい結果**を優先し、分類の結果判定に用います。

> この、正解データに関する確率を予測して分類するっていう考え方は、ロジスティック回帰だけのものじゃない。今回は紹介しないけど、ほかの分類手法でも出てくる考え方だから、今のうちに慣れておこう。

> はい！

---

column

分類木も予測結果を確率で表示する

　予測するためのフローチャートを作成できる分類木ですが、実は予測結果の確率を出力することができます。

コード12-1　分類木の予測結果を確率として出力する

```python
import pandas as pd
from sklearn import tree
df = pd.read_csv('KvsT.csv')
x = df.loc[:, '体重':'年代']
t = df['派閥']
model = tree.DecisionTreeClassifier(max_depth = 1,
    random_state = 0)
model.fit(x, t)

data = [[65, 20]] # 予測用未知データ
print(model.predict(data)) # 予測派閥
model.predict_proba(data) # 派閥の確率
```

> **実行結果**
> ['きのこ']
> array([[0.6, 0.4]])
>
> この人がたけのこ派である確率

　第5章で、決定木による分類における予測の仕方は、学習に利用した訓練データをその決定木に当てはめて、その最終リーフ内で多数決を行った結果と説明しましたが、この多数決の結果の比率を確率として考えています。

12.1.2　ロジスティック回帰の実装

　それでは、アヤメの分類を例にロジスティック回帰の実装をしてみましょう。データは第5章と同じく「iris」を使います。

コード12-2　データの読み込み

```
01  import pandas as pd
02  from sklearn.model_selection import train_test_split
03
04  df = pd.read_csv('iris.csv')
05  df.head(2)
```

実行結果

	がく片長さ	がく片幅	花弁長さ	花弁幅	種類
0	0.22	0.63	0.08	0.04	Iris-setosa
1	0.17	0.42	0.35	0.04	Iris-setosa

　本来なら訓練＆検証データとテストデータに分割しますが、今回は割愛します。

> このデータには欠損値があったね。同じように平均値で穴埋めしよう。

コード12-3　欠損値を穴埋めする

```
01  # 平均値による欠損値の穴埋め
02  df_mean = df.mean(numeric_only=True)
03  train2 = df.fillna(df_mean)
04
05  # 特徴量と正解データに分割
06  x = train2.loc[:, :'花弁幅']
07  t = train2['種類']
08
09  # 特徴量の標準化
10  from sklearn.preprocessing import StandardScaler
11  sc = StandardScaler()
12  new = sc.fit_transform(x)
```

> ロジスティック回帰は、特徴量を標準化しないと予測性能が良くなりにくいから、基本的には標準化しとこう。

　これでデータの前処理が終わったので、ロジスティック回帰で学習を進めていきます。ここで、訓練データを、さらに訓練データと検証用データとに分割しましょう。

コード12-4　訓練データと検証用データに分割する

```
01  # 訓練データと検証用データに分割
02  x_train, x_val, y_train, y_val = train_test_split(new, t,
03      test_size = 0.2, random_state = 0)
```

コード12-5 ロジスティック回帰による学習

```
01  from sklearn.linear_model import LogisticRegression
02
03  model = LogisticRegression(random_state = 0, C = 0.1,
04      multi_class = 'auto', solver = 'lbfgs')
```

C = 0.1 → 正則化項の定数

第11章のリッジ回帰やラッソ回帰で聞いたばかりの「正則化項」ってのがありますが…。

scikit-learnのロジスティック回帰は、デフォルトで正則化項を考慮します。この引数Cは正則化項の影響力を調整するための重み定数です。

ってことは、リッジ回帰やラッソ回帰のときのalphaと同様に、大きくすればするほど作成される計算式の係数は小さくなるんですね！

いや、ややこしいことに逆なんだ。

リッジ回帰やラッソ回帰のときは、

L =（誤差）+（alpha）×（正則化項）

と、パラメータ引数のalphaが設定されていたので、プログラマがalphaを大きく設定すればするほど、正則化項の影響を強くする（つまり、係数の絶対値は小さくなって過学習が起こりにくくなる）仕様でした。

対して、ロジスティック回帰の場合、

L =（誤差）+（1/C）×（正則化項）

と、重み定数が、分数の形で定義された仕様であり、プログラマは分母の値Cを設定します。今、正則化項の重み定数は 1/C であるため、分母のCを大きくすると、1/C の値は小さくなります。

だから、Cは小さいほうが、回帰式の係数を小さくしようとする働きが強くなって、過学習は防げる可能性があるよ。

それでは、学習させて正解率を見てみましょう。

コード12-6　正解率を確認する

```
01  model.fit(x_train, y_train)
02  print( model.score(x_train, y_train) )
03  model.score(x_val, y_val)
```

実行結果

0.8666666666666667

0.8333333333333334

あれ、そういえば今扱っているirisのデータって、正解データが3種類ありますよね？

客船沈没事故の生存予測の場合、正解データが「1(生存)」と「0(死亡)」の2値データであるため、計算式は「生き残る確率を予測する計算式」を作れば問題なさそうですが、irisデータの場合、正解データが「Iris-setosa（以下 setosa）」、「Iris-versicolor（以下 versicolor）」、「Iris-virginica（以下 virginica）」の3つあるので、計算式が1つでは対応できません。

実は、正解データの種類の数だけ、確率を予測する計算式を作成するんだ。

irisデータの特徴量は、がく片長さ（以下「が長」）、がく片幅（以下「が幅」）、花弁長さ（以下「花長」）、花弁幅（以下「花幅」）でしたので、計算式は以下のようになります。

(setosaの確率) = A(が長) + B(が幅) + C(花長) + D(花幅) + (切片1)
(versicolorの確率) = E(が長) + F(が幅) + G(花長) + H(花幅) + (切片2)
(virginicaの確率) = I(が長) + J(が幅) + K(花長) + L(花幅) + (切片3)

※A～Lは計算式の係数。

　以上3つの計算式を設定して、予測をする際に最適な係数A～Lと、切片1～3を求めます。

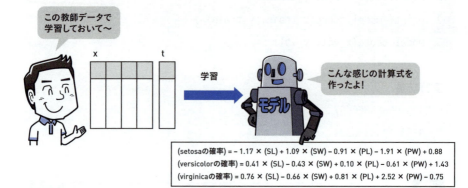

図12-3　学習時のイメージ

繰り返しになるけど、ロジスティックの回帰式は、実際にはもっと複雑な数式になっているからね！

　本章で重要なのは、「確率を予測する計算式を、正解データの種類の数だけ作成している」という点だけです。もちろん、3つの予測式により求められた確率は合計するとちょうど1になります。

　作成した計算式の係数と切片は、ふつうの重回帰と同じように確認できます。

コード12-7　係数を確認する

```
01  model.coef_  # 係数の確認
```

実行結果

```
array([[-0.53168668,  0.48573155, -0.52638431, -0.83213317],
       [ 0.09482289, -0.44707757, -0.00107471, -0.04407356],
       [ 0.4368638 , -0.03865398,  0.52745902,  0.87620673]])
```

- virginica の式の係数
- versicolor の式の係数
- setosa の式の係数

確かに特徴量が4つで正解データの種類が3つだから、係数は、全部で12個作られてるね（切片も入れるとさらに3個）。

 ロジスティック回帰モデルの作成

> モデル変数 = LogisticRegression(C = 値, multi_class = 'auto', solver = 'lbfgs')

※ Cは正則化項の重み定数の逆数。
※ 3グループ以上の分類では multi_class = 'auto' と指定（指定しなくても、警告は出るがエラーにはならない）。
※ solver = 'lbfgs' については入門書のレベルを超えるので省略するが、指定しないと警告が出る。

それじゃあ最後に predict メソッドで新規データでの予測もやってみよう。

コード12-8 新規データで予測する

```
01  x_new = [[1, 2, 3, 4]] # 新規データ
02
03  model.predict(x_new) # 新規データで予測
```

実行結果
array(['Iris-virginica'], dtype = object)

あれ？ 工藤さんが言ってたことが本当なら、ロジスティック回帰の場合、予測結果はそれぞれの確率を返すはずなのに…。

今回のirisデータの場合、ロジスティック回帰は、正解データ列の各データの確率をアウトプットとして返します。しかし、ロジスティック回帰でのpredictメソッドは、それらの確率が最大値となる正解データを返す処理を自動で行ってくれています。

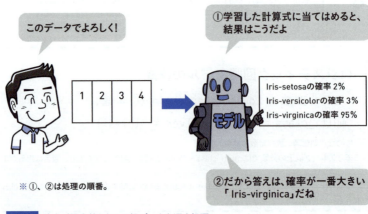

図12-4 確率が最大値となる正解データを返す処理

計算した各確率を知る方法ってあるんだろうか？

確率による予測結果を知りたいときは、predictメソッドではなく、次のpredict_probaメソッドを利用します。

コード12-9 確率の予測結果を確認する

```
01  model.predict_proba(x_new)
```

実行結果

array([[4.02790964e-05, 3.02983301e-03, 9.96929888e-01]])

- 4.02790964e-05 → setosaの確率
- 3.02983301e-03 → versicolorの確率
- 9.96929888e-01 → virginicaの確率

 正解データの確率を予測する

モデル変数.predict_proba(2次元データ)

※ 2次元データにはリストや、データフレームが指定できる。
※ 結果の順番は、モデル変数.classes_ で確認できる。

12.2 ランダムフォレスト

12.2.1 ランダムフォレストの概要

これから話すランダムフォレストは決定木の上位互換だと思っていいよ。

そもそも決定木とは図12-5のようなものでしたね。

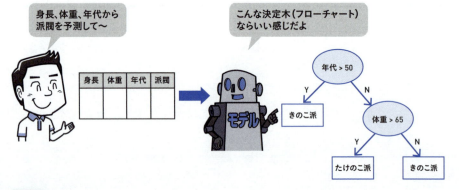

図12-5 決定木の復習

この左右2つに分岐していくフローチャートを「木」と呼びました。

フォレストってことは森ですよね？ なんか似てるなあ。

ランダムフォレストは、たくさんの決定木を作成し、それぞれの木に予測させ、その結果の多数決で最終結果を求めるという手法です。

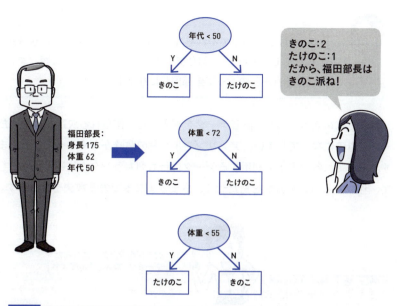

図12-6 多数決で最終判断を行う

なるほど、木がたくさんあるから森なのね。

確かに、1人で決断するよりもみんなで決断したほうがいい結果になりそうですね。民主主義万歳！

日本の諺にもあるでしょ？「3人寄れば文殊の知恵」って。

　ランダムフォレストのように、さまざまな予測モデルを作成して、最終的に1つの予測結果を出す手法のことを**アンサンブル学習**と呼びます。アンサンブル学習の詳細は次節で紹介します。

あ、でも、これってそれぞれの木が違うから多数決する意味があるんですよね？「同じデータ」で「同じ決定木分類」をしたらそれぞれの木って全部同じになりません？

　浅木さんの言うとおり、同じデータを利用したら作られる決定木はまったく同じものになってしまい、アンサンブル学習の意味がなくなってしまいます。そこで、各決定木で利用するデータは行も列もランダムに選ぶようにして、作成する木に多様性を持たせて、さまざまな木での多数決を行います。

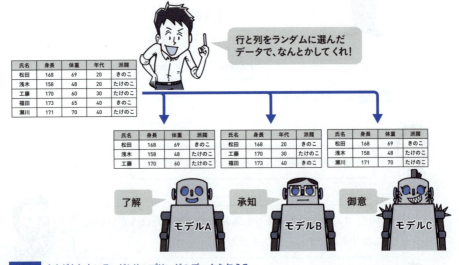

図12-7　さまざまな木にランダムサンプリングのデータを与える

これなら確かに、いろんなパターンの決定木が作れそうですね。

厳密には、ランダムサンプリングの仕方をもっと工夫しているんだが、それに関しては次節で説明しよう！　今はざっくりとした理解でOKさ。

12.2.2 ランダムフォレストの実装

　それでは、第7章でも利用した「Survived.csv」を用いて、ランダムフォレストで機械学習をしてみましょう。

コード12-10　pandasのモジュールを読み込む

```
01  # モジュールの読み込み
02  import pandas as pd
03  from sklearn.model_selection import train_test_split
```

コード12-11　Survived.csvを読み込む

```
01  df = pd.read_csv('Survived.csv') # csvファイルの読み込み
02  # 確認する
03  df.head(2)
```

実行結果

	PassengerId	Survived	Pclass	Sex	Age	SibSp	Parch	Ticket	Fare	Cabin	Embarked
0	1	0	3	male	22.0	1	0	A/5 21171	7.2500	NaN	S
1	2	1	1	female	38.0	1	0	PC 17599	71.2833	C85	C

　続いて、欠損値の穴埋めを行いましょう。今回は次のコード12-12のような値で穴埋めしてみます。

コード12-12　欠損値を穴埋めする

```
01  def fill_age(df, pclass, survived, value):
02      joken1 = df['Pclass'] == pclass
03      joken2 = df['Survived'] == survived
04      joken3 = df['Age'].isnull()
05      df.loc[(joken1) & (joken2) & (joken3), 'Age'] = value
06      return df
```

```
07
08  print( df.pivot_table(index="Pclass",columns="Survived",values='Age') )
09
10  # ピボットテーブルの値を参考に補完
11  df = fill_age(df, 1, 0, 43)
12  df = fill_age(df, 1, 1, 35)
13  df = fill_age(df, 2, 0, 33)
14  df = fill_age(df, 2, 1, 25)
15  df = fill_age(df, 3, 0, 26)
16  df = fill_age(df, 3, 1, 20)
```

第7章でも紹介しましたが、決定木では外れ値の影響はほぼないため、外れ値に関する処理は行いません。

ちなみに、データの標準化処理も決定木分析ではほとんど影響がないよ。

特徴量と列をダミー変数化により数値に変換しましょう。

コード12-13 文字データの列を数値に変換する

```
01  # 特徴量として利用する列のリスト
02  col = ['Pclass', 'Age', 'SibSp', 'Parch', 'Fare']
03
04  x = df[col]
05  t = df['Survived']
06
07  # Sex列は文字の列なのでダミー変数化
08  dummy = pd.get_dummies(df['Sex'], drop_first = True,dtype=int)
09  x = pd.concat([x, dummy], axis = 1)
10  x.head(2)
```

実行結果

```
     Pclass  Age   SibSp  Parch  Fare     male
0    3       22.0  1      0      7.2500   1
1    1       38.0  1      0      71.2833  0
```

それでは、ランダムフォレストを実際に行っていきましょう。

コード12-14 ランダムフォレスト

```
01  # ランダムフォレストのインポート
02  from sklearn.ensemble import RandomForestClassifier
03  x_train, x_test, y_train, y_test=train_test_split(x, t,
04      test_size = 0.2, random_state = 0)
05  model = RandomForestClassifier(n_estimators = 200,
06      random_state = 0)
```

（200 → 作成する決定木の数）

ひゃーっ、200個も木を作るんですか！？

なお、random_stateやmax_depthに関しては、決定木と同様ですので割愛します。

 モデル変数

```
モデル変数 = RandomForestClassifier(n_estimators = ●,
    random_state = ●, max_depth = ▲)
```

※ n_estimators で作成する木の数を指定。
※ 木の深さの最大値は、すべての木で共通。

それじゃあモデルの学習をさせよう。

コード12-15 モデルの学習

```
01  model.fit(x_train, y_train)
02  
03  print(model.score(x_train, y_train))
04  print(model.score(x_test, y_test))
```

実行結果

0.9859550561797753

0.8770949720670391

これだけじゃあランダムフォレストがすごいかどうかわからないし、単純な決定木分類と比較してみよう。

コード12-16 単純な決定木分類と比較する

```
01  from sklearn import tree
02  model2 = tree.DecisionTreeClassifier(random_state = 0)
03  model2.fit(x_train, y_train)
04  
05  print(model2.score(x_train, y_train))
06  print(model2.score(x_test, y_test))
```

実行結果

0.9859550561797753

0.8324022346368715

決定木とランダムフォレストの正解率を比較すると、訓練データの場合はどちらも約98%となっています。対して、テストデータでの正解率では大きく差がついていて、ランダムフォレストのほうが良い予測性能を示していることがわかります。

ランダムフォレストは、決定木と比べると、過学習を防ぐことができるんだ。

また、決定木のときと同じように特徴量の重要度を確認することもできます。

コード12-17 特徴量の重要度を確認する

```
01  importance = model.feature_importances_ # 特徴量重要度
02  # 列との対応がわかりやすいようにシリーズ変換
03  pd.Series(importance, index = x_train.columns)
```

実行結果
```
Pclass    0.080805
Age       0.298331
SibSp     0.048971
Parch     0.034682
Fare      0.282355
male      0.254856
dtype: float64
```

12.3 アダブースト

12.3.1 バギングとブースティング

前節では、アンサンブル学習の1つであるランダムフォレストを紹介しました。実はこのアンサンブル学習は、大きく分けて**バギング**と**ブースティング**という手法に類別することができます。前節のランダムフォレストは、広義のバギングの1つということができます。

バギング

バギングとは、訓練データを**ブートストラップサンプリング**することで、訓練データのデータセットをいくつか作り、それぞれモデルに学習させるものです。

ブートストラップサンプリングって初めて聞きましたが、何ですか？

ブートストラップサンプリングとは、全データ（n個）の中から**復元抽出**によりn個のデータをランダムに抽出することです。復元抽出とは、2個以上のデータをランダムにサンプリングする際に、過去に選択したデータも選択対象に含めるサンプリング方法です（例：袋の中からくじを引くとき、1回目のくじを袋の中に戻して、2回目のくじを引く抽選法）。

したがって、同じデータが何度も選ばれたり、1度も選ばれないデータがあったりします。

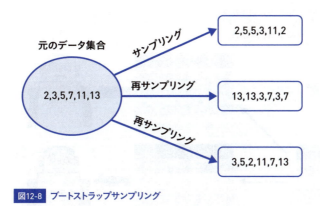

図12-8 ブートストラップサンプリング

　ブートストラップサンプリングを表データに行う場合、全部でN行のデータに対して、復元抽出でN行分ランダムに選択します。サンプリングを何セットも繰り返すことによって、もともと1セットの表データから、さまざまなパターンの表データを作成することができるのです。

あとは、前の節でも紹介したね、ブートストラップサンプリングで作った表の数のぶんだけモデルを作成して、それぞれに学習させるんだ。

　ただし、前節の図12-7では全部で5行分のデータがあって、その中からランダムに3件選びましたが、厳密には、全部で5行あったら5行分を重複を含めてランダムに選びます。
　各表データをモデルに与えて、それぞれのモデルが学習します。学習の段階では、モデル同士は関連し合わないので、並列に学習を進めることができます。

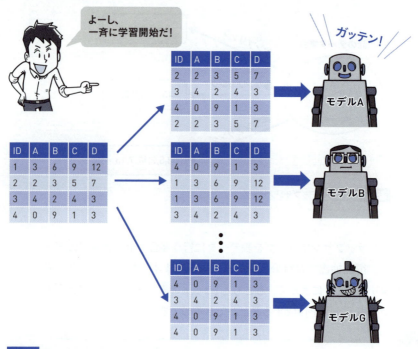

図12-9 各モデルが並列に学習を進める

　それぞれのモデルに1つの入力データを与えると（同じ内容をそれぞれのモデルに与える）、それぞれが学習した内容に当てはめて、予測結果を計算してくれます。

> つまり、バギング手法の「モデルが全部決定木版」がランダムフォレストってことですね！

> だいたいその感覚でいいんだけど、厳密にはちょっと違うんだ。

　バギングは、行を復元抽出でランダムに選んでデータセットを作成します。ランダムフォレストは、それに加えて、それぞれの決定木を作成する際、各ノードで分割の条件を決めるときに利用してよい特徴量の列も、ランダムに選択します。これによりランダムサンプリングで得られた表から学習するモ

デルに多様性を持たせているのです。そのため、ランダムフォレストは、「決定木でのバギング」を少し拡張した（列もランダム選択）手法と考えることができます。

> とは言っても、バギングの中で実際に使われるのは、ほぼほぼランダムフォレストだよ。

ブースティング

ランダムフォレストでは学習中のモデル同士は互いに関与し合いません。そのため、データのランダムサンプリングができたら、複数のモデルに同時に学習をさせることができます。

対して、ブースティングはモデルを1つずつ順番に学習させていきます。

> どうしてそんなまどろっこしいことをするんですか？

> それはね、モデルが自分の学習結果を次のモデルと共有する、というのがブースティングの基本的な考え方だからだよ。

ブースティングでは、最初のモデルの学習を終えたら次のモデルで学習を始めます。このとき、次のモデルは、すでに学習が終わったモデルから「ID●●番のデータを誤分類してしまった」や「学習した結果、MSE（平均2乗誤差）が△△」という情報を受け取ることができます（平均2乗誤差は平均絶対誤差と同様に値が小さいほど予測性能が良い。最小値：0）。次のモデルはこの情報を踏まえた上で学習を進めるので、だんだんと精度が向上していくのです。

図12-10 学習を終えたモデルから情報を得て、精度を向上させていく

　ブースティングの手法にはXgboostや勾配ブースティングなどさまざまなものがありますが、今回は最も基本的な**アダブースト**について紹介します。

12.3.2 アダブーストの概要

　ブースティングの各手法に共通する考え方は、モデルを逐次学習していき、次のモデルは、前のモデルの学習結果の情報を利用して学習を進める、という点です。ブースティングにはさまざまな手法がありますが、それらの違いは、**次のモデルにどういう情報を渡すか**という点です。

アダブーストでは、前回どのデータを誤分類してしまったのか、という情報を渡すよ。

氏名	身長	体重	派閥
工藤	170	60	たけのこ
浅木	158	48	たけのこ
松田	168	69	きのこ
瀬川	171	70	たけのこ
福田	173	65	きのこ

氏名	身長	体重	派閥
工藤	170	60	たけのこ
浅木	158	48	たけのこ
松田	168	69	きのこ
瀬川	171	70	たけのこ
福田	173	65	きのこ

氏名	身長	体重	派閥
工藤	170	60	たけのこ
浅木	158	48	たけのこ
松田	168	69	きのこ
瀬川	171	70	たけのこ
福田	173	65	きのこ

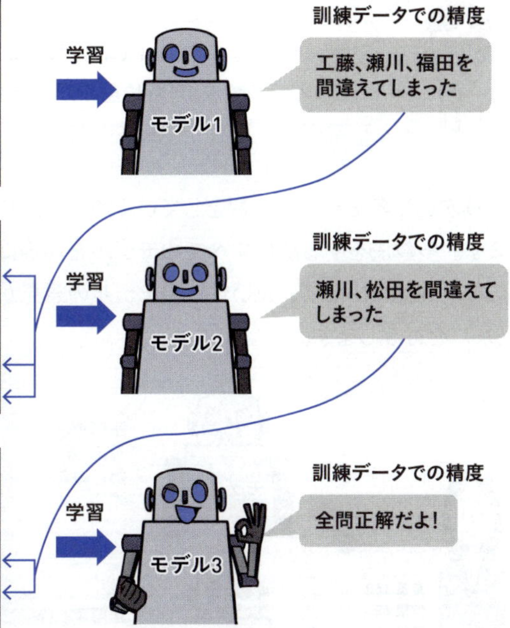

※　　　は要注意データ。

図12-11 誤分類の情報を渡す

アダブーストでは、前のモデルは次のモデルに対して「自分の学習結果では、訓練データの●番目のデータで誤判断してしまう」というような、訓練データの中のどのデータが法則性を学習する上で難しいか、という情報を引き継ぎます。次のモデルはその情報を踏まえて、そのデータで誤判断しないように気をつけながら再度学習を行います。

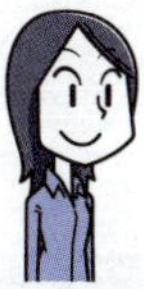

ってことは、学習後の運用で予測させるときって最後のモデルだけ使うのかしら？

アダブーストでも、最後のモデルだけを利用するわけではなく、これまで作成したすべてのモデルを利用して予測させます。

でも、単純な多数決ってわけじゃない。各モデルの予測性能に応じて、多数決の1票に重みが付与されるよ。

逐次的に各モデルが学習をしていく際に、各モデルの予測性能も計算されます。多数決をする際にすべてのモデルを均等に扱うのではなく、各モデルの予測性能に応じて、良い性能のモデルの意見が重要視されるように、重み（票）を付与します。

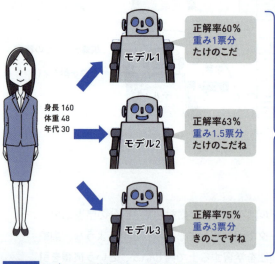

図12-12 モデルの予測性能に応じて重みを付ける

なんてこった、1人1票じゃないんですねー！

12.3.3 アダブーストの実装

それでは、沈没船の生存予測データで、アダブーストを実装してみましょう。データの前処理に関してはコード12-10〜12-13までと同じとします。

コード12-18 アダブーストを実装する

```
# アダブーストのインポート
from sklearn.ensemble import AdaBoostClassifier
# ベースとなるモデル
from sklearn.tree import DecisionTreeClassifier

x_train, x_test, y_train, y_test = train_test_split(x, t,
    test_size = 0.2, random_state = 0)
# 最大の深さ5の決定木を何個も作っていく
base_model = DecisionTreeClassifier(random_state = 0,
    max_depth = 5)

# 決定木を500個作成
model = AdaBoostClassifier(n_estimators = 500,
    random_state = 0, estimator= base_model, algorithm="SAMME")
model.fit(x_train,y_train) # 学習

print(model.score(x_train, y_train)) # 訓練データの正解率
print(model.score(x_test, y_test)) # テストデータの正解率
```

実行結果
0.9859550561797753
0.8324022346368715

　アダブーストは、「あるモデルを複数生成し、誤分類結果を引き継ぎながら順番に学習させる手法」のことであって、どのモデルを作るかを決める必要があります。今回は、最大深さ5の決定木をベースモデルとしてまず準備し、これをAdaBoostClassifier関数のbase_estimator引数に指定することで500個生成しています。

ちなみに、base_estimatorを指定しないとデフォルトで深さ1の決定木がベースモデル用に作成されるんだ。

また、AdaBoostClassifier関数のn_estimators引数で、作成するモデルの数を指定しています。今回は500を設定していますが、本来はさまざまな値で実験してみて最適な数を見つけます。

A アダブースト

・アダブーストのインポート

```
from sklearn.ensemble import AdaBoostClassifier
```

・モデルの作成

```
変数= AdaBoostClassifier(n_estimators =モデル数,
    random_state =数値,
    estimator=決定木などのモデル)
```

※ ベースモデルには、決定木やロジスティック回帰等を指定することができる(一般的には決定木を利用)。

12.3.4 ランダムフォレストやアダブーストで回帰

前章で、決定木が分類だけでなく回帰にも使えることを学習しました(回帰木)。回帰木の考え方を利用することで、当然、ランダムフォレストやアダブーストでも回帰の予測モデルを作成することができます。第6章で扱った「cinema.csv」で回帰のモデルを作ってみましょう。

コード12-19 ランダムフォレストで回帰のモデルを作る

```
01  # データの読み込み
02  df = pd.read_csv('cinema.csv')
03  df = df.fillna(df.mean())
```

```
04  x = df.loc[:, 'SNS1':'original']
05  t = df['sales']
06  x_train, x_test, y_train, y_test = train_test_split(x, t,
07      test_size = 0.2, random_state = 0)
08
09  # ランダムフォレスト回帰
10  from sklearn.ensemble import RandomForestRegressor
11  # 100個のモデルで並列学習
12  model = RandomForestRegressor(random_state = 0,
13      n_estimators = 100)
14  model.fit(x_train, y_train)
15  model.score(x_test, y_test) # 決定係数
```

実行結果

0.5563347234627347

コード12-20 アダブーストで回帰のモデルを作る

```
01  # アダブースト回帰
02  from sklearn.ensemble import AdaBoostRegressor
03  # ベースモデルとしての回帰木
04  from sklearn.tree import DecisionTreeRegressor
05  base = DecisionTreeRegressor(random_state = 0,
06      max_depth = 3)
07
08  # 100個のモデルで逐次学習
09  model = AdaBoostRegressor(random_state =  0,
10      n_estimators = 100, estimator = base)
11  model.fit(x_train, y_train)
12  model.score(x_test, y_test)  # 決定係数
```

実行結果

```
0.6748482902800904
```

　今回はデータの前処理などを割愛しているので決定係数が高くなりませんが、適切な前処理を行うことにより、通常の簡単な回帰モデルより性能が高くなることが見込めます。

12.4 第12章のまとめ

ロジスティック回帰

- ロジスティック回帰は、分類の手法であり、正解データに分類される確率を予測する回帰式を作成する。
- 通常、予測された確率が最大となるものを分類結果とする。

ランダムフォレスト

- ランダムフォレストは、利用するとデータと特徴量を毎回ランダムに選んでさまざまな決定木を作成する学習法である。
- ランダムフォレストの分類では、各分類木に予測をさせて、それらの多数決を行うことで、最終的な予測結論を下す。
- ランダムフォレストは通常の決定木に比べて過学習を防ぐことができる。

アダブースト

- アダブーストは、大量のモデルを生成し、1つずつ逐次的に学習を進めていく。
- アダブーストの各モデルは、前のモデルと学習結果を共有して学習を行う。
- 学習後の予測は、各モデルの予測性能に応じて、重み付き多数決を行う。

12.5 練習問題

練習12-1

次の表は、ロジスティック回帰モデルに1件分のデータを予測(predict_proba)させた結果です。ロジスティック回帰の理論上、矛盾している箇所を見つけてください。正解データの種類は、A、B、Cという計3種類です。

1件分のデータの予測結果

A	B	C
0.6	0.3	0.2

練習12-2

バギングに関する説明で間違っているものをすべて選んでください。

1. バギングでは、N行のデータからM行のデータをランダムに抽出する（M＜N）。
2. ランダムフォレストでは、利用する列（特徴量）に関してもランダムに選択する。
3. ランダムフォレストは過学習が起きにくい。
4. バギングはブースティングより学習時間がかかる。

練習12-3

回帰の予測モデルに関してもアンサンブル学習をすることができます。しかし、予測結果が数値であるため、最終結果を多数決で判断することは不適切です。

では、どのように複数モデルの結果から最終判断を下せばよいでしょうか。

練習12-4

ブースティングに関する説明で間違っているものをすべて選んでください。

1. ブースティングは、逐次的に学習を進める。
2. アダブーストでは、最後に作られたモデルが最も予測性能が良い。
3. ブースティングでは、ランダムサンプリングによりモデル学習が行われる。
4. ブースティングはバギングより学習時間がかかる。

column 不均衡データに対する処理：アンダーサンプリング

　分類モデルを作る際に、正解データが不均衡データかどうか考慮することはとても重要です。第7章では、モデルを準備するとき、パラメータ引数でclass_weight = 'balanced'を指定することにより、件数が少ないデータを誤分類しないようにするという方法を紹介しました。

　不均衡データの対処法はほかにもあります。たとえば、正解データがAとBの2種類あり、訓練データではAが5000件、Bが1000件だったとしましょう。Aのデータ数はBの5倍なので、正解データの不均衡が生じています。このとき、データAからランダムに1000件サンプリングして、それとBを合わせた2000件を訓練データとすることにより、データの不均衡をなくすことができます。

　このように、データ件数の多いほうを削減して少数派のデータ件数に合わせる手法を**アンダーサンプリング**と呼びます。

　なお、データフレームのメソッドでsampleメソッドを利用すると、ランダムサンプリングを行うことができます。

```
01  df = pd.read_csv('cinema.csv')
02  df.sample(n = 2, random_state = 100)  # ランダムに2件
03                                        # サンプリング
```

実行結果

	cinema_id	SNS1	SNS2	actor	original	sales
37	1571	606.0	410	10600.786950	1	10615
62	1096	353.0	911	9683.270128	1	10397

chapter 13
さまざまな予測性能評価

第Ⅲ部ではここまで、前処理と学習について
応用テクニックを学んできました。
この章では予測性能の評価について
さまざまな応用手法を学びましょう。

contents

13.1　回帰の予測性能評価
13.2　分類の予測性能評価
13.3　K分割交差検証
13.4　第13章のまとめ
13.5　練習問題

13.1 回帰の予測性能評価

13.1.1 平均絶対誤差（MAE）の復習

回帰の予測モデルを作ったとき、どういう評価指標で分析したか覚えているかな？

第II部の第6章で紹介した評価指標には「決定係数」「平均2乗誤差」「平均絶対誤差」がありました。この章では平均2乗誤差についてもう少し詳しく紹介します。平均2乗誤差は平均絶対誤差とよく似た考え方なので、対比しながら説明しましょう。

たとえば学習済回帰モデルに対して3件の検証データで予測させたとします。

表13-1 予測と実際の値のズレを絶対値比較

	1件目	2件目	3件目
1. 予測の値	1	3	-1
2. 実際の値	2	0	1
3. (予測結果) - (実際) の値	-1	3	-2
4. 3 の結果の絶対値	1	3	2

まず、予測結果と実際の差分を計算して、その絶対値を求めます（表13-1の4行目）。平均絶対誤差（MAE）は、それら絶対値の平均値です。

平均絶対誤差（MAE） = (1 + 3 + 2) / 3 = 2

決定係数との違いは、予測性能を直感的に理解しやすいって点だったね。

13.1.2 平均2乗誤差（MSE）

対して、平均2乗誤差は、予測と実測の差分に関して2乗した指標です。

表13-2 予測と実際の値のズレを2乗

	1件目	2件目	3件目
1. 予測の値	1	3	-1
2. 実際の値	2	0	1
3. (予測結果) - (実際) の値	-1	3	-2
4. 3の2乗値	1	9	4

表13-2を例にすると、

平均2乗誤差（MSE）= (1 + 9 + 4) / 3 = 14 / 3

となります。平均2乗誤差は平均絶対誤差と同様に「値が小さいほど予測性能が良い（最小値：0）」です。

ん？　でも、平均絶対誤差とはどう使い分けたらいいんだろうか？

予測と実測の誤差に関する平均を単純に取ると、プラスとマイナスで打ち消しが生じるため、その打ち消しが生じないように2乗したり、絶対値をとったりしているだけで、誤差の大きさのみを評価することに変わりありません。

ただ、絶対値を使った計算にはプラスかマイナスかの場合分けが必要で、計算が煩雑になります。一方、2乗という計算にはそういった場合分けは必要なく、アルゴリズムの観点で計算が簡単になるというメリットがありますが、誤差を2乗することで外れ値が評価に与える影響も大きくなります。

機械学習にそこまで詳しくない方に説明するときのことを考慮すると平均絶対誤差のほうが解釈しやすいというメリットもあるでしょう。

当然、scikit-learnでも平均2乗誤差を計算できます。第6章で利用した「cinema.csv」を使ってみましょう。本来は、検証データやテストデータのみで、平均2乗誤差を計算しますが、今回は全データで計算します。

まずは、データとモデルを準備します。

コード13-1 データとモデルの準備

```
01  import pandas as pd
02  # 欠損値があるままでは学習できないので欠損値処理だけ行う
03  df = pd.read_csv('cinema.csv')
04  df = df.fillna(df.mean())
05  x = df.loc[:, 'SNS1':'original']
06  t = df['sales']
07  from sklearn.linear_model import LinearRegression
08  model = LinearRegression()
09  model.fit(x, t)
```

データとモデルが準備できたので、平均2乗誤差を計算してみましょう。scikit-learnのライブラリで計算できます。

コード13-2 平均2乗誤差を計算する

```
01  from sklearn.metrics import mean_squared_error
02  # 訓練データでのMSE値
03  pred = model.predict(x)          ── モデルに予測させる
04
05  mse = mean_squared_error(pred, t) ── 予測値と実際値でMSEを計算
06  mse
```

実行結果

151986.03957624524

 平均2乗誤差の計算

mean_squared_error(予測結果, 正解データ)

※ 事前に from sklearn.metrics import mean_squared_error でインポートする必要がある。

MSEは、「値が小さければ、より予測性能が良いモデルである」と解釈する点ではMAEと同じですが、MSEの値そのものについて分析者が解釈することは難しいです。

2乗しているせいで、解釈が難しくなるなんてなんだか分散と同じね。

そう、分散と同じさ。同じように2乗のデメリットを打ち消すためにMSEに平方根を取ってあげよう。

13.1.3 2乗平均平方根誤差（RMSE）

第I部で紹介したように、データのばらつきを示す分散は、平均値との差分を2乗してから平均値を計算した指標ですが、解釈しづらいため、平方根（ルート）を取った標準偏差をよく利用します。同様に、MSEも予測と実測の誤差を2乗しているため解釈がしづらいので、平方根を取った2乗平均平方根誤差（RMSE）がよく用いられます。

$$RMSE = \sqrt{MSE}$$

scikit-learnには直接RMSEを計算する関数がありません。そのため、まずはMSEを計算したうえで、標準ライブラリのmathライブラリのsqrt関数を利用して平方根を計算します。

コード13-3 RMSEの計算

```
01  import math
02  math.sqrt(mse) # RMSEの計算
```

実行結果
```
389.85386951554705
```

このモデルは、RMSEの観点から、予測値から平均して389.85ほど誤差が生じることがわかりました。

ん？ MSEよりRMSEのほうが解釈しやすくてよいってことはわかったんですが、RMSEとMAEは、結局何が違うんですか？

RMSEもMAEも求めるための計算式が異なるだけでどちらも直感的なニュアンスとしては「予測結果と実際の誤差の平均」と解釈することができますが、外れ値からの影響を受けやすいのがRMSEです。

RMSEは外れ値を敏感に検知して、MAEは外れ値があってもそれほど変化しない指標なんだ。

ここでいう外れ値とは、実際の値より予測結果が大きく離れているデータのことです。実際に検証してみましょう。

コード13-4 予測結果と実際の誤差を検証する

```
01  from sklearn.metrics import mean_absolute_error
02  yosoku = [2, 3, 5, 7, 11, 13] # 予測結果をリストで作成
03  target = [3, 5, 8, 11, 16, 19] # 実際の結果をリストで作成
04
05  mse = mean_squared_error(yosoku, target)
06  print('rmse:{}'.format(math.sqrt(mse)))
07  print('mae:{}'.format(mean_absolute_error(yosoku, target)))
08
09  print('外れ値の混入')
10  yosoku = [2, 3, 5, 7, 11, 13, 46] # 実際には23だけど46と予測
11  target = [3, 5, 8, 11, 16, 19, 23]
12  mse = mean_squared_error(yosoku, target)
13  print('rmse:{}'.format(math.sqrt(mse)))
14  print('mae:{}'.format(mean_absolute_error(yosoku, target)))
```

実行結果

```
rmse:3.8944404818493075     ← ほぼ同じ
mae:3.5
外れ値の混入
rmse:9.411239481143202      ← 外れ値の影響を受けて乖離している
mae:6.285714285714286
```

　予測結果が実際の値からそれほど変わらないモデルの場合、MAEとRMSEは同程度になります。しかし、大きく予測を外したデータを混入すると、RMSEとMAEには乖離が生じます。このように、RMSEは、MAEと比べて外れ値が入っていると、値が大きく変わるという性質があります。

13.2 分類の予測性能評価

前節では、回帰での予測性能指標について解説しましたが、当然、分類に関しても正解率以外のさまざまな性能評価の指標があります。

> 正解率は、単純に予測が合っているか外しているかの判定だけど、同じ正解率でもどのように外しているかはまったく考慮していない。でも、そういったところもちゃんと考慮した評価指標もあるんだ。

> 外し方？　どういうことでしょうか？

> じゃあ、身近な例で考えてみよう。そうだね。天気予報がいいかな？

13.2.1 適合率と再現率

天気の予測は、現代社会において非常に重要な技術ですが、天気予報などでは、「明日は雨である」とは明言せずに、現状の気温や湿度や雲の動きなどをもとに総合的に判断して、「雨である確率」を公表します。

> その確率によって、雨であるか晴れであるかを視聴者が判断しなきゃいけないわけだね。

つまり、ざっくり考えると、天気予報は「今日の気温や湿度など」を特徴量とする予測モデルと考えることができます。

でもさ、同じ降水確率でも、判断の仕方って人によってまちまちだよね？ 2人は朝の天気予報で降水確率が何％だったら、傘を持っていこうと思う？

そうですね。私は結構不安症なんで、20〜30％ぐらいでも傘を持っていこうかなと思います。

僕は結構粘りますよ！ だいたい60〜70％ぐらいですね。

　2人の判断は異なりますが、実はどちらかが良いということはなく、リスク（雨に降られる）とコスト（傘を持ち歩く）の関係で捉える必要があります。

　たとえば、浅木さんは降水確率が低くても、傘を持ち歩きます。分類問題に置き換えると、「雨の日」と予測しやすい予測モデルを採用していることになります。その場合、「雨に濡れる」というリスクはかなり小さくなりますが、傘を持ち歩く日の多くは「不要な荷物」という余分なコストを払わなくてはなりません。

　反対に松田くんは、よほど降水確率が高くないと傘を持ち歩かないので「雨の日」と予測することはほぼない予測モデルを採用していることになります。「雨に濡れる」というリスクは高くなりますが、傘を持つ日の多くで雨が降るので「不要な荷物」というコストは抑えられます。

　この2人のようにリスクとコストのどちらかを重視する予測モデルの性能の指標に**適合率**と**再現率**というものがあります。

適合率

　雨予測の適合率は、雨が降ると予測した件数のうち、実際に雨が降った件数の比率です。

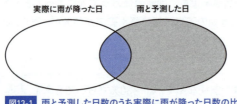

図13-1 雨と予測した日数のうち実際に雨が降った日数の比率

　実際に適合率を計算してみましょう。仮に松田くんと浅木さんが100日間毎日、朝に今日が雨かどうか予測したとしましょう。次の図13-2は、その結果を集計した表です。

＜浅木さんの場合＞

		予測	
		降らない	降る
実際	降らなかった	40	30
	降った	2	28

雨の適合率 = 28/(28+30) = 約 0.48

＜松田くんの場合＞

		予測	
		降らない	降る
実際	降らなかった	69	1
	降った	20	10

雨の適合率 = 10/(1+10) = 約 0.90

図13-2 ある100日間の天気予測（雨かどうか）の結果

　雨の適合率の値は松田くんのほうが大きいです。つまり、コストを抑えたい松田くんは「雨予測の適合率を重視している」と考えることができます。
　ちなみに、分類モデルの性能評価において図13-2のような実際の結果と予測の結果の2軸で集計した表を**混同行列**と呼びます。

再現率

　再現率は、実際に雨が降った件数のうち、雨が降ると予測した件数の比率です。

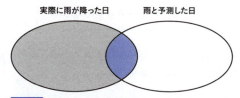

図13-3 実際に雨が降った件数のうち、雨が降ると予測した件数の比率

＜浅木さんの場合＞

		予測	
		降らない	降る
実際	降らなかった	40	30
	降った	2	28

雨の再現率 ＝ 28/(2+28) = 約 0.93

＜松田くんの場合＞

		予測	
		降らない	降る
実際	降らなかった	69	1
	降った	20	10

雨の再現率 ＝ 10/(20+10) = 約 0.33

図13-4 ある100日間の天気予測に関する混合行列

　つまり、リスクを抑えたい浅木さんは「再現率を重視している」と考えることができます。

> この2つの指標はどちらが優れているというわけじゃないよ。作るモデルによって使い分けよう。

　たとえば、筆者が住んでいたマンションには、室内の煙を感知する火災報知器がついていたのですが、浴室の扉をうっかり開けっ放しにしてお風呂を沸かしていたら、湯気に反応して火災報知器が鳴ってしまったことがあります。火災報知器も、室内の空気の状況を特徴量として、火事なのかどうかを予測するモデルと考えることができます。この火災報知器が起こしうる不具合を考えると、次の2種類があります。

- 火事ではないのに、間違って警報音が鳴る。
- 本当に火が出て煙が立っているのに、警報音が鳴らない。

2人はこの2種類の不具合だったらどっчが許せない？

もちろん、火災報知器なのに、本当の火事で鳴らなかったら大問題だと思います。

「火災報知器」という製品であることを踏まえると「本当は火事なのに警報音が鳴らない」という不具合は、可能な限り回避されるべきです。つまり、火災報知機というモデルを評価する場合、本当に火事が起こりそうなときにきちんと警報音が鳴ること（つまり火事であることに対する再現率）が重要になってきます。

このように、自分が作りたい予測モデルが実際に運用されているところをイメージして、適合率を重視するべきなのか、再現率を重視するべきなのかを判断する必要があります。

それでは、Pythonを用いて適合率や再現率を計算してみましょう。今回は、第7章で使ったSurvivied.csvを利用します。

まずは、データとモデルを準備します。

コード13-5　データの準備

```
# データの準備
df = pd.read_csv('Survived.csv')
df = df.fillna(df.mean(numeric_only=True))

x = df[['Pclass', 'Age']]
t = df['Survived']
```

コード13-6　モデルの準備

```
# モデルの準備
from sklearn import tree
model = tree.DecisionTreeClassifier(max_depth = 2,
```

```
04  random_state = 0)
05  model.fit(x, t)
```

それでは、classification_report関数で再現率と適合率を一括で計算してみましょう。

コード13-7 再現率と適合率を一括で計算

```
01  from sklearn.metrics import classification_report
02  pred = model.predict(x)
03  out_put = classification_report(y_pred = pred, y_true = t)
04  print(out_put)  ← print関数は必須
```

実行結果

```
              precision    recall  f1-score   support
                 適合率                 再現率

           0      0.78      0.65      0.71       549
           1      0.56      0.70      0.62       342

    accuracy                          0.67       891
   macro avg      0.67      0.68      0.67       891
weighted avg      0.69      0.67      0.68       891
```

再現率や適合率って、正解データの種類ごとに計算されるんですね。

なお、classification_report関数の戻り値は今までのようにpandasの型やnumpyの型ではなく、ただの長い1つのstr型（文字列型）です。そのため、データサイエンティストが目で見て考察するならいいのですが、この結果をさらにプログラムで処理（適合率だけ抜き出すなど）を行う場合にはとても不便です。

そんなときは、classification_report関数にパラメータ引数を指定するよ。

コード13-8 classification_report関数にパラメータ引数を指定

```
01  out_put = classification_report(y_pred = pred, y_true = t,
        output_dict = True)
02                  ┗ 戻り値をディクショナリ型で出力
03  # out_putをデータフレームに変換
04  pd.DataFrame(out_put)
```

実行結果

```
                   0          1      accuracy   macro avg   weighted avg
precision   0.778742   0.558140     0.672278    0.668441    0.694066
recall      0.653916   0.701754     0.672278    0.677835    0.672278
f1-score    0.710891   0.621762     0.672278    0.666326    0.676680
support   549.000000 342.000000     0.672278  891.000000  891.000000
```

再現率や適合率は、1つのモデルで1個計算できるというわけではなく、正解データの種類それぞれについて計算することが可能です。そのため、単純に「適合率を重視する」ではなく「AとBとCの中でもAの適合率を重視する」という評価もできます。

あれ？ そういえば、コード13-8の実行結果に出てきているf1-scoreってやつは何ですか？

13.2.2　f1-score

　f1-scoreは、適合率と再現率の平均と解釈できる指標で、F値とも呼ばれています。
　前項で、作りたいモデルの特徴をもとに、再現率を重視するべきか適合率を重視するべきかを判断すると述べましたが、実際には、「どちらも大事だ！」という場合もあります。

どっちも大事なら、全体を考慮している正解率を計算すればいいじゃないですか？

　たしかに正解率は、全体を考慮した評価指標ではありますが、欠点があります。それは、正解データの種類別には予測性能を評価できないという特徴です。
　たとえば、今正解データが「A」と「B」の2種類あり、Bに関しては精度はさほど重要ではない一方、Aに関しては正確に予測したいとしましょう。このとき、Aに関する予測性能が十分なモデルができたとしても、Bに関する予測性能が不十分なら、全体としての正解率は下がり、「よくないモデルである」と評価されてしまいます。また、第7章で紹介したように正解データの個数に偏りがある場合、正解率で検討すると誤った解釈をしやすいというデメリットもあります。そのため、Aについての性能を細分化することができる適合率と再現率を評価の指標にすることは、とても有効です。
　しかしこのとき「適合率も再現率もどちらも重要」という結論になったらどうしたらよいでしょうか。
　実は適合率と再現率はトレードオフの関係であり、一方が大きくなるようにチューニングするともう一方は低下する傾向が強く2つの指標を同時にモデルチューニング時の指標にするのは難しいです。そこで、適合率と再現率を同時に考えたいときには、両者の平均値的な解釈をすることのできるf1-scoreを利用します。
　たとえばコード13-8の結果より生存に関する予測のf1-scoreは0.621762であることがわかります。f1-scoreは必ず0以上1以下となり、1に近いほど予測精度が高いことを意味しています。

13.3 K分割交差検証

13.3.1 ホールドアウト法の問題点

　準備できた全データをモデルに学習させるわけではなく、「学習に利用するデータ」と「予測性能をテストするデータ」に分割することを、ホールドアウト法と呼びました（5.4.1項）。

　第8章では最終的に3つに分割する方法も紹介しましたが、その際も、「訓練＆検証」と「テスト」の2分割をしたあとに、「訓練＆検証」を「訓練」と「検証」の2分割にしているので、広義にはホールドアウト法を呼ぶことができます。

でも実はね、ホールドアウト法でモデルのチューニングを行うことにも結構なデメリットがあったりするんだ。

　では、チューニング時の訓練データと検証データでの分割に関して考えてみましょう。

わかりやすい例としては「訓練＆検証データ」の中に外れ値が混ざっていたときだね。

えっ？　外れ値ってモデルの性能に影響するから除外するんじゃなかったでしたっけ？

もう、前に工藤さんが言っていたじゃない！　露骨な外れ値は除外するけど、ある程度の外れ値は残しておくのよ。

　外れ値をすべて除外すると訓練＆検証データでのモデルの性能は簡単に向

上します。しかしその代わり、作成モデルは外れ値にまったく対応できないモデルになってしまうため、外れ値のすべてを削除はしないことを紹介しました（p271）。

仮に訓練＆検証データが1000件あって、その中に外れ値が10件ぐらいあったとしよう。

このとき、ホールドアウト法でデータを分割すると、次の図13-5のようなことが起こり得ます。

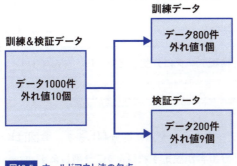

図13-5 ホールドアウト法の欠点

うっ…検証データが外れ値だらけ…。確かにこれは好ましくないですね…。

ランダムに分割していることが仇となっているね。外れ値のほとんどが、検証データに含まれちゃってるから、適切なチューニングができていても、検証データではいい結果が得られにくいね。トライアル＆エラーの泥沼にはまることになるよ。

また、外れ値とまではいかなくても、訓練データにこのように「ランダムにデータを分割」という処理をすると、分割したデータに偏りが出る可能性があり、モデルの性能の悪い原因が、本質的なチューニングなのか、分割時

のデータの偏りなのかがわかりません。さらに、このようなデータの偏りは、訓練＆検証のデータ数が少ないとより顕著になります。こうしたホールドアウト法の欠点を改善するための方法が、**K分割交差検証**です。

13.3.2 K分割交差検証

K分割交差検証の「K」には3以上の整数が入ります。話を簡単にするために、ここではK＝3として話を進めましょう。

訓練＆検証データをね、全部でK分割（今回だと3分割）するんだ。

えっ？　訓練データと検証データに分割したいのに、なんで3分割するんですか？？

まずは、Kの数に従って、データをランダムに等分割します。今回はK＝3なので3分割ですが、K＝4と分析者が設定すれば4つに分割します。

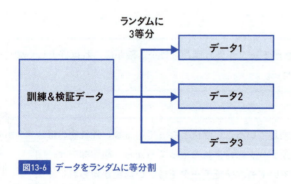

図13-6　データをランダムに等分割

データを3つに分割しましたが、訓練や検証などの名称は付けずに、単純に「データ1」「データ2」「データ3」とします。

今3つに分割したけど、この中の1つを検証データとするなら、パターンは何通りあるかな？

データ1が検証用のときと、データ2が検証用のときと、データ3が検証用のとき、の計3パターンですね！

　K分割交差検証は、同じチューニング内容のモデル（前処理も含む）に対して、この全パターンでの学習と検証を行うという方法です。
　まずは、データ1とデータ2を訓練データとし、データ3で検証します。

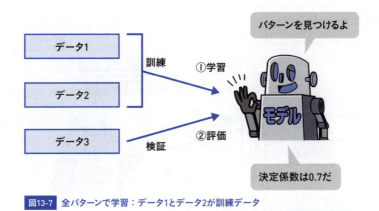

図13-7　全パターンで学習：データ1とデータ2が訓練データ

　続いて、データの組み合わせを変えて、データ2とデータ3を訓練データとして、モデルに再学習させ、データ1で検証します。

途中で前処理の方法やモデルの設定項目を変えちゃだめだよ。まったく同じ状況で再学習させるんだ。

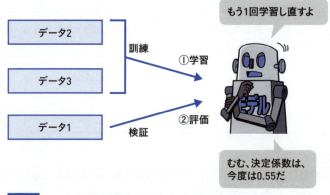

図13-8 全パターンで学習：データ2とデータ3が訓練データ

最後に、データ1とデータ3を訓練データとして再び学習させ、データ2で評価します。

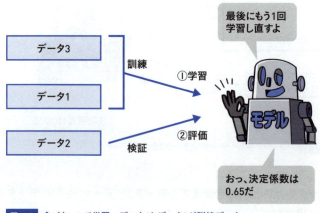

図13-9 全パターンで学習：データ1とデータ3が訓練データ

なお、次のモデルは前のモデルから何らかの情報を引き継いでいるわけではなく、ゼロから学習を始めている点に注意してください。さて、これで3回分の予測性能の評価指標が計算できました。最終的な結果としては、これらの平均を取ります。

3回の結果が0.7と0.55と0.65だから…。

平均すると0.63ぐらいね！

　単純なホールドアウト法もK分割交差検証も、結局はデータを「学習に利用するデータ」と「チューニングに利用するデータ」に分けて、学習に関与していないデータでの予測性能を測ることを目的としています。しかし特にK分割交差検証では、仮にデータの分け方に偏りが出ても、いろいろな組み合わせパターンを調べてそれらの平均を取っているので、偏りの影響を少なくできるのです。

　それではK分割交差検証をscikit-learnで行ってみましょう。データは、第6章の「cinema.csv」を利用します。まずは、データの準備をしましょう。

コード13-9　K分割交差検証のためのデータ準備

```
01  df = pd.read_csv('cinema.csv')
02  # 学習できないので欠損値処理だけ行う
03  df = df.fillna(df.mean())
04  x = df.loc[:, 'SNS1':'original']
05  t = df['sales']
```

　次に、分割の指定を行いましょう。

コード13-10　KFoldの処理で分割時の条件を指定

```
01  from sklearn.model_selection import KFold
02  kf = KFold(n_splits = 3, shuffle = True, random_state = 0)
```

今回は3分割

　まず、KFold関数を呼び出すときに、分割条件を指定します。Kの値だけでなく、ランダムに選ぶかどうかなど、さまざまな指定ができます。その情報が変数kfの中に代入されました。

分割の指定ができましたら、cross_validate関数で実際に交差検証をしていきます。

コード13-11 cross_validate関数で交差検証を行う

```
01  from sklearn.model_selection import cross_validate
02  model = LinearRegression()
03  result = cross_validate(model, x, t, cv = kf, scoring = 'r2',
04      return_train_score = True)
05  print(result)
```

分割条件 / 評価指標の指定（今回は決定係数）

実行結果
```
{'fit_time': array([0.0042026 , 0.00763369, 0.00199366]),
 'score_time': array([0.01291943, 0.0121367 , 0.00910735]),
 'test_score': array([0.72465051, 0.71740834, 0.75975591]),
 'train_score': array([0.76928501, 0.76368104, 0.75780074])}
```

訓練データでの3回の決定係数値（過学習確認用） / 検証データでの3回の決定係数値

※ fit_time と score_time は環境によって微妙に結果が異なります。

今回は、分割を3に指定しているので、全部で3回の学習と検証データでの検証が行われています。cross_validate関数の戻り値は、3回それぞれの検証データでの評価指標の計算結果が、**ディクショナリ型**として返ってきます。

最後にこの結果の平均値を計算してあげよう。

コード13-12 平均値を計算する

```
01  sum(result['test_score']) / len(result['test_score'])
```

実行結果
0.7339382541774343

このチューニングでのモデルの性能は決定係数が0.73ということがわかりました。この値が向上するように、チューニングを行います。一般に、訓練＆検証データが少ないとき、ホールドアウト法でチューニングした場合とK分割交差検証でチューニングした場合を比べると、K分割交差検証でのほうが高精度になるといわれています。その反面、K分割交差検証はK回学習をするので学習時間がかかる、というデメリットもあります。

 K分割交差検証

・分割条件の指定

> 変数 = KFold(n_splits = 分割数, shuffle = True,
> 　　random_state = 整数)

※ from sklearn.model_selection import KFold を事前に行っている。
※ shuffle = False とするとランダムに分割されない。
※ ramdom_sate はランダム分割時の乱数固定。

・K分割交差検証

> cross_validate(モデル変数, 特徴量データ, 正解データ,
> 　　cv = 分割条件, scoring = '評価指標',
> 　　return_train_score = True)

※ from sklearn.model_selection import cross_validate を事前にしている。
※ モデル変数は事前に作成済みの学習モデル（学習する前の状態）。
※ 評価指標は、"r2"や"accuracy"などを指定できる。
※ 評価指標はリスト形式で指定すると、複数個を同時に検証できる。
※ return_train_score = False とすると、訓練データでの予測性能は計算しない。

---

cross_validate関数のscoringパラメータとしてよく使われる評価指標の指定は、表13-3のとおりです。

表13-3 よく使われる評価指標とその書式

評価指標	書式
正解率	accuracy
F値	f1_micro
適合率（の平均）	precision_micro
再現率（の平均）	recall_micro
決定係数	r2
平均2乗誤差のマイナス1倍	neg_mean_squared_error
平均絶対誤差のマイナス1倍	neg_mean_absolute_error

なお、回帰で使われる平均2乗誤差や、平均絶対誤差は、その値をマイナス1倍した値で返ってきます。これは、cross_validateの仕様で「評価指標は値が大きいほど、予測性能が良いと解釈できるように統一したい」という事情があるからです。

平均絶対誤差も平均2乗誤差も、最小値が0の「値が小さいほど予測性能が良い」指標であり、上記の考えに反しています。そのため、マイナス1倍することで、cross_validateの考えに合わせているのです。

13.3.3 分類モデルを作るときの交差検証の注意点

分類の予測モデルを作るときも、当然、訓練データと検証データは交差検証をしますが回帰の場合とは別に注意する点が1つあります。

分割したデータの中で、正解データの偏りが発生しやすくなって、結局いいモデルが作れなくなってしまうんだ。

これまでのホールドアウト法は高々2分割でしたので、よほどデータが不均衡でない限り、正解データの偏りは発生しづらかったといえます。しかし、交差検証では3個以上にデータ分割します（3～5個の場合が多い）。そうすると、分割したデータによって正解データの偏りが発生しやすくなってしまうのです。

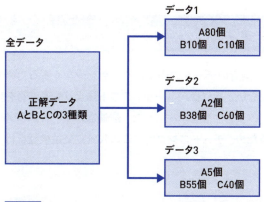

図13-10 分割のKが大きくなると正解データの偏りが発生しやすい

　図13-10の場合、たとえば、データ2、3が訓練データのとき、Aが合計7件しかないので、作成される予測モデルはほとんどBかCと予測します。しかし、検証データとなったデータ1は、ほとんどがAとなっています。K分割交差検証では、いろいろなパターンで検証するためにデータを3つ以上に分割しますが、今回のように正解データに偏りが生じると、不均衡データになり、根本的に予測性能の高いモデルが作れなくなってしまいます。

　そのため、分類モデルで分割条件を指定する際には「各分割ブロック内の正解データの比率が均等になる」ような指定をする必要があるのです。

　scikit-learnでは、インポートするライブラリを変えて、StratifiedKFoldを利用します。

コード13-13 StratifiedKFoldのインポート

```
01  from sklearn.model_selection import StratifiedKFold
02
03  skf = StratifiedKFold(n_splits = 3,
04      shuffle = True,random_state = 0)
```

引数はKFoldと同じ

13.3.4 チューニング後の処理

　K分割交差検証は、「分割時のデータの偏り」の影響を少なくするための方法です。データ数が少ないときには、ホールドアウト法よりも過学習を起こさずに未知データで高い予測性能を示すような、**最適なハイパーパラメータ値や前処理法を決めるため**、チューニング時にこのK分割交差検証を行います。

ハイパーパラメータってなんですか？

モデルを準備するときに事前に設定する項目のことさ。これまでの内容だと、決定木の木の深さや、リッジ回帰の正則化項の定数がこれに当たるよ。

　さて、K分割交差検証を駆使して最適なチューニングが決まったら、そのチューニング法を利用して、「訓練データ＆検証データ」をまとめてモデルに再学習させます。
　K分割とホールドアウト法の使い分けと、訓練データ、検証データ、テストデータのすみ分けは混同しやすいので気を付けてください。

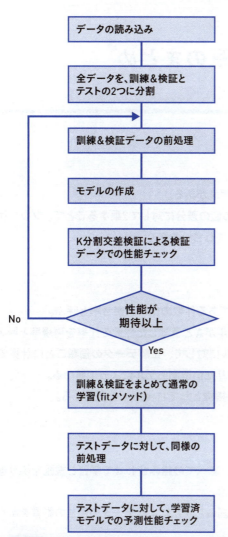

図13-11　K分割交差検証で最適なチューニングを決定する

13.4 第13章のまとめ

回帰の評価指標

- 回帰の評価指標には平均2乗誤差がある。
- 平均2乗誤差は、予測と実際の値の差分に対して2乗することで、プラス側の誤差とマイナス側の誤差の打ち消し合いを防ぐ。

分類の評価指標

- Aと予測したうちに本当にAである件数の比率を適合率と呼ぶ。
- 実際にAであったうち、モデルがAと予測した件数の比率を再現率と呼ぶ。
- 適合率と再現率は1つのモデルに対して、正解データの種類ごとに計算できる。
- どちらを重視するべきかは作りたい予測モデルによって異なる。
- 適合率と再現率の平均値的な指標としてf1-scoreを利用する。

K分割交差検証

- データを3つ以上に分割して、すべての組み合わせで学習と検証を繰り返すことを、K分割交差検証法と呼ぶ。
- K分割交差検証によって、分割のしかたによるデータの偏りの影響を減らすことができる。
- 分類モデルでは、正解データの比率が均等になるように分割する必要がある。

13.5 練習問題

練習13-1

松田くんは、きのこたけのこ予測モデルを利用して、自分と同じ「きのこ派」の友達を作りたいと考えています。しかし、本当はたけのこ派の人に「君ってきのこ派だよね？」と声をかけるのはとても失礼であるため、この間違いは極力防ぎたいと考えています。さて、予測モデルをチューニングする際に評価すべき指標は何でしょうか？

練習13-2

第7章のSurvied.csvにおいて、「生き残った人に関する予測性能を上げる」という目的でモデルを作る場合、予測モデルをチューニングする際に評価すべき指標は何でしょうか？

練習13-3

今回学習した内容を利用して、改めて第9章の総合演習の問題を解き直し、より高性能なモデルを作成してみましょう。

chapter 14
教師なし学習1：次元の削減

本書ではこれまで主に教師あり学習を扱ってきました。しかし、実践的な分析には、教師なし学習の知識も欠かせません。本章では、データの本質を見抜いて関連のある特徴量をまとめる「次元削減」について紹介します。

contents

14.1　次元削減の概要
14.2　データの前処理
14.3　主成分分析の実施
14.4　結果の評価
14.5　第14章のまとめ
14.6　練習問題

14.1 次元削減の概要

教師あり学習には、大きく分けて「回帰」と「分類」という2つの分析手法があり、どちらも入力データをもとに、何か別のデータ（正解データ）を予測するしくみを作るものでした。

対して、本章と次章で紹介する教師なし学習では予測すべき正解データというものはなく、分析手法として、たくさんある特徴量を少ない特徴量にまとめる「次元削減」や、似ているデータ同士をグループに分ける「クラスタリング」などがあります。

なるほど。教師ありの場合は、回帰も分類も結局どちらも予測でしたが、次元削減とクラスタリングは根本的にやってることが違うんですね。

この章ではまず、次元削減について学びましょう。

14.1.1 次元削減とは

次元削減を使うと、既存の列データを組み合わせて、新しい列を作ることができるよ。

例として、学生の2科目（数学と理科）の試験得点表があったとします（図14-1左）。

数学の得点と理科の得点を組み合わせて、
「理系能力」という新しい指標を作っている

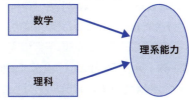

氏名	数学	理科
松田	80	70
浅木	85	90
工藤	70	85
国元	65	60

図14-1 学生4名の2科目の試験得点表

　教師なし学習の1つである**次元削減**では、モデルにデータを与えると、モデルは各列の特徴を調べ、関連する列の特徴をまとめて新しい1つの列（特徴量）に要約します。**実際に測定できる構成要素**を組み合わせることで**実際には測定できない概念的な指標**を作成できる、と考えてください。

確かに「理系能力」というと漠然とイメージできるけど、明確な指標として「理系能力」って測定できないよね！

「数学」と「理科」の情報を組み合わせて、理系能力
指標を決めている（単純な平均値ではない）

氏名	数学	理科
松田	80	70
浅木	85	90
工藤	70	85
国元	65	60

氏名	理系能力
松田	75
浅木	88
工藤	80
国元	62

図14-2 実際には測定できない概念的な指標「理系能力」

　また、測定できない概念的な指標を作れること以外にもメリットはあります。図14-2の場合、もともとは数学と理科の2列のデータ（2次元のデータともいう）でしたが、組み合わせたことで「理系能力」という1つの指標にまとめています。これにより、以降は、「数学」「理科」「理系能力」の計3列を対象として学生能力の考察を進める必要はありません。

「理系能力」は「数学」と「理科」の両方の特徴をしっかり踏まえた指標だからね、「理系能力」だけを考えればOKだよ。

同様に、国・数・英・理・社という全部で5列のデータ（5次元のデータという）についても考えてみましょう。

先ほどと同様に、数学と理科を「理系能力」にまとめることができそうです。残りの国語・英語・社会の3科目はまとめて「文系能力」という指標を作ることができそうですね。

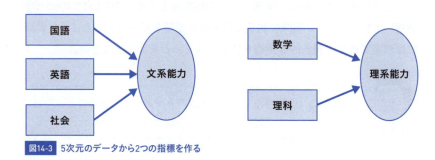

図14-3　5次元のデータから2つの指標を作る

もともと5次元だったデータを2次元のデータにすることができたってわけさ。

「国語・社会・英語」は似てるから1つにまとめられるよ。「数学・理科」もまとめられるね。みんなの値はこんな感じ

氏名	国語	数学	英語	理科	社会
松田	70	80	75	70	65
浅木	85	85	85	90	75
工藤	90	70	65	85	90
福田	65	65	56	60	90

文系能力	理系能力
70	82
80	84
84	69
72	81

図14-4　5次元だったデータを2次元のデータに

このように、傾向が似ている列項目をまとめて新しい列を作成し、結果としてもとのデータより列数を減らす分析手法を**次元削減**と呼びます。

14.1.2 主成分分析とは

ひとくちに次元削減といってもいろいろな手法があり、今回は、最も代表的な**主成分分析**という手法を紹介していきます。イメージしやすいように、「数学」と「理科」の2次元のデータを1次元にまとめる例を考えていきましょう。

モデルにデータを与えると、モデルは数学列のデータと理科列のデータが似ているかどうかを調べます。

何を見て、似ているかどうかを考えているのかしら？

大まかなイメージとしては、各列の相関を考慮して傾向が似ているかどうかを判断して1列にまとめます。仮に、数学列と理科列に図14-5に示すような正の相関があるとしましょう。

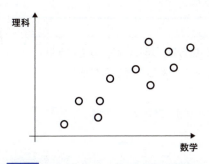

正の相関があるため、散布図は右肩上がりの傾向がある。

図14-5 数学列と理科列に正の相関がある場合

図14-5では、X軸に「数学」のデータ、Y軸に「理科」のデータをプロットしており、右肩上がりの傾向があります。このことを利用して次の図14-6のような方法で「新しい軸」を作ります。この新しい軸上のデータが、求める1次元データとなります。

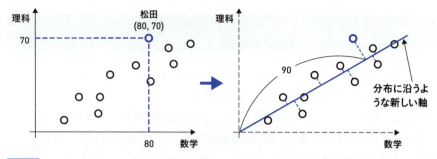

図14-6 正の相関がある2つのデータから新しい軸を作る

　新しい軸上にない点に関しては、図14-6右の青い点線で示すように、新しい軸上にデータを移します。新しい軸でのデータは、新しい軸における原点からの距離となります。たとえば図14-6の右図の場合、松田データを新しい軸に移すと、新しい軸（列）の値は90となります。

なるほど！　相関が強いと、「新しい軸」はなんとなくこのへんって簡単に引けそうね！

でも相関がそんなに強くない場合は「新しい軸」ってどう引くか迷いそうですね。候補がいろいろあると思うんだけど…。

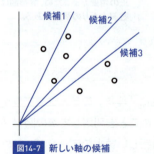

新しい軸の候補はたくさんあるが、どうやって決めているのか？

図14-7 新しい軸の候補

　モデルがデータを学習することによって、最適な新しい軸を決定しますが、ではモデルはどうやって新しい軸を決めているのでしょうか。

新しい軸にデータを移したときに、新しい軸上でのデータの分散値が最大になるような軸を選ぶよ。

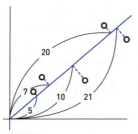

新しい軸上に「5,7,10,20,21」というデータがあり、このデータの「分散値」を計算する。つまり、新しい軸の候補1つにつき、1つの分散値を計算する。

図14-8　分散値が最大になる軸を選ぶ

どうして、分散が「最大」の軸を選ぶんですか？

　最適な軸は、分布に沿うように引くので、「数学」と「理科」の両方の特徴をしっかり備えたものです。とはいえ、やはり「2次元」→「1次元」とデータ量を減らしているため、「数学」と「理科」の情報を100%反映することは不可能です。よって、新しい軸がどの程度、元データの情報を反映しているのかを考慮する必要があります。

　主成分分析では**新しい軸での分散が大きいほど、元データの情報を反映している**と解釈するので、新しい軸の候補の中でデータの分散値が最大になるような軸を選択します。では、どうして分散が大きいほど、もとの情報を反映していると考えるのでしょうか？　ここではまず、「不適切な軸を設定したときにどういうことが起こるのか」を考えてみます。

「新しい軸はもとの情報をそぎ落としていて、ほぼ反映していない」→「情報をたくさんそぎ落としているため多様性がなくなり、全データが同じような値になる」→「同じような値なので分散値は小さい」

　これは、裏を返すと、「新しい軸上での分散値は大きい」ならば「新しい軸はもとのデータの情報を反映している」と解釈することができます。したがって主成分分析では、新しい軸上のデータの分散が大きくなるような軸を

選択します。

決定した新しい軸を**固有ベクトル**または**主成分**と呼びます。固有ベクトルは、2次元のデータから作成した場合、[0.7 , 0.4]などのように、2個の数値の数列で表現できます。

> この固有ベクトルの数値を使って、「数学」と「理科」から「理系能力」の得点を計算できるんだ。

たとえば、数学が60点、理科が50点の人の場合、次のように計算できます。

理系能力 = 0.7 * 60 + 0.4 * 50
　　　　= 42 + 20
　　　　= 62

> 固有ベクトルの値を係数として、掛け算と足し算をするだけなんですね！

> う〜ん。2次元を1次元にすることはイメージできたんですが、国数英理社の5次元のデータを文系と理系の2次元にまとめるってどうやるんですか？

> 俺もできればちゃんと理解してほしいんだけど、浅木さんの疑問を解決するためには、どうしても、数学の話をしなきゃいけないんだ…。

　読者の皆さんの中にも浅木さんと同じように思った方はいると思います。しかし、工藤さんが言っているように、3次元以上の主成分分析は、ふんわりとしたイメージを理解するだけでも大学で勉強する「線形代数」という数学の力が必要となり、本書のコンセプトからは外れるので、別の機会に譲りたいと思います。

　もちろん、数学ができないと「主成分分析」を操ることはできないということはありません。scikit-learnがあれば、3次元でも100次元でも対応が可能です。

だから、そんなに深く気にする必要はないよ。入門者のうちは「3次元以上はよくわからんがscikit-learnが内部でうまくやってくれるね〜」って感覚で全然大丈夫！

了解です！！

　最後に、このあとの主成分分析のプログラミングで混乱しないよう補足します。

新しい列（新しい軸）の名称は分析者が考える

　14.1.1項では、読者の皆さんにイメージをつかんでもらうために、「数学」と「理科」を組み合わせて「理系能力」という列を作る、と説明しました。
　しかし実際には、主成分分析によってモデルが教えてくれる内容は、「既存データの各特徴量がどれだけ似ていて、新しい列（軸）を作れるのか」と、それを用いて生み出す「新しい列（軸）のデータ」だけです。たとえば「数学と理科のデータは似ていて、新しい列はその2列の影響を強く受けている」ということしか主成分分析ではわかりません。新しい列に「理系能力」という名称を考えるのは分析者の仕事です。

新しい列は2個作ったよ。列1は、国と社が似ていたからそれをもとに作った。列2は、数と理が似ていたからそれをもとに作ったよ

国と社が似ているなら、列1は「文系能力」と名付けよう！

列2はきっと「理系能力」ね！

図14-9　分析モデルからの情報をもとに分析者が列（軸）の名称を決める

新しい列は、すべての既存列から大なり小なり影響を受けている

ここまでは、大まかに主成分分析のイメージを把握してもらうために、「数学と理科から理系能力」、「国語、社会、英語から文系能力」と説明しました。しかし厳密には、新しい列は、すべての既存列から影響を受けます。列によって、既存列から受ける影響の度合いは異なるので、この度合いをもとに、新列の名称などを考察します。

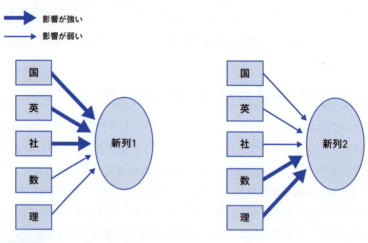

図14-10 新しい列はすべての既存列から影響を受ける

主成分分析の概要について押さえるべき点は以上だよ。ほかにも用語とかいろいろあるんだけど、それは実際にPythonを動かしながら見ていこう。

14.2 データの前処理

14.2.1 データの読み込み

第8章でも利用したBoston.csvを使います。

コード14-1 Boston.csv を読み込み先頭2行を表示

```
01  import pandas as pd
02  df = pd.read_csv('Boston.csv') # csvの読み込み
03  df.head(2)  # 先頭2行の表示
```

実行結果

	CRIME	ZN	INDUS	CHAS	NOX	RM	AGE	DIS	RAD	TAX	PTRATIO	LSTAT	PRICE
0	high	0.0	18.10	0	0.718	3.561	87.9	1.6132	24.0	666	20.2	7.12	27.5
1	low	0.0	8.14	0	0.538	5.950	82.0	3.9900	4.0	307	21.0	27.71	13.2

このデータは14列もあるデータだからね。主成分分析をして次元を減らそう。

はい！！

14.2.2 欠損値の確認

欠損値があるので、これまでどおりに、平均値で穴埋めしましょう。

コード14-2 平均値で欠損値を穴埋めする

```
01  df2 = df.fillna(df.mean(numeric_only=True))  # 列ごとの平均値で
    欠損値の穴埋め
```

14.2.3 ダミー変数化

CRIME列は文字列データの列であるため、ダミー変数化によって数値変換しましょう。

コード14-3 CRIME列のダミー変数化

```
01  dummy = pd.get_dummies(df2['CRIME'], drop_first = True, dtype=int)
02  df3 = df2.join(dummy)  # df2とdummyを列方向に結合
03  df3 = df3.drop(['CRIME'], axis = 1)  # 元のCRIMEを削除
04
05  df3.head(2)
```

実行結果

```
    ZN  INDUS  CHAS  NOX    RM    AGE   DIS     RAD   TAX  PTRATIO  LSTAT  PRICE  low  very_low
0  0.0  18.10    0   0.718  3.561 87.9  1.6132  24.0  666  20.2      7.12  27.5    0    0
1  0.0   8.14    0   0.538  5.950 82.0  3.9900   4.0  307  21.0     27.71  13.2    1    0
```

14.2.4 データの標準化

主成分分析でもデータの前処理として標準化をしておくことをおすすめします。それでは、データを標準化しましょう。

コード14-4 データの標準化

```
01  from sklearn.preprocessing import StandardScaler
02
```

```
03  # 中身が整数だと、fit_transformで警告になるので、
04  # float型に変換(省略可能)
05  df4 = df3.astype('float')
06  # 標準化
07  sc = StandardScaler()
08  sc_df = sc.fit_transform(df4)
```

14.3 主成分分析の実施

14.3.1 モジュールのインポート

主成分分析もscikit-learnでサポートしているので簡単に実行することができます。まずは利用するモジュールをインポートしましょう。

コード14-5 モジュールのインポート

```
01  from sklearn.decomposition import PCA
```

14.3.2 モデルの作成

インポートをしたら、モデルを作成します。

コード14-6 モデルの作成

```
01  model = PCA(n_components = 2, whiten = True) # モデル作成
```
　　　　　　　　　　固有ベクトル数　　　　　　　白色化

今回もいろいろとパラメータがありますね。

次に、モデル作成時に指定する引数パラメータを紹介します。

固有ベクトルの数

14.1.2項で、たくさんある軸候補の中で、軸上のデータの分散値が最大になるような軸（固有ベクトル）を選択すると紹介しました。この新たな軸をいくつ見つけるか、つまり、既存列をいくつの「新たな列」にまとめるかを

指定するのがn_componentsパラメータです。

たとえば、国数英理社の5科目を「文系能力軸」だけで測るのは無理だよね？

そうですねー。数学と理科は文系能力とはそんなに関係なさそうですし。

軸はいくつまで作成できるんですか？

理論上、既存データの次元の数（つまり列数）だけ、新しい軸を作成することができるよ。

新しい軸の個数は、散布図を描きやすくするために、2や3を指定することが多いです。

白色化

白色化は複数の列データに対して一気に行うデータ加工の1種です。白色化を行うと、各列の関係は無相関になり、さらに各列の平均値が0、標準偏差が1になります。実は、主成分分析によってまとめられる新しい列（軸）は、それぞれ無相関の関係になっているので、今回のデータにおける白色化とは、主成分分析の結果に対して標準化を行った結果と解釈することができます。

今回はためしに白色化をしてみよう！

モデルの作成

```
PCA(n_components = 整数, whiten = 真偽値)
```

※ PCA は sklearn.decomposition からインポート済み。
※ n_components は利用する新機の軸の個数。
※ whiten = True で、次元削減の結果の白色化を行う。False だと行わない。

それじゃあ、モデルに学習をさせるよ。今までと同じく fit メソッドなんだ。

コード14-7　モデルに学習をさせる

```
01  # モデルに学習させる
02  model.fit(sc_df)
```

modelの中には、新しい軸に関する情報が詰まっています。たとえば、新しく作成した固有ベクトルを参照してみましょう。

コード14-8　第1軸と第2軸の固有ベクトル

```
01  # 新規の第1軸（第1主成分とも呼ぶ）の固有ベクトル
02  print( model.components_[0] )
03  print('-----')
04  # 新規の第2軸（第2主成分とも呼ぶ）の固有ベクトル
05  print(model.components_[1])
```

実行結果

```
[ 0.23265443 -0.36616284 -0.04517974 -0.35503904  0.20084616 -0.30527702
  0.30707163 -0.30948249 -0.33128121 -0.16496587 -0.27862981  0.20302074
 -0.04112365  0.32030142]
-----
[-0.14681922  0.02281697  0.19632056  0.13501227  0.41326429  0.194608
 -0.28852895 -0.10302306 -0.11673939 -0.34444414 -0.18315489  0.44817178
  0.42053215 -0.27406254]
```

それでは、既存のsc_dfを新しい2つの軸に当てはめて、新しいデータを得ましょう。

コード14-9 既存の sc_df を新しい2つの軸に当てはめる

```
01  new = model.transform(sc_df)
02
03  new_df = pd.DataFrame(new)
04  new_df.head(3)
```

01行目: 新しい2つの軸に当てはめている。戻り値はnumpy型

実行結果
```
          0          1
0  -1.517109  -0.708638
1  -0.548444  -0.185088
2   1.426543  -0.586736
```

新しい2つの軸に当てはめたデータ

列名が0列、1列ってなってるわね！

左の「0列」が一番最適な軸で、次の「1列」が2番目に最適な軸だよ！

　もとデータを新しい軸の固有ベクトルに当てはめた新しい値を**主成分得点**と呼びます。

A 学習済の新規の軸にデータを当てはめる（主成分得点の計算）

　　モデル変数.transform(表データ)

※ 表データはデータフレームや、numpyのndarray。
※ モデル変数は、事前にfitメソッドで学習済。
※ 戻り値はnumpyであり、左列から順に最適な軸が並んでいる。

---

chapter 14 教師なし学習1：次元の削減

14.4 結果の評価

14.4.1 主成分負荷量の確認

　新しい列と既存の列との関係を考える際には、**主成分負荷量**を確認します。標準化済のデータで主成分分析を行った場合、「標準化済データ」と「主成分得点」との相関係数を求めると、それが主成分負荷量となります。

　たとえば、国数英理社（標準化済）をもとに主成分分析である列を作り、5科目それぞれの列との相関係数を計算したとしましょう。

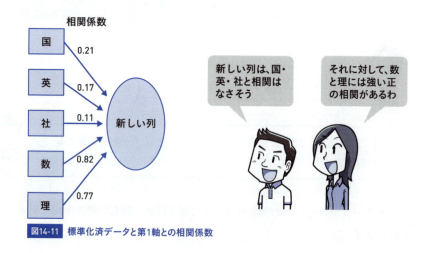

図14-11　標準化済データと第1軸との相関係数

　図14-11を見ると、新しい列は数学・理科との相関係数が高く、数学・理科の影響を強く受けている（しかもどちらも正の相関）と解釈できます。よって、この列をあえて名付けるならば「数学の得点と理科の得点のどちらとも強い正の相関があるので「理系能力」と名付けるのが妥当ではないか？」と分析者が考察するわけです。

それじゃあ、主成分負荷量を計算してみよう。とはいっても、すべてpandasの操作でできるね。

コード14-10 新しい2列ともとの列を結合

```
01  new_df.columns = ['PC1', 'PC2']
02  # 標準化済の既存データ（numpy）をデータフレーム化
03  df5 = pd.DataFrame(sc_df, columns = df4.columns)
04  # 2つのデータフレームを列方向に結合
05  df6 = pd.concat([df5, new_df], axis=1)
```

コード14-11 主成分負荷量の計算

```
01  df_corr = df6.corr() # 相関係数の計算
02  df_corr.loc[:'very_low', 'PC1':]
```

インデックスがvery_lowより上にある行（very_low含む）

PC1列より右の列（PC1含む）

実行結果

```
         PC1       PC2
ZN       0.569300  -0.216191
INDUS   -0.895993   0.033598
CHAS    -0.110554   0.289082
…
```

PC2ともとの列の相関係数

PC1ともとの列の相関係数

わかりやすいように、大きい順に並べ替えよう。

chapter 14 教師なし学習1：次元の削減

コード14-12 相関係数を大きい順に並べ替える

```
01  # わかりやすいように変数に代入
02  pc_corr = df_corr.loc[:'very_low', 'PC1':]
03
04  pc_corr['PC1'].sort_values(ascending = False)
```

ascending = False → 大きい順に並べ替え

実行結果

```
very_low    0.783771
DIS         0.751398
ZN          0.569300
  ⋮
AGE        -0.747006
RAD        -0.757297
TAX        -0.810638
NOX        -0.868773
INDUS      -0.895993
```

very_lowやDISとの関係が深いみたいですね…。あ、INDUSも負の相関だけど、関係は強いのか。でもそれぞれの列ってどういう意味でしたっけ？

もう一度各列の意味を確認しましょう。

表14-1 Boston.csvに含まれる各列の意味（表8-1再掲）

列名	意味	列名	意味
CRIME	その地域の犯罪発生率（high、low、very_low）	DIS	ボストン市内の5つの雇用施設からの距離
ZN	25,000平方フィート以上の住居区画の占める割合	RAD	環状高速道路へのアクセスのしやすさ
INDUS	小売業以外の商業が占める面積の割合	TAX	10,000ドルあたりの不動産税率の総計
CHAS	チャールズ川の付近かどうかによるダミー変数（1: 川の周辺、0: それ以外）	PTRATIO	町ごとの教員1人当たりの児童生徒数
NOX	窒素酸化物	LSTAT	人口における低所得者の割合
RM	住居の平均部屋数	PRICE	その地域の住宅平均価格
AGE	1940年より前に建てられた物件の割合		

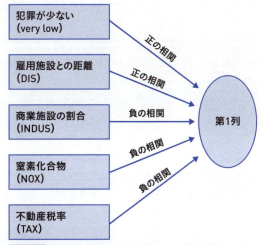

図14-12 各列（一部のみ抜粋）と第1列の相関関係

第1列は「非都会度」とか「田舎度」みたいな指標でまとめられそうね。

窒素化合物がなんで、田舎度と負の相関になるんですか？

chapter 14 教師なし学習1：次元の削減

窒素化合物って車の排ガスが多い地域だと濃度も高くなるらしいのよ！

浅木さんの考察のように、第1列はその地域の発展度合いを表している傾向が強いようです。

続いて、第2列も確認してみましょう。

コード14-13 第2列の相関を確認

```
01  pc_corr['PC2'].sort_values(ascending = False)
```

実行結果

```
PRICE      0.659933
low        0.619234
RM         0.608532
 ︙
DIS       -0.424859
PTRATIO   -0.507194
```

第1列のような強い相関関係のある項目はないから、絶対値が0.55以上の項目をもとに考察しよう。

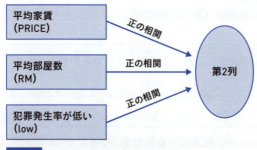

図14-13 第2列と0.55以上の相関がある列

PRICEとRMとlowに正の相関があるから、第2列は「住環境の良さ」という名称が妥当かな？ それなら、治安が良くて犯罪発生率が低いのもうなずけるしね。

以上の例のように、もともと14列あったボストン市の地域ごとのデータを、主成分分析を利用することで「都市の非発展度合い」と「住環境の良さの度合い」という2列だけに圧縮することができました。

う〜ん。新しい列に名称を付けるのって難しいですね。なんかコツとかあったりします？

前節でも少し触れましたが、一般的に新しい列は、実際に測定可能な既存列を組み合わせて作成できる**概念的・抽象的な列**と考えます。よって、新しい列の名前を考える場合は「もととなった既存の列を含む、抽象的な概念とは何か」と分析者が考察します。

まあ、ここらへんには明確な正解はないから、分析者の主観がやっぱりどうしても入っちゃうね。命名を楽しもう。

それでは、ボストンの不動産情報を、2つの列にまとめることができたので、散布図を描いてみましょう。

コード14-14　新しい列の散布図

```
01  #都市の非発展度合いと住環境の良さ
02  col = ['Countryside', 'Exclusive residential']
03
04  new_df.columns = col # 列名の変更
05
06  new_df.plot(kind = 'scatter', x = 'Countryside',
07      y = 'Exclusive residential') # 散布図
```

実行結果

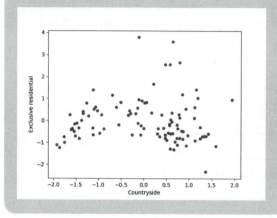

今回のBoston.csvのデータは、もともと14列（ダミー変数化込み）あったので、全体の傾向を可視化することは不可能でした。しかし、14列の情報を2列に圧縮することができたので、散布図に描くことにより、データの傾向を可視化できるのです。

14.4.2　最適な列の個数　―寄与率―

さっきは、散布図を書くために、新規の列を2個にして主成分分析を行ったけど、実際は2個だと不十分なことがあるよ。

　主成分分析を行うことで、たくさんある既存列を、少ない個数の列にまとめ上げることができます。しかしその代償として、ある程度、元データの情報をそぎ落とすことになるのは避けられません。

　新規の列の個数を増やせば、既存の元データの情報を十分に反映させることができますが、それは、「多次元の列データを、本質的な情報のみに着目して可能な限り少ない数の列だけで表現しよう」とする次元削減の目的そのものと矛盾します。

　このように、新規の列の個数を少なくして簡潔にデータを表す主成分分析の本来の目的と、新規の列が元データの情報を反映することとはトレードオ

フの関係であるため、最適な新規列の個数を考慮する必要があります。一般的には、元のデータの情報量の70％〜80％程度を反映するように列の個数を選びます。

> 14.3.2項で、理論上はもとデータの列の数だけ、新規の列を作ることができるって説明したね。それを利用するよ。

たとえば、国語と数学と英語の3列を元データとした場合、新規の列は全部で3つまで作ることができます。

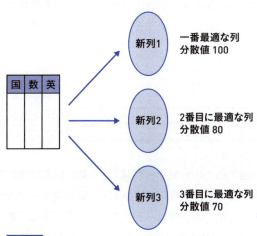

図14-14　理論上は元データの列の数だけ新規の列を作れる

いったん、すべての固有ベクトルを用意したうえで、全情報の70〜80％を網羅するために必要な固有ベクトルの個数を検討します。新規の軸をすべて用意するように、モデルの作成と学習をもう一度行いましょう。

コード14-15　新規の軸をすべて用意する

```
01  model = PCA(whiten = True)
02
03  # 学習と新規軸へのデータの当てはめを一括で行う
04  tmp = model.fit_transform(sc_df)
05  tmp.shape
```

> n_componentsを指定しないと、新規の軸はすべてデフォルトで作られる

実行結果
```
(100, 14)
```

覚えているかな？　このとき、新規の軸でのデータの分散値が大きいほど最適な軸、ということを紹介したね。

　分散が小さいということは、すべてのデータがほとんど同じということです。もともとのデータはばらつきがあって多様性があったのに、情報量が削られすぎたため、新データでの分散は小さくなったと考えます。つまり、裏を返すと「**新しい列でのデータの分散値は、元データを反映している情報量**」と解釈することもできます。

この分散値はいくつぐらいならいいのかしら？

　新しい列の全体の分散（各列ごとの分散の合計値）と、新しい列の分散の比率を調べます。この比率のことを、**寄与率**と呼びます。実は元データの分散の合計値と、新しい列での分散の合計値は一致するため、寄与率は「**新しい列は、元のデータの全情報量のXX%を反映している**」とも解釈できそうです。ちなみに、今回は白色化（新しい列を作ったあとに標準化）しているので新しい各列も分散が1になりますが、この議論では新しい列を作った直後で、標準化する前の値を対象としています。

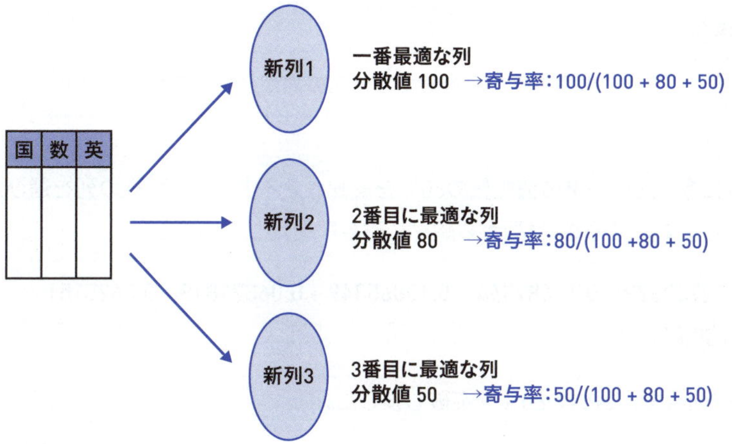

図の説明:
- 新列1：一番最適な列　分散値 100　→寄与率：100/(100 + 80 + 50)
- 新列2：2番目に最適な列　分散値 80　→寄与率：80/(100 +80 + 50)
- 新列3：3番目に最適な列　分散値 50　→寄与率：50/(100 + 80 + 50)

図14-15 寄与率

なるほど、各軸自体の分散値を見るんじゃなくて、全体との比率を見るのか！

Pythonのコードでは、次のように、寄与率を表示することができます。

コード14-16 寄与率を表示する

```
01  model.explained_variance_ratio_  # 寄与率
```

実行結果
```
array([0.42769329, 0.15487544, 0.10865349, 0.06821818, 0.0625151,
       0.05842945, 0.03126293, 0.02516658, 0.01980351, 0.01694334,
       0.01162264, 0.00984072, 0.00297382, 0.00200152])
```

（0.42769329：第1列の寄与率、0.15487544：第2列の寄与率）

　実行結果では、第1列の寄与率が0.42であるため、元データの全情報の約42％を第1列だけで反映することができています。第2列では、全体の15.48％を補うことができています。

この寄与率の合計値で、何個の列が必要か考えるんだよ。

仮に今、元データの情報量の80％を反映させるように、新規の列を選びたいとします。最適な第1列から順々に寄与率を足していくと、

0.42769329 + 0.15487544 + 0.10865349 + 0.06821818 + 0.0625151 = 約0.82

第5列目で、目標の80％を突破しました。

ってことは、元データの80％を新規の列にしっかり反映させるには、新規の列は5つ必要ってことね！

この第1列〜第N列の寄与率の合計値を、第N列の**累積寄与率**と呼びます。これは、for文を使って自分で実装する必要があります。

コード14-17 **累積寄与率**

```
01  ratio = model.explained_variance_ratio_  # 寄与率のデータ集合
02
03  array = []  # 第N列までの累積寄与率を格納するリスト
04
05  for i in range(len(ratio)):
06      # 累積寄与率の計算
07      ruiseki = sum(ratio[0:(i+1)])
08                          ─ 0番以上i+1番「未満」の寄与率を参照
09      array.append(ruiseki)  # 累積寄与率の格納
10
11  # 第N列の累積寄与率を折れ線グラフ化
12  pd.Series(array).plot(kind = 'line')
```

実行結果

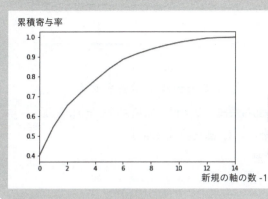

第2列までの累積寄与率は、約50%（横軸ではだいたい1のあたり）。横軸は0から始まっているので注意

 さっきは、散布図に書くために2つの列にまとめたけど、それだと実は元データの50％程度しか反映してなかったんだ。

 う〜ん…50％じゃ全然足りないですね…。

コード14-17のように、折れ線グラフ化して全体像を把握しても良いですし、具体的に情報量のしきい値を設定して、必要な列の数を求めることもできます。

コード14-18 情報量のしきい値を設定して必要な列の数を求める

```
01  thred = 0.8 # 累積寄与率のしきい値
02  for i in range(len(array)):
03      # 第(i + 1)列の累積寄与率がthredより大きいかチェック
04      if array[i] >= thred:
05          print(i + 1)
06          break
```

実行結果

5

これで最適な個数がわかったから、改めてモデルに学習させよう。

コード14-19 新規の列を5つに設定してモデルに学習させる

```
01  # もとデータの全情報の80%を賄うために、新規の列を5つに設定
02  model = PCA(n_components = 5, whiten = True)
03  model.fit(sc_df) # 学習
04  # 元データを新規の列（5列）に当てはめる
05  new = model.transform(sc_df)
```

既存データをもとに新しい5列のデータを作成したので、表としてCSVファイルに保存しましょう。ひとまず列名は、PC1、PC2、PC3、PC4、PC5とします。

コード14-20 5列のデータをCSVファイルに保存

```
01  # 主成分分析の結果をデータフレームに変換
02  col = ['PC1', 'PC2', 'PC3', 'PC4', 'PC5']    ← 列名の指定
03  new_df2 = pd.DataFrame(new, columns = col)
04
05  # データフレームをcsvファイルとして保存
06  new_df2.to_csv('boston_pca.csv', index = False)
```

ここからは、14.4.1項で紹介したように、主成分負荷量を調べることによって各列に意味づけしていきますが、実行の仕方から考察までの流れについては、この章を読み返して復習してください。

また、興味のある方はぜひ今回生み出した5つの新規の列に対して概念的な列名を考察してみてください。

分散と寄与率

・新規の列(軸)での分散

```
モデル変数.explained_variance_
```

・寄与率

```
モデル変数.explained_variance_ratio_
```

※ 戻り値はnumpy。
※ 0番目から順に　新規軸1,新規軸2,…と続く。

データフレームのCSV保存

```
df.to_csv('ファイル名', index = ブール値)
```

※ index=Trueとすると、インデックスもCSVファイルに掃き出される。

これで主成分分析の説明はおしまいだよ。教師なし学習のイメージはつかめたかな?

はい!　いろいろ自分で考察することがあったりして楽しかったです!

14.5 第14章のまとめ

次元削減

- データの本質を落とし過ぎない範囲で、特徴量の数を減らす分析を次元削減と呼ぶ。
- 次元削減をすることで、データの全体像をつかみやすくなる。
- 次元削減をすることで、3次元以上の特徴量データを視覚的に図示することができる。
- 主成分分析は、代表的な次元削減手法の中の1つ。

主成分分析

- 主成分分析は、実際に測定できたデータをもとに、新しい列（軸）を作成する。
- 新しい軸は、既存データを新しい軸に移したときに最も分散が大きくなるような軸が選ばれる。
- 新しい列（軸）は、理論上は、もとのデータの特徴量の数だけ作成することができる。
- 新しい列（軸）がどの程度元のデータの情報を補えているかを寄与率で評価する。
- 新しい列（軸）の個数は、有効な新規軸の寄与率を足していった累積寄与率が80％程度になるまで増やす。
- 主成分負荷量は、新規の列のデータと、もとデータの相関係数である。
- 主成分負荷量を調べることで、新規の列がどういう意味合いの軸なのか考察することができる。

14.6 練習問題

練習14-1

次の中から間違っているものを1つ選んでください。

1. 次元削減にはさまざまな方法がある。
2. 次元削減では必ず1次元データに変換する必要はない。
3. 次元削減をすることにより、1万件あるデータを3000件にまとめることができる。
4. 次元削減をすると、データを可視化できる。

練習14-2

次の中から正しいものを1つ選んでください。

1. 主成分分析は、分散が最小となるような列を選ぶ。
2. 主成分分析は、次元削減そのものが目的である。
3. 主成分分析では、もとの列をもとに新しい列を作成できる。
4. 新しい列は、最大で（元の軸数ー1）まで作成できる。

練習14-3

次の中から、正しいものを1つ選んでください。

1. 主成分負荷量を調べることで、適切な列の個数が判断できる。
2. 新しい列全体で1つの寄与率を計算することができる。
3. 寄与率は0.8以上が好ましい。
4. 主成分分析は、教師あり学習の前処理としても行われる。

練習14-4

映画の興行収入データに対して主成分分析を適用し、次元削減を行ってください。ただし、累積寄与率は85％を超えることを目標とし、各列には適切な名称を付けることとします。

chapter 15
教師なし学習2：クラスタリング

次元削減と双璧をなす代表的な教師なし学習が、
本章で学ぶ「クラスタリング」です。
この手法を用いると、さまざまなデータを賢く
グループ化することができるため、
マーケティングをはじめさまざまな分野で
幅広く活用されています。

contents

15.1　クラスタリングの概要
15.2　データの前処理
15.3　クラスタリングの実行
15.4　結果の評価
15.5　第15章のまとめ
15.6　練習問題

15.1 クラスタリングの概要

15.1.1 クラスタリングとは

早速ですけど、クラスタリングってどんなことをしているんですか？

機械学習におけるクラスタリングはね、データを似ているもの同士でグループ分けしてくれる分析だよ。

たとえば、次のような学生の試験得点のデータがあったとしましょう。

氏名	国語	数学
Aさん	63	68
Bさん	85	70
Cさん	58	69
Dさん	60	50
Eさん	90	70

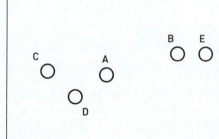

図15-1 学生の試験得点のデータ

この5人の学生を得点の傾向が似ているもの同士で2グループに分けるとしたらどうする？

得点が似てるってことは、散布図でデータ同士が近いってことじゃないですか？

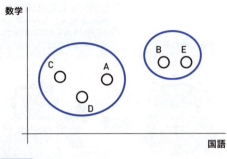

図15-2 試験得点の散布図

クラスタリングを用いることで、各データの特徴量を調べて、距離が近いデータ同士が同じグループになるようにグループ分けすることができます。

なーんだ、そんなことか。クラスタリングって意外と大したことないじゃないですか。

ふっふっふ。じゃあ次の例はどうかな？

先ほどは試験科目が「国語」と「数学」だけでしたが試験科目はもっとあります。

氏名	国語	数学	英語	理科	社会	保健体育
工藤	70	80	75	72	90	84
松田	80	70	72	74	78	95
浅木	69	88	89	90	78	81
須藤	80	70	60	74	82	71
瀬川	80	83	85	79	77	72
福田	79	75	77	90	95	84

図15-3 6教科の試験科目の得点データ

図15-1では、特徴量が「国語」と「数学」の2つだったため、散布図を描くことにより、2グループに分割することができました。しかし図15-3のように特徴量が国数英理社保の6科目になると散布図を描くことはできません。そこで、教師なし学習の**クラスタリング**を利用します。

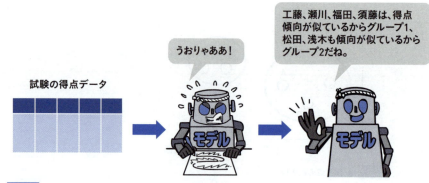

図15-4 教師なし学習でデータ自体の法則や特徴を見つける

なるほど…。でもこれってどんなときに使うんですか？

教師なしだから、「何かを予測するときの法則を見つけるため」じゃなく、「データ自体の法則や特徴を見つけるため」なんでしょうけど…。

　教師あり学習の場合、試験得点のデータのほかにも、試験得点から何か別のことを予測するための正解データが必要でした。しかし、教師なし学習の場合、試験得点そのものの特徴や法則を調べるものであって、正解データは存在しません。

　クラスタリングは、マーケティングなどで、既存顧客をグループ分けする際に使われたりします。たとえば、自社サービスに関するキャンペーンを行い、既存顧客に告知のダイレクトメールを送るとしましょう。このとき、全顧客にまったく同じ内容のメールを送っても、顧客によっては反応が悪いことは容易に想像できます（例：女性の関心を引くような内容のダイレクトメールを男性顧客に送っても反応が悪い）。

そこで、登録されている顧客情報（特徴量）に基づいて顧客を何グループかにクラスタ分けし、その各グループ内の顧客の共通点を調べて彼らの琴線に触れるようなダイレクトメールを送ることで、キャンペーン告知の効果を最大限に高めることができるのです。

15.1.2　k-means法

クラスタリングにもいくつかの手法がありますが、今回は一番有名なk-means法に関して説明します。

イメージしやすいように、特徴量は2個だけにしよう。

10人の国語と数学の試験データが、クラスタリングによりどのようにグループ分けされていくかイメージをつかみましょう。

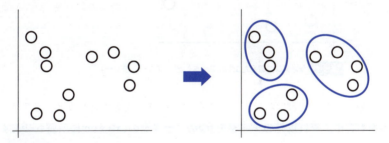

図15-5　10個のデータを似ている者同士にグループ分けする

以下はk-means法によるクラスタリングの流れです。

手順0：クラスタ数kを決める

k-means法では、分析前に何個のクラスタを作成するか決める必要があります。

今回は、3個にしよう。

手順1:クラスタの個数分、ランダムにデータを選ぶ

クラスタ数は3つにすると決めたので、ランダムに3件のデータが選ばれるのですが、このとき、「データ同士が近くになる組み合わせは選ばれにくい」という制約があります。とはいえ、あくまでも「選ばれにくい」だけなので、たまたま近くのデータ同士が選ばれることもあります。

ランダムに選んだ結果、図15-6の3点が選ばれたよ。

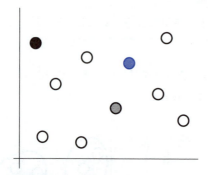

図15-6 ランダムに選んだ3件のデータ(黒、ブルー、グレー)

このランダムに選ばれたデータを各クラスタの**代表点**とします。この代表点をもとに、それ以外のデータを3つのクラスタのいずれかに所属させます。

手順2:データと各代表点の距離をもとに、各クラスタに所属させる

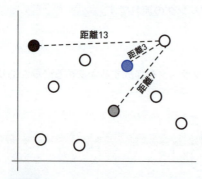

図15-7 距離が最も近い代表点のクラスタにデータを所属させる

図15-7右上のデータの場合、一番距離が近いのは、●の代表点だから、●クラスタに所属させるべきなのね！

残りの6件のデータに対しても、同様に最も距離の近いクラスタに所属させます。

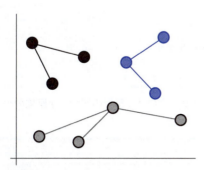

図15-8 全部のデータを最も距離の近いクラスタに所属させる

なんかそれっぽい感じになってますね。

手順3：各クラスタの中心点を計算して、その中心を代表点として更新する

仮ではありますが、データをクラスタ分けすることができました。最初にクラスタの代表点をランダムに決めましたが、この代表点を各クラスタの中心座標に変更します。

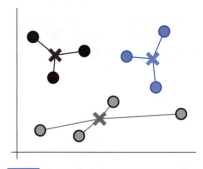

図15-9 代表点を各クラスタの中心座標に変更

中心座標は、単純に各クラスタの「x座標の平均、y座標の平均」だよ。

　先ほど、各データをクラスタへ所属させる際、各クラスタの代表点との距離を計算して、最も近い距離にある代表点と同じクラスタになるようにしました。つまり、代表点が変わるということは、各データの所属するべきクラスタも変わる可能性があります。たとえば図15-9の散布図右下のデータは、●クラスタに属していますが、新たな代表点からの距離を見ると、●クラスタの代表点より、●クラスタの代表点との距離が近くなります（図15-10）。

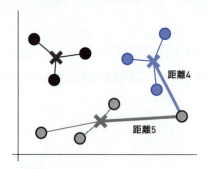

図15-10 代表点が変わるとデータの所属するクラスタも変わる

手順4：データと各クラスタの代表点との距離をそれぞれ再計算して、一番近い代表点のクラスタに所属させる

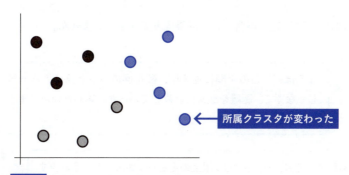

図15-11　代表点との距離を再計算して所属させ直す

手順5：クラスタの中心点を再計算して、代表点を更新する

手順4でクラスタに所属するデータに変更が生じました。そのため、クラスタの中心点も変化します。新しい中心点で代表点を更新します。

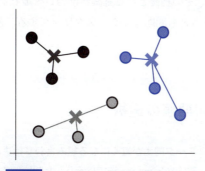

図15-12　新しい中心点で代表点を更新

手順6：手順4、手順5を繰り返す

これ以降は、「各クラスタの代表点との距離を計算して、最も近いクラスタに所属させる」→「クラスタ内のデータの中心点を再計算して新しい代表点として更新する」を繰り返します。

何度か繰り返していくと、中心点が変化しなくなるんだ。その最終形が求めるべきクラスタだよ。

なお、前述の図15-12の場合、これ以降代表点が変化しません。

なるほど、この手順に従えば、散布図のパッと見による分析じゃなくて、距離を厳密に計算しているから客観性がありますね!

あれ? でも、特徴量が3つ以上の場合って距離ってどう計算すればいいんだろう? 特徴量がたくさんあっても分析できるって話だったのに、これじゃあ結局、2次元までじゃない!?

　数学的な話になるので詳細は付録に譲りますが、実は、3次元以上のデータの距離や3次元以上のデータの中心点は、とても簡単に計算することができます（k-means法独特の話でなく、その基礎となる基礎数学のレベルです）。
　そのため、特徴量が何次元であろうとも問題なくクラスタリングすることができるのです。

> column
> **k-means法の初期値の選択**
>
> 　今回、初期の代表点を選ぶ際、「データ同士が近くになる組み合わせは選ばれにくい」と紹介しましたが、実は一般的なk-means法ではそうした制約はありません。さらに、データから選ぶこともなく、空間内から代表地点をランダムに選びます。しかし、この選び方には、手順6が終了するのに多くの時間がかかる、というデメリットがあります。
> 　これを解消するためには、初期値の選び方を工夫する必要があり、その1つが、データ同士が離れやすくなるという制約の上でランダムに選ぶという方法なのです。
> 　本書で紹介した方法は、厳密には、k-means++法と呼ばれており、scikit-learnのk-means法のデフォルトとなっています。

15.2 データの前処理

じゃあ、このk-means法を実際にPythonでもやってみよう。

はい！

15.2.1 データの読み込み

付録Aを参考に、「Wholesale.csv」をダウンロードし、適切な場所に配置して、pandasでデータを読み込みましょう。今回も、UCIの公開データを本書での学習用に修正しています。

（データの出典　https://archive.ics.uci.edu/ml/datasets/Wholesale+customers）

コード15-1　Wholesale.csv を読み込む

```
01  import pandas as pd
02  df = pd.read_csv('Wholesale.csv')
03  df.head(3)
```

実行結果

```
   Channel  Region  Fresh  Milk  Grocery  Frozen  Detergents_Paper  Delicatessen
0        2       3  12669  9656     7561     214              2674          1338
1        2       3   7057  9810     9568    1762              3293          1776
2        2       3   6353  8808     7684    2405              3516          7844
```

これはどんなデータなんですか?

主に食料品を取り扱っているポルトガルのとある卸売業者の顧客データだよ。各顧客が年間を通してどういう食品を仕入れたかのデータがまとめられているんだ。

各列は、登録されている各顧客に関する情報です。列の意味は次のとおりです。

表15-1 各列の意味

列名	意味	列名	意味
Fresh	生鮮食品の販売数	Milk	乳製品の販売数
Grocery	食料雑貨品の販売数	Frozen	冷凍食品
Detergents_Paper	洗剤と紙製品の販売数	Delicatessen	惣菜の販売数
Channel	顧客の業態（サービス業、小売業）	Region	地域（リスボン、ポルト、その他）

15.2.2 欠損値の確認

今までと同じように、まずは欠損値があるか確認をしましょう。

コード15-2 欠損値の確認

```
01  df.isnull().sum()
```

実行結果
```
Channel     0
Region      0
Fresh       0
Milk        0
```

```
Grocery            0
Frozen             0
Detergents_Paper   0
Delicatessen       0
dtype: int64
```

欠損値はなさそうだから先に進もう。さて、ここで注意が必要なのはChannel列とRegion列だ。

　Channel列もRegion列も数値の列ですが、表15-1を確認すると、本当は文字列データの列であるところ、1からの整数を割り振っているにすぎません。よって、このChannel列とRegion列を機械学習で利用するためには、ダミー変数化を行う必要があります。しかし、ダミー変数化を行うと列数が一気に増えるため、結果の考察やグラフ化したときの見やすさに支障が出る可能性があります。

今回は入門だし、2人にクラスタリングのイメージを掴んでもらうことを優先したいから、この2列はもう削除しちゃおう。

コード15-3　ChannelとRegionを削除

```
01  df = df.drop(['Channel', 'Region'], axis = 1)
```

15.2.3　データの標準化

今から学ぶk-means法では、事前にデータの標準化をしておくことをおすすめするよ。

各列を「平均値0、標準偏差1」に変換ですね！

それでは、データを標準化しましょう。

コード15-4 データを標準化する

```
01  from sklearn.preprocessing import StandardScaler
02
03  sc = StandardScaler()
04  sc_df = sc.fit_transform(df)
05  sc_df = pd.DataFrame(sc_df, columns=df.columns)
```

04〜05行目の注釈：標準化。fit と transform を一括でやってくれる fit_transform メソッドがある

column どうして決定木では標準化しなかったのか？

　決定木による分析では標準化を行わなかったため、首をひねっている人もいるでしょう。

　決定木は、「列A < 3.14」のように特徴量の大小比較などの条件分岐を行っていきます。標準化は、平均値という定数で引き算し、標準偏差という定数で割り算しているだけなので、もとのデータ同士の大小関係と、標準化後のデータでの大小関係は同じになります。よって、標準化前のデータで作成した決定木と標準化後のデータで作成した決定木では、予測性能に差が出ません（もちろん、標準化後のデータで学習させた決定木で、誤って標準化前のデータをテストデータとして性能チェックを行った場合などには、性能は低下します）。そのため、決定木のときは標準化をしなかったのです。

15.3 クラスタリングの実行

15.3.1 モジュールのインポート

k-means法を実践するために利用するモジュールをインポートしましょう。

コード15-5　モジュールのインポート
```
01  from sklearn.cluster import KMeans
```

15.3.2 モデルの作成

インポートをしたら、モデルを作成します。

コード15-6　モデルの作成
```
01  model = KMeans(n_clusters = 3, random_state = 0)
```
　　　　　　　　クラスタ数の指定　　　　　乱数の固定

おっ！　ここでも乱数の固定をしてるんですか？

　k-means法では、初期のクラスタの代表点はランダムに決まります。そのため、乱数の固定を行う必要があります。

k-means法のモデル作成

> 変数 = KMeans (n_clusters =●, random_state =▲)

※ from sklearn.cluster import KMeans を事前に実行済み。
※ n_cluster には、クラスタ数を指定。
※ random_state には乱数固定のための整数を指定。

 じゃあモデルに学習をさせるよ。これもfitメソッドなんだ。

コード15-7 モデルに学習させる

```
01  # モデルに学習させる
02  model.fit(sc_df)
```

学習が終了したので、各データのクラスタリング結果を確認してみましょう。

コード15-8 クラスタリング結果を確認

```
01  model.labels_
```

実行結果
```
array([2, 2, 2, 2, 0, 2, 2, 2, 2, 1, 2, 2, 0, 2,
 ⋮
```
└─ もとデータ0行目のクラスタ番号

 もともとのfitメソッドの引数のデータフレームに対して、0行目のデータから順々にクラスタ番号が表示されているよ。

　クラスタ番号は0から始まる整数です。今回はクラスタ数を3個と指定しているので0〜2の整数が割り振られています。見やすいように、もともとのデータフレームに列として追加しましょう。

コード15-9 クラスタリング結果を追加

```
01  sc_df['cluster'] = model.labels_
02  sc_df.head(2)
```

実行結果

	Fresh	Milk	Grocery	Frozen	Detergents_Paper	Delicatessen	cluster
0	0.052933	0.523568	-0.041115	-0.589367	-0.043569	-0.066339	2
1	-0.391302	0.544458	0.170318	-0.270136	0.086407	0.089151	2

モデルの学習とクラスタ番号の確認

・モデルの学習

モデル変数.fit(特徴量のデータ)

※ 引数には、データフレームや2次元のnumpy配列を指定できる。

・クラスタ番号の確認

モデル変数.labels_

※ 0から始まる整数が割り振られている。

やった！ これで顧客をクラスタ分けできましたね！

そうだね。クラスタ分けできたから、0番クラスタ、1番クラスタそれぞれの人たちに、彼らに合うようなサービスを提供してあげれば効果があると思うよ。

なるほどなぁ。あ、でもそもそも0番クラスタってどんな人たちなんです？

15.4 結果の評価

15.4.1 クラスタの特徴考察

　松田くんの疑問にもあったように、実はクラスタリングでは、どのデータが何番クラスタであるかを求めることはできますが、「●番クラスタはどういう共通点を持ったデータの集団なのか」まではわかりません。

> 確かに、改めて考えてみると、「0番だからなんなの？」って気がしてきたわ。工藤さんの口車に乗せられるところだったわ！

> 口車ってひどいな。でも、浅木さんもいいところに気づいたね。

　その後の分析につなげるためには、各クラスタがどういう共通点を持っている集団なのかを知ることはとても重要です。そのため、クラスタリングの結果をもとに、分析者が自分で考察して、各クラスターの特徴を把握する必要があります。

> とは言っても、そんなに難しいことはないよ。クラスタごとに、特徴量の平均値を集計すれば、ある程度見えてくるものさ。

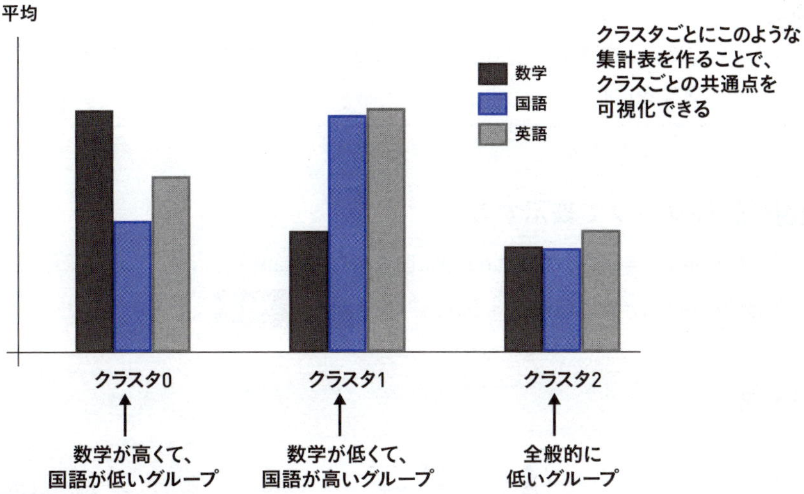

平均

図15-13 3つでクラスタリングしたときの傾向の違い

グラフ凡例：数学／国語／英語

クラスタ0：数学が高くて、国語が低いグループ
クラスタ1：数学が低くて、国語が高いグループ
クラスタ2：全般的に低いグループ

クラスタごとにこのような集計表を作ることで、クラスごとの共通点を可視化できる

なるほど、pandas の groupby を使えばできそう！

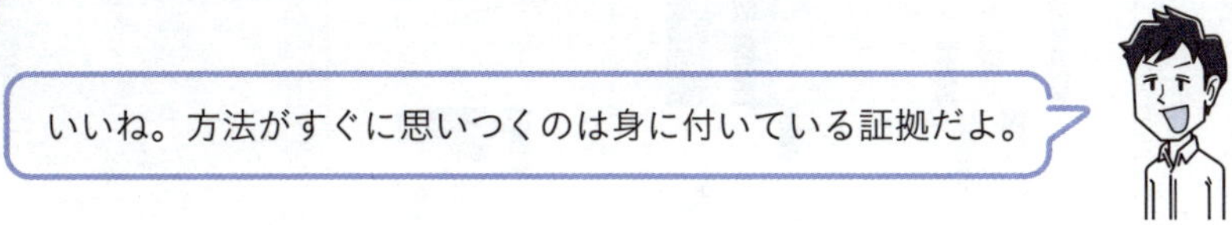

いいね。方法がすぐに思いつくのは身に付いている証拠だよ。

では、groupby メソッドでクラスタごとに仕入れ商品を集計してみましょう。

コード15-10 groupby メソッドでクラスタごとに集計する

```
01  sc_df.groupby('cluster').mean()
```

実行結果

cluster	Fresh	Milk	Grocery	Frozen	Detergents_Paper	Delicatessen
0	1.523225	-0.136629	-0.245823	1.038595	-0.409281	0.305114
1	-0.242638	1.943918	2.138295	-0.042127	2.076593	0.646200
2	-0.305934	-0.247152	-0.250504	-0.226214	-0.205140	-0.160539

chapter 15 教師なし学習2：クラスタリング

> このままでもいいけど、もっとわかりやすくするために棒グラフで表示しよう。

コード15-11 棒グラフで表示する

```
01  cluster_mean = sc_df.groupby('cluster').mean()
02  cluster_mean.plot(kind = 'bar')
```
→ 棒グラフ描画

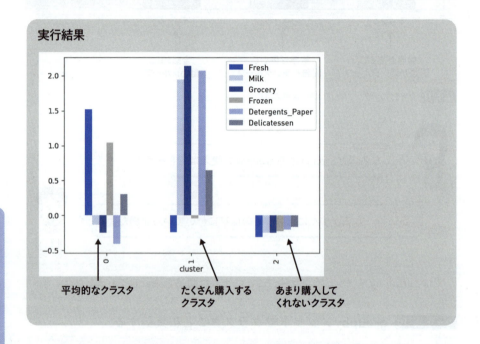

実行結果

- 0: 平均的なクラスタ
- 1: たくさん購入するクラスタ
- 2: あまり購入してくれないクラスタ

　この棒グラフの結果をもとに、各クラスタの特徴を考察します。考察の仕方は分析者の主観に大きく依拠します。

　今回のデータの場合、クラスタ1では極端に「Milk」や「Grocery」などが大きく、負になっている項目が少ないので、**全般的に良く購入してくれる優良顧客グループ**と判断できます。対して、クラスタ2では全般的に平均値がマイナスの項目(全体平均値より下回っている)が多いので、**あまり購入してくれない離反が懸念される顧客グループ**と推測できます。

購入数なのにマイナスってどういうこと？

今は、標準化加工をしたデータをクラスタリングしているから、マイナスの値になってもなんら不思議ではないよ。標準化後データは平均値が必ず0になるから、マイナスは、全体平均よりも低いということを意味するのさ。

最後にクラスタ0ですが、クラスタ1ほど購入しているわけでもなく、かといって、クラスタ2より購入していないというわけでもないので、**そこそこ購入してくれる通常顧客グループ**と見なすことができます。

3つに分けるとしたら、こんな感じかな。この結果を受けてのアクションは分析者によって異なるけど、たとえば、「離反が懸念されるクラスタ2の顧客たちに向けた離反防止のキャンペーンを行う」とかかな。

なるほど！

15.4.2 クラスタ数の決定～エルボー法

そういえば、クラスタの数ってどうやって決定すればいいんでしょうか？

最適なクラスタ数を決定する方法に**エルボー法**という方法があります。エルボー法を利用するためには、k-means法による結果をもとに、**クラスタ内誤差平方和（SSE）**と呼ばれる指標を計算する必要があります。

SSEは、クラスタごとのデータと中心点との分散のことだよ。

たとえば次の図15-14は、2次元のデータに対してクラスタ数2でクラスタリングをした結果です。グループ分けしただけではなくグループごとにデータとクラスタ中心点との距離も計算しています。

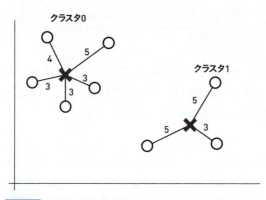

図15-14 クラスタ内誤差平方和のイメージ

クラスタごとに距離を2乗してそれを合計します。

クラスタ0

9 + 9 + 9 + 25 + 16 = 68

クラスタ1

25 + 25 + 9 = 59

クラスタ内誤差平方和（SSE）は、各クラスタの値を合計して、以下のように求めます。

クラスタ内誤差平方和（SSE）= 68 + 59 = 127

もしかして、最小2乗法のときみたいに、このSSEが最小になるようにして、最適なクラスタ数を求めるんですかね？

惜しいね！でも、SSEが小さいほどきれいにまとまっているという解釈は間違っていないよ。

　SSEは、クラスタ数＝データ数のとき最小値になります。つまり、すべてのグループが自分1人だけのグループになるときです。よって、SSEが最小になるようにクラスタ数を定めるというアプローチは、大量のデータをグループ化したいというクラスタリングの目的と矛盾してしまいます。

最適なクラスタ数は、クラスタ数とSSEの変化を折れ線グラフで表現するとわかるんだ。

　図15-15は、クラスタ数（横軸）とSSE（縦軸）の推移の折れ線グラフのイメージ図です。クラスタ数が4 ⇒ 5に増えるところで、SSEの減少率が極端に低くなり、収束に向かっていることがわかります。

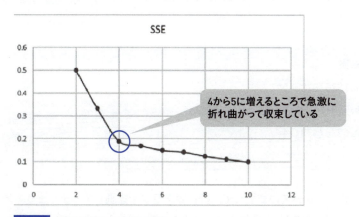

図15-15　クラスタ数とSSEの値の推移

　この図のように、SSEは、クラスタ数を増やしていくと最初は順調に低下していきますが、クラスタ数がある値を超えると、収束していきます。この

ように、SSEが減少から収束に切り替わる点を最適なクラスタ数とするのが**エルボー法**です（図15-15の場合、最適なクラスタ数は4）。綺麗に折れ曲がった折れ線グラフが「肘」のように見えることから、こう呼ばれています。

> 実際のデータではここまできれいに折れ曲がることは少ないよ。今回のデータで試しにやってみよう。

scikit-learnのinertia_を学習済モデルに対して呼び出すと、簡単にSSEを算出することができます。それを利用して、クラスタ数2〜30でSSEを調べてみましょう。

コード15-12 クラスタ数2〜30でSSEを調べる

```
01  sse_list = []
02  # クラスタ数2〜30でSSEを調べる
03  for n in range(2, 31):
04      model = KMeans(n_clusters = n, random_state = 0)
05      model.fit(sc_df)
06      sse = model.inertia_  # SSEの計算
07      sse_list.append(sse)
08  sse_list
```

実行結果

```
[2184.1520787874542,
 1650.770187770802,
 1358.68267333124,
 :
```

リストを、シリーズに変換して、折れ線グラフを描画してみましょう。現状ではインデックスが0から始まり、クラスタ数は2から始まっていてわかりづらいので、インデックスも2〜30に変更しましょう。

コード15-13 折れ線グラフを描画する

```
01  se = pd.Series(sse_list)
02  num = range(2, 31)  # range関数で2〜30の整数列を作る
03  se.index = num      # シリーズのインデックスを変更
04  se.plot(kind = 'line')
```

実行結果

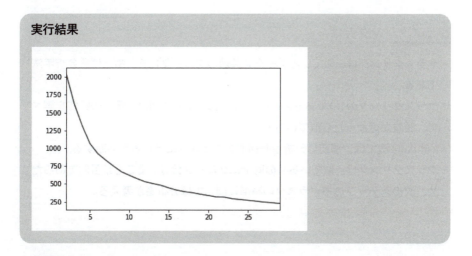

折れ線グラフから、クラスタ数5ぐらいから、減少速度が鈍り始めることがわかるね。よって、今回の最適なクラスタ数は5ってことがわかるよ。

では、改めて、クラスタ数5で学習させ、その結果をCSVファイルに書き出しましょう。

コード15-14 結果をCSVファイルに書き出す

```
01  model = KMeans(n_clusters = 5, random_state = 0)
02  model.fit(sc_df)
03  sc_df['cluster'] = model.labels_
04  sc_df.to_csv('clustered_Wholesale.csv', index = False)
```

15.5 第15章のまとめ

クラスタリングとは

- クラスタリングは、似ているデータを共通のグループにまとめ上げる分析手法である。
- クラスタリングの1つであるk-means法では、データ間の座標上の距離を調べて、距離が近かったら似ていると考える。
- k-means法では、事前に分析者が何個のクラスタに分けるか判断する。
- クラスタリングは、似ているもの同士にグループ分けすることが目的であるため、次のステップの各クラスタの特徴に関しては分析者が考える。

k-means法

- k-means法の前処理では、外れ値の削除や、データの標準化を行うことが望ましい。
- 最適なクラスタ数はエルボー法を利用することによって決めることができる。
- 各クラスタの特徴は、クラスタ内の平均値を計算することによって分析者が意味づけすることができる。

15.6 練習問題

第Ⅱ部で利用したSurvived.csvに関して、クラスタリングを行い、乗船客をグループ分けしてみましょう。

練習15-1

CSVファイルを読み込んでデータフレームを作成しましょう。

練習15-2

PassengerId、Ticket,Cabin,Embarked列を削除しましょう。

練習15-3

欠損値の処理をします。各列の平均値で穴埋めしてください。

練習15-4

Sex列は、文字列データの列なので、ダミー変数化してください。

練習15-5

マハラノビス距離を用いて、外れ値のデータを特定して、削除してください。

練習15-6

データフレームを各列で標準化してください。ただし、標準化後のデータがnumpyのデータである場合、わかりやすいようにデータフレーム形式に直してください。

練習15-7

クラスタ数2個で、クラスタリングしてみましょう。ただし乱数固定は0とします。クラスタリングできましたら、もとの標準化後データフレームに新しい列と

して追加してください。

練習15-8

練習15-7の2つのクラスタはそれぞれどういった特徴を持っているか、考察してください。

chapter 16
まだまだ広がる機械学習の世界

私たちはここまで、
さまざまな概念、手法、ツールを学んできました。
しかし、機械学習の世界はもっともっと広大です。
入門書1冊で、そのすべてをお伝えすることはとても叶いませんが、
なかでも注目を集めているトピックを紹介し、
入門編卒業のはなむけとしましょう。

contents

16.1　さまざまな機械学習

16.1 さまざまな機械学習

2人とも、本当によく頑張ったね。「工藤認定 機械学習エンジニア・ブロンズ」として胸を張っていい。

やったー！…って、これでまだブロンズなんですか？

機械学習の世界は本当に広大だからね。卒業記念に、より高度な世界をちょっとだけ紹介しよう。

16.1.1 「画像」の機械学習

　本書では主に、CSV形式に格納された文字列や数字のデータを機械学習させました。しかし、「画像」を入力データとする機械学習も研究・実用化が広く進んでいます。本書の第1章で機械学習の概要を学ぶ際に紹介した例も、「ある写真を見て犬か猫かを判断するAI」でした。

図16-1　ある写真を見て犬か猫かを判断するAI

単なる判断にとどまらず、「画像のどこに何が映っているか」「映っているのが人なら、どんな表情（喜怒哀楽）をしているか」「著名人が映っているか」など、本来人間にしかできなかったようなことまで実現可能になりました。「映っている人」によって整理してくれる写真アプリなどで、その利便性をすでに実感している人もいるでしょう。

「連続する画像」である動画についても、高度な判断を実現するAIが次々と登場しており、さらなる発展が期待されています。

16.1.2 「文章」の機械学習

文章や単語に関する機械学習も、大きな成果を上げている分野です。たとえば企業の問い合わせサイトで見かけることが増えたチャットAIなどは、「ある問いかけに対して、どう回答するか」を大量に与えて教師あり学習させて、構築されています。それは、今の皆さんであれば十分想像できることでしょう。

近年では、与えられた文章を要約したり、書き手の感情や性格を推測するようなAIも実用化が進んでいます。自社製品に言及するSNSへの投稿やブログでの紹介内容を分析し、ファンの増減や広告効果を可視化するようなサービスも増えました。

> そういえば、ボク英語苦手だからいつも翻訳サイト使うんですけど、あれも…。

> 典型的な「教師あり学習」によるAIだよ。それにしても最近の翻訳精度は本当にすごいよな。

16.1.3 「音声」の機械学習

画像や文章に比べると地味なことは否めませんが、私たちの生活を大きく変える可能性があるといわれているのが音声情報の機械学習です。さまざまな国の人が話す複雑な言葉を教師あり学習した近年の音声認識AIでは、人の言葉を解釈することが可能になったからです。

「オーケイ、コンピュータ、明日の天気は？」と呼びかける、SF映画でしか見かけなかったシーンは、いまや世界中のどこでもそう珍しくない光景です。会議の録音や録画を与えれば、議事録を文字に起こしてくれるなどのサービスも次々と登場していますね。

音声認識AIで文字にして、すぐ翻訳AIに渡せば、同時翻訳ですね！

ひょっとして音声認識AIを使えば、「カレゴン、激辛攻撃だ！」とか言葉でモンスターに指示するゲームとかも作れちゃうのかな。

さらに、AI企業が提供する「学習済のモデル」に、ネットワーク経由でアクセスして利用するような形態も一般化しました。AWS（Amazon Web Services）やIBM Watsonなど、クラウドサービスの一部として提供される機能を、自社で開発するアプリケーションやサービスに組み込むことも容易になっています。

16.1.4　データを生み出すAI

最後に「ちょっとおもしろい」機械学習の活用例を紹介しよう。すでに亡くなった「伝説の漫画家」の作風でイラストを描くAIがあること、知ってるかい？

　ある芸術家による作品を大量に訓練データとして与え、その芸術家の「作風」に沿った新しい作品を生み出す試みが行われており、図16-2のような少し興味深いしくみでモデルを構築していきます。

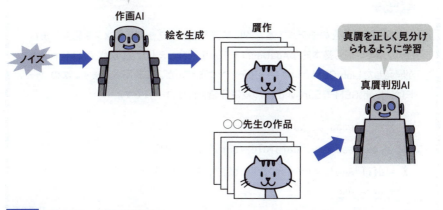

図16-2　贋作を行うAIとそれを見破るAI

　最大のポイントは、「○○先生風の作画AI」と「○○先生作品の真贋（本物か偽物か）を見抜く真贋判別AI」とが登場し、互いから学習するという構図です。真贋判別AIは、作画AIが生み出す絵から教師あり学習をし、作画AIは真贋判別AIに「贋作」と判定されない絵を生み出せるよう試行錯誤を繰り返すわけです。このように、互いが負けないように学習を繰り返し、最終的には作画AIのみを取り出すことにより、芸術家自身が描いたような絵を描くことができます。

2人のAIが、切磋琢磨しながら互いを高め合っていくなんて…なんだかすごい！

もっとすごい世界が、2人のことを待っているさ。そして、もっともっとすごい世界を一緒に作っていこう！

はい！

column ブースティングアルゴリズム ～Light GBM～

　12章でたくさんのモデルで逐次的に学習を進めるブースティングを紹介しました。12章では最も基本的なAdaBoostモデルを紹介しましたが、現代ではMicrosoftが開発したLightGBMというブースティングモデルがよく利用されます。次のコードは、LightGBMでSurvived.csvの2値分類を行うコードです。

```
import pandas as pd
df = pd.read_csv("datafolda/Survived.csv")
X = df[["Age", "Pclass", "SibSp","Parch"]] # この4列を特徴量とする
X = X.fillna(X.mean())
y = df["Survived"]
X_train, X_test, y_train, y_test = train_test_split(X, y, test_size=0.3, random_state=42)

import lightgbm as lgb # 事前に %pip install lightgbm を実行する必要あり

train_data = lgb.Dataset(X_train, label=y_train)
test_data = lgb.Dataset(X_test, label=y_test)

# パラメータの設定
params = {'objective': 'binary', 'metric': 'accuracy', 'verbosity': -1}
# モデルの学習
gbm = lgb.train(params, train_data, num_boost_round=50,
                valid_sets=[train_data, test_data])
# テストセットを使って予測(y_testが1になる確率を返す)
gbm.predict(X_test)
```

付録 A

sukkiri.jp について

本書で機械学習を学ぶみなさんのために、
学習を手助けするツールやデータを
インターネット上に準備しました。
ここでは、それらを利用する方法を解説します。

contents

A.1　sukkiri.jp について

A.1 sukkiri.jp について

　本書では、学習を手助けする各種手順書やリファレンスをインターネット上に準備しました。AnacondaのインストールやJupyterLabの基本的な使い方はもちろん、本書掲載コードや各章で利用するデータファイル（CSVファイル）についても公開しているので、以下のサイトからぜひ確認してみてください。

https://sukkiri.jp/books/sukkiri_ml2

Pythonや機械学習を取り巻く世界は日進月歩って聞くけど、最新情報を確認できるから安心ね！

---

column

 sukkiri.jp

　https://sukkiri.jp/ は、「スッキリわかる」シリーズの著者や制作陣が中心となって、各種情報を1箇所に集めたサイトです。書籍に掲載したコード（一部）がダウンロードできるほか、ツール類の導入手順や学び方など、学び手のみなさんのお役に立てる情報をお届けしています。

『スッキリわかるPython入門』	『スッキリわかるSQL入門 ドリル256問付き！』
『スッキリわかるC言語入門』	『スッキリわかるJava入門』
『スッキリわかるJava入門 実践編』	『スッキリわかるサーブレット＆JSP入門』

　「スッキリわかる」シリーズ。今後も続刊予定です。

付録 B
エラー解決・虎の巻

機械学習プログラミングを行っていると、
思いどおりに動かないことやエラーに
悩まされることが少なくありません。
幸い、エラーを解決するにはコツがあります。
この付録では、エラー解決のコツとエラーメッセージの読み方を説明し、
困ったときの状況に応じた対処方法を紹介します。

contents

B.1 　エラーとの上手な付き合い方
B.2 　トラブルシューティング

B.1 エラーとの上手な付き合い方

B.1.1 エラー解決の3つのコツ

　機械学習プログラミングを初めて間もないうちは、作成したプログラムが思うように動作しないかもしれません。些細なエラーの解決に長い時間を要することもあるかもしれませんが、誰もが通る道ですから悲観する必要はありません。しかし、誰もが通る道を可能な限り効率よく進んで、エラーを素早く解決できるようになれたら理想的です。幸い、エラーを素早く解決できるコツがあります。

コツ①　原因を理解した上で修正する

　「なぜエラーが発生したのか」という原因を理解しないまま、インターネット上の記事の内容をコピー＆ペーストするなどして、コードを修正してはいけません。同じエラーに何度も悩まされるより、理解に時間がかかっても二度と同じエラーを起こさないほうが合理的と言えるでしょう。特に、原因を理解していなくても表面的にエラーを解消できてしまう、開発ツールや統合開発環境の「エラー修正支援機能」には注意が必要です。初心者のうちはできるだけこの機能は使わないようにしましょう。

コツ②　エラーメッセージから逃げずに読む

　エラーが出ると、エラーメッセージをちゃんと読まずに思い付きでソースコードを書き換える人がいます。しかし、「何が悪いのか、どこが悪いのかという情報」は、エラーメッセージに書いてあります。その貴重な手掛かりを読まないのは「目隠しをして探し物をする」も同然です。上級者でも難しい「ノーヒント状態でのエラー解決」を初心者ができるはずがありません。

　メッセージが英語、あるいは不親切な日本語であったとしても、エラーメッセージはきちんと読みましょう。特に、英語の意味を調べる手間を惜しまないでください。それを調べる数分の時間で、悩む時間が何時間も減るこ

ともあります。

コツ③　エラーと試行錯誤をチャンスと考える

　熟練したAIエンジニアが素早くエラーを解決できるのは、機械学習手法や外部ライブラリの文法に習熟しているからだけではありません。頭の中に「エラーを起こした失敗経験と、それを解決した成功経験」の引き出しをたくさん持っているから、つまり、似たようなエラーで悩んだ経験があるからです。

B.1.2　エラーメッセージの読み方

　Pythonでは、エラーが発生すると、そのエラーに関する情報が表示されます。pandasやscikit-learnに関係するエラーの場合、エラー画面の上部や中部はライブラリ内のコードとなっているので、読解が非常に難しいです。pandasやscikit-learnを用いた機械学習プログラミングのトラブルシューティングのコツは、エラーメッセージをきちんと読むことです。

```
NameError    Traceback (most recent call last)
<ipython-input-2-8544a1075de4> in <module>
      1 import pandas as pf
      2
----> 3 df = pd.read_csv("test.csv")     ← エラーが発生した場所


NameError: name 'pd' is not defined
          ─────────────                 ─────────────
          発生したエラーの名前            発生したエラーの名前
```

図B-1 エラー発生時の例

　図B-1下部のエラー情報では、「エラーが発生した場所」「発生したエラーの名前」「エラーメッセージ」が表示されます。これらの情報をヒントにエラーの原因を推測してソースコードを修正します（太字の部分にも注意してください）。

Pythonのプログラミング経験が少ないうちは、エラー原因を推測するのが難しいので、次項の「トラブルシューティング」を参考にしてください。よく発生するエラーメッセージとその原因を紹介します。

B.2 トラブルシューティング

B.2.1 read_csv関数の実行時にエラーが発生する

(1) name 'pd' is not defined

原因 pandasのインポートを忘れている。あるいはimport時に別名を誤って付けている（または、別名を付けていない）。

例

```
01  import pandas as pf # 別名をpfにしている
02  df = pd.read_csv('test.csv')
```

表示結果
```
NameError                                 Traceback (most recent call last)
<ipython-input-1-d287e27902c9> in <module>
      2
      3
----> 4 df = pd.read_csv('test.csv')

NameError: name 'pd' is not defined
```

対応 「import pandas as pd」という1文を正確に実行する。

(2) FileNotFoundError: [Errno 2] File b'test.csv' does not exist: b'test.csv'

原因 ファイル名が間違っている。または、JupyterLabやPythonの参照フォルダ内に指定したファイルが存在しない。

例

```
01  import pandas as pd
02  df = pd.read_csv('test.csv')
```

表示結果

```
FileNotFoundError: [Errno 2] File b'test.csv' does not exist: b'test.csv'
```

対応 ファイル名の指定や配置場所が間違っていないか確認する。

(3) UnicodeDecodeError: 'utf-8' codec can't decode byte 0x82 in position 0: invalid start byte

原因 読み込むファイルの文字コードとPythonが指定している文字コードが合っていない。

例

```
01  # sukkiri.csvはshift-jisのファイル
02  df = pd.read_csv('sukkiri.csv')
```

表示結果

```
UnicodeDecodeError: 'utf-8' codec can't decode byte 0x82 in position 0: invalid start byte
```

対応 read_csvのencoding引数として、正しい文字コードを指定する（p321）。

B.2.2　特定の行や列を抜き出すときにエラーが発生する

(1) KeyError: 'ＯＯ'

原因 抜き出す行名や列名が間違っている。

例

```
01  df.loc[:, 'しんちょう']      本当の列名は身長
```

表示結果

```
KeyError: 'しんちょう'
```

対応 正しい列名を指定する。

(2) ValueError: The truth value of a Series is ambiguous. Use a.empty, a.bool(), a.item(), a.any() or a.all().

原因 検索条件を複数個設定するときに、andやorを指定している。

例

```
01  df.loc[(df['身長'] < 0) or (df['体重'] > 100)]
```

表示結果

```
ValueError: The truth value of a Series is ambiguous. Use a.empty,
a.bool(), a.item(), a.any() or a.all().
```

対応 andやorの代わりに、&や|を利用する（p186）。

(3) TypeError: cannot compare a dtyped [float64] array with a scalar of type [bool]

原因 検索条件を複数個設定するときに、()を付け忘れている。

例

```
01  df.loc[df['身長'] < 0 | df[['体重'] > 100]
```

表示結果

```
TypeError: cannot compare a dtyped [float64] array with a scalar of
type [bool]
```

対応 個々の検索条件式の範囲を()で囲む。

B.2.3 列を追加するときにエラーになる

(1) ValueError: Length of values does not match length of index

原因 元のデータフレームの行数と追加する列の行数が合っていない。

例

```
01  new = [1, 2, 3, 4, 5]
02
03  # dfは19行
04  df['newcol'] = new
```

表示結果

```
ValueError: Length of values does not match length of index
```

対応 データフレームと追加する列の行数を揃える。

B.2.4 列や行を削除するときにエラーになる

(1) '['○○'] not found in axis'

原因 axisの値が異なる。

例

```
01  df.drop('身長', axis = 0)
```
列の削除なので、1にするべき

表示結果

```
KeyError: '['身長'] not found in axis'
```

対応 列の削除はaxis = 1、行の削除はaxis = 0とする。

(2) エラーにはならないが、削除が反映されていない。

原因 inplace = True にしていないか、再代入していない。

例

```
01  df.drop('身長', axis = 1)
02  df.head(1)
```

表示結果

	身長	体重	年代	性別	派閥
0	168	55.0	20	女	きのこ

対応 「df2 = df.drop(〜);」のように別の変数に結果を代入する。または、dropメソッドの引数としてinplace = Trueを指定することで、df変数を破壊的に変更する。

B.2.5 グラフ描画でエラーになる

(1) ValueError: '○○' is not a valid plot kind

原因 kindパラメータに指定する文字列のつづりに誤りがある。

例

```
01  df.plot(kind = 'var')
```

表示結果

```
ValueError: 'var' is not a valid plot kind
```

対応 'bar'、'line'などを正しいつづりで指定する。

B.2.6 集計しようとするとエラーになる

(1) TypeError: unsupported operand type (s) for +: 'int' and 'str'

原因 集計対象の列に文字列型の列がある。

> 例

```
01  import pandas as pd
02  df = pd.read_csv("Survived.csv")
03  df.mean()   # Ticket列など文字列の列が含まれている
```

> 表示結果

```
TypeError: unsupported operand type(s) for +: 'int' and 'str'
```

対応 メソッドの引数に numeric_only = True を追加する。

B.2.7 データを標準化しようとするとエラーになる

(1) ValueError: could not convert string to float: '○'

原因 データフレーム内に文字列がある。

> 例

```
01  from sklearn.preprocessing import StandardScaler
02  sc = StandardScaler()
03  # 性別列がある
04  sc.fit_transform(df)
```

> 表示結果

```
ValueError: could not convert string to float: '女'
```

対応 文字列データは標準化できない。データフレームから除外するか、必要であれば事前にダミー変数化する。

(2) ValueError: Expected 2D array, got 1D array instead:
array=[○,○,・・・,○]
.].Reshape your data either using array.reshape(-1, 1) if your data has a single feature or array.reshape(1, -1) if it contains a single sample.

原因 fitメソッドやfit_transform メソッドの引数にシリーズ（1次元データ）を指定している。

例

```
01  from sklearn.preprocessing import StandardScaler
02  sc = StandardScaler()
03  sc.fit_transform(df['身長'])
```

表示結果

```
ValueError: Expected 2D array, got 1D array instead:
array=[168. 160. 155. 175. 170. 170. 170. 177. 172. 170. 170. 170.
169. 165. 170. 170. 180. 170. 175.].
Reshape your data either using array.reshape(-1, 1) if your data has
a single feature or array.reshape(1, -1) if it contains a single
sample.
```

対応 標準化のためのfitメソッドにはシリーズを渡せない。データフレームを取得して渡す。

B.2.8 モデル学習時にエラーになる

(1) ValueError: could not convert string to float: '○'

原因 特徴量の中に文字列データがある。

例

```
01  from sklearn.tree import DecisionTreeClassifier
02
03  model = DecisionTreeClassifier()
04  x = df['性別']  # 文字列
05  t = df['派閥']
06  model.fit(x, t)
```

表示結果

```
ValueError: could not convert string to float: '女'
```

対応 ダミー変数化するか、特徴量から除外する。

(2) ValueError: Input contains NaN, infinity or a value too large for dtype('float32').

原因 特徴量の中に欠損値が含まれている。

例

```
01  from sklearn.tree import DecisionTreeClassifier
02  model = DecisionTreeClassifier()
03  x = df[['身長']]
04  x.loc[0, '身長'] = None  # 0行目を欠損させる
05  t = df['派閥']
06  model.fit(x, t)
```

表示結果

```
ValueError: Input contains NaN, infinity or a value too large for dtype('float32').
```

対応 欠損値を含む行を削除するか、何らかの値で穴埋めする。

B.2.9 モデルの予測時にエラーになる

(1) ValueError: Expected 2D array, got 1D array instead:

原因 predictメソッドの引数は2次元のリストやデータフレームである必要があるのに、1次元リストやシリーズを渡している。

例

```
01  model.predict([150, 40])
```

表示結果

```
ValueError: Expected 2D array, got 1D array instead:
array=[150. 40.].
Reshape your data either using array.reshape(-1, 1) if your data has
a single feature or array.reshape(1, -1) if it contains a single
sample.
```

対応 predictメソッドは、複数行分のデータをデータフレーム形式で受け取る。1行分のデータを渡したい場合も、データフレーム形式または2次元リストで渡す。

(2) **ValueError: Number of features of the model must match the input. Model n_features is ○ and input n_features is △**

原因 学習時の特徴量の列数と、予測時の列数が異なる。

例

```
01  new_data = [[170, 60, 20]]  # 身長、体重、年代
02  model.predict(new_data)     # 本当の特徴量は身長と体重
```

表示結果

```
ValueError: Number of features of the model must match the input.
Model n_features is 2 and input n_features is 3
```

対応 モデルを学習したときに指定したものと同じ、数・順序の特徴量を渡す。

(3) **NotFittedError: This ●● instance is not fitted yet. Call 'fit' with appropriate arguments before using this estimator.**

原因 fitメソッドで学習する前にpredictメソッドを呼び出した。

> 例

```
01  model = LinearRegression()
02  new = [[150, 700, 300, 0]]
03  model.predict(new)
```

実行結果

NotFittedError: This LinearRegression instance is not fitted yet. Call 'fit' with appropriate arguments before using this estimator.

対応 事前に訓練データで学習を行う。

付録 C
Pandas 虎の巻

本書では、具体例を通してpandasの使い方を紹介してきました。
付録Cではそれらの構文を一覧としてまとめ、
具体例となるコードも併記しました。
必要に応じて活用してください。

contents

- C.1　シリーズの基本操作
- C.2　データフレームの基本操作
- C.3　データフレームの応用操作
- C.4　データの可視化

C.1 シリーズの基本操作

シリーズ基本操作の一覧

処理名	概要	付録Cのページ	本編ページ
pd.Series()	シリーズの作成	540	277
se.index	インデックスの参照	541	―
se[インデックス]	インデックスによるデータ参照	541	―
se.unique()	重複排除結果を参照	542	133
se.value_counts()	データの個数を集計	542	133
se.sort_values()	データの並べ替え	543	279
se.map()	各データに関数を適用	543	277
se 演算子 値	各要素との演算	544	294
se[条件式]	条件式による検索	545	186

※ pdはpandasモジュール、seはSeriesオブジェクト。
※ se.indexとse[インデックス]は本編では紹介しておらず、参考として掲載したもの。

C.1.1 シリーズの作成

```
pd.Series(データの一次元リスト,
    index = インデックスの一次元リスト)
```

```
01  pythonScore = pd.Series([90, 70, 70, 80] ,   シリーズの作成
        index = ['工藤', '浅木', '松田', '瀬川'])
02
03  pythonScore # シリーズの表示
```

実行結果
```
工藤    90
浅木    70
松田    70
瀬川    80
dtype: int64
```

C.1.2 インデックスの参照

シリーズ.index

`01` pythonScore.index

実行結果
```
Index(['工藤', '浅木', '松田', '瀬川'], dtype = 'object')
```

C.1.3 インデックスによるデータ参照

シリーズ[インデックス名]

`01` pythonScore['工藤'] # インデックスが工藤のデータを取得

実行結果
```
90
```

C.1.4 重複の排除結果を参照

 シリーズ.unique()

`01` pythonScore.unique()

実行結果
array([90, 70, 80], dtype = int64)

C.1.5 データの個数を集計

 シリーズ.value_counts()

`01` pythonScore.value_counts()

実行結果
```
70    2
90    1
80    1
dtype: int64
```
この結果がさらにシリーズになっている

C.1.6 データを並べ替える

シリーズ.sort_values(ascending = ブール値)
※ Trueで昇順(デフォルト)、Falseで降順。

```
01  pythonScore.sort_values(ascending = False)
```

実行結果
```
工藤    90
瀬川    80
松田    70
浅木    70
dtype: int64
```

C.1.7 各要素に関数を適用する

シリーズ.map(関数名)
※ 引数に指定する関数は、シリーズの要素を引数とする関数。
※ 引数には辞書を指定することもできる。その場合には、辞書[シリーズの各要素]の結果が返る。

```
01  def fixedscore(score):
02      return 0.8*score + 20   # 試験の素点を0.8倍して20点足す
03
04  pythonScore.map(fixedscore)
```

実行結果

```
工藤    92.0
浅木    76.0
松田    76.0
瀬川    84.0
dtype: float64
```

C.1.8　各要素との演算

 シリーズ　演算子　値

※「シリーズの各要素」と値との演算結果を返す。

```
01  pythonScore >= 80  # 80点以上が合格
```

実行結果

```
工藤    True
浅木    False
松田    False
瀬川    True
dtype: bool
```

```
01  pythonScore + 5  # 全員に5点おまけ
```

実行結果

```
工藤    95
浅木    75
松田    75
瀬川    85
dtype: int64
```

C.1.9　条件式による検索

 シリーズ[検索条件]

```
01  pythonScore[pythonScore >= 80]
```

実行結果
```
工藤    95
瀬川    85
dtype: int64
```

C.2 データフレームの基本操作

データフレーム基本操作の一覧

処理名	概要	付録Cのページ	本編ページ
pd.DataFrame()	データフレームの作成	546	93
df.columns	列名の一覧の取得	547	96
df.index	インデックスの取得	547	96
df.shape	行数と列数の取得	548	93
df.head()	先頭数行を取得	548	98
df.tail()	末尾数行を取得	549	98
df['列名']	特定列の取得（単一）	549	100
df[列名リスト]	特定列の取得（複数）	549	100
df.loc[インデックス]	特定行の取得（単一）	550	338
df.loc[インデックスリスト]	特定行の取得（複数）	550	338
df[条件式]	検索条件による特定行の抽出	551	186
df.loc[行指定, 列指定]	行と列を同時指定した抽出	552	192
df.loc[インデックス] = 〜	行の追加・更新	553	296
df[列名] = 〜	列の追加・更新	553	296
df.drop	行や列を削除	553	189
pd.read_csv()	CSVファイルの読み込み	554	97
df.to_csv()	CSVファイルとして保存	554	485

※ pdはpandasモジュール、dfはDataFrameオブジェクト。

C.2.1 データフレームの作成

```
pd.DataFrame(ディクショナリ,
    index = インデックスのリスト,
    columns = 列名のリスト)
```

※ キー→列名、値→列のデータのディクショナリ。
※ ディクショナリではなく、2次元リストでも可能。

```
01  score = {'工藤':[90, 70], '浅木':[70, 80],
            '松田':[70, 80], '福田':[85, 70]}
02
03  df = pd.DataFrame(score, index =['Python', 'ML'])
04  df
```

実行結果

	工藤	浅木	松田	福田
Python	90	70	70	85
ML	70	80	80	70

C.2.2 カラム名（列名）一覧の取得

データフレーム.columns

```
01  df.columns
```

実行結果
Index(['工藤', '浅木', '松田', '福田'], dtype = 'object')

※ 繰り返しのfor文で利用できる。

C.2.3 インデックスの取得

データフレーム.index

```
01  df.index
```

実行結果
```
Index(['Python', 'ML'], dtype = 'object')
```

C.2.4 行数と列数の取得

データフレーム.shape
※(行数、列数)のタプル。

```
01  df.shape
```

実行結果
```
(2, 4)
```

C.2.5 先頭数行だけ取得する

データフレーム.head(整数)
※引数の行数分表示（デフォルトは5）。

```
01  df.head(1)  # 先頭1行だけ
```

実行結果

	工藤	浅木	松田	福田
Python	90	70	70	85

C.2.6 末尾行だけ表示

データフレーム.tail(整数)

※ 引数の行数分表示（デフォルトは5）。

`01  df.tail(1)`

実行結果

	工藤	浅木	松田	福田
ML	70	80	80	70

C.2.7 特定列の取得

・1列のみ
データフレーム['列名']

※ 1列のみの場合は、シリーズ型として扱われる。

・複数列
データフレーム[列名のリスト]

`01  df['浅木']`

実行結果
```
Python    70
ML        80
Name: 浅木, dtype: int64
```

```
01  df[['浅木','松田']]
```

実行結果

```
         浅木    松田
Python   70    70
ML       80    80
```

C.2.8 インデックスによる特定行の抽出

・1行のみ
　データフレーム.loc[インデックス]

・複数行
　データフレーム.loc[インデックスのリスト]

```
01  df.loc['ML']
```

実行結果

```
工藤    70
浅木    80
松田    80
福田    70
Name: ML, dtype: int64
```

C.2.9 検索条件による特定行の抽出

 データフレーム[検索条件]

※ 検索条件はデータフレームの1列と比較演算子を利用する。

```
df[df['工藤'] < 80]  # 工藤列が80未満のデータ
```
（検索条件）

実行結果

	工藤	浅木	松田	福田
ML	70	80	80	70

複数条件を組み合わせるときには、次の点に注意する。

- 各条件を()で囲む。
- 論理積には&、論理和には|を利用。

```
01  df[(df['工藤'] < 80) & (df['浅木'] < 70)]
```
「工藤列が80未満」かつ「浅木列が70未満」

実行結果

工藤	浅木	松田	福田

該当行なし

C.2.10 行と列を同時に指定して抽出

データフレーム.loc[行情報 , 列情報]
※ 行情報にはインデックスのリストや、検索条件を指定できる。
※ 列情報には、列名リストを指定できる。

```
01  df.loc[['Python'], ['工藤', '松田']]
```
　　　　　　Python 行　　　 工藤列と松田列

実行結果

```
        工藤      松田
Python  90      70
```

連続した行や 列を抽出したいときは : (スライス) を利用できます。

- A:B → A 以上 B 以下
- A: → A 以上すべて
- :B → B 以下すべて
- : → すべて

```
01  df.loc[:, '工藤':'松田']
```
　　　すべての行　 工藤列から松田列まで(松田列含む)

実行結果

```
        工藤      浅木     松田
Python  90      70      70
ML      70      80      80
```

C.2.11 行と列の追加および更新

・1行の追加および更新

データフレーム.loc[インデックス] = 1次元リスト
　　　or シリーズ

※ シリーズの場合、シリーズのインデックスとデータフレームのカラムが一致している必要がある。
※ 指定したインデックスがまだ存在しない場合は行の追加、存在する場合は行の更新となる。

・1列の追加および更新

データフレーム[列名] = 1次元リスト or シリーズ

※ シリーズの場合、インデックスがデータフレームと一致している必要がある。
※ 指定した列名がまだ存在しない場合は列の追加、存在する場合は列の更新となる。

```
01  df.loc['web_app'] = [65, 70, 65, 85, 90]
```
Web_app 行の追加

```
01  df['福田'] = [75, 75]
```
福田列の追加

C.2.12 行と列の削除

・行の削除

データフレーム.drop(インデックス, axis = 0)

・列の削除

データフレーム.drop(列名, axis = 1)

```
01  df.drop(['ML'], axis = 0)  # ML行の削除
```
インデックスのリストで指定

実行結果

```
        工藤    浅木    松田    瀬川
Python   90     70     70     85.0
```

※ この実行例の場合、df自体は変化がないので再代入の必要あり。

C.2.13 CSVファイルの読み込み

```
pd.read_csv('ファイル名', encoding = '文字コード',
    sep = '区切り文字')
```

※ encoding のデフォルトは utf-8。
※ カレントディレクトリ内のファイルを読み込む。

C.2.14 CSVファイルとして保存

```
データフレーム.to_csv('ファイル名', index = ブール値)
```

※ カレントディレクトリにファイルを出力する。
※ index = True とすると、インデックスも1列分としてCSVに出力する。

C.3 データフレームの応用操作

データフレーム応用操作の一覧

処理名	概要	付録Cのページ	本編ページ
df.sum()	合計を計算	555	143
df.mean()	平均を計算	555	143
df.median()	中央値を計算	555	143
df.std()	標準偏差を計算	556	143
df.describe()	各種の基本統計量を計算	556	352
df.groupby().集計関数()	グループ集計	557	236
pd.pivot_table()	ピボットテーブル集計	558	236
pd.concat()	単純なデータフレーム結合	559	248
df.merge()	内部結合・外部結合	559	334
df.isnull()	欠損値の確認	560	138
df.dropna()	欠損のある行や列を削除	561	140
df.fillna()	欠損のある行や列を穴埋め	561	141
df.interpolate()	線形補間	562	340
pd.get_dummies()	ダミー変数の作成	562	246

※ pdはpandasモジュール、dfはDataFrameオブジェクト。

C.3.1 代表値の計算

・合計値

データフレーム.sum()

・平均値

データフレーム.mean()

・中央値

データフレーム.median()

・標準偏差

データフレーム.std()

※ データフレームに文字列の列などが含まれている場合、numeric_only=True引数を指定。

```
01  df.sum()  # 列ごとの合計値の計算
```

実行結果
```
工藤    160.0
浅木    150.0
松田    150.0
瀬川     85.0
dtype: float64
```
戻り値がシリーズ

パラメータ引数でaxis = 1と指定すると、行ごとの代表値も計算することができます。

```
01  df.mean(axis = 1)  # 行ごとの平均値
```

実行結果
```
Python    78.750000
ML        76.666667
dtype: float64
```

C.3.2 一括集計

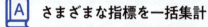
さまざまな指標を一括集計

データフレーム.describe()

```
01  df.describe()
```

実行結果

	工藤	浅木	松田	福田
count	2.000000	2.000000	2.000000	2.000000
mean	80.000000	75.000000	75.000000	77.500000
std	14.142136	7.071068	7.071068	10.606602
min	70.000000	70.000000	70.000000	70.000000
25%	75.000000	72.500000	72.500000	73.750000
50%	80.000000	75.000000	75.000000	77.500000
75%	85.000000	77.500000	77.500000	81.250000
max	90.000000	80.000000	80.000000	85.000000

C.3.3 グループ集計

 データフレーム.groupby(集計軸の列).集計関数()

※ 集計関数には、データフレームの代表値計算関数を利用できる。

```
01  data = pd.DataFrame({
02      '年齢':[22, 25, 30, 40, 40],
03      '性別':[1, 0, 1, 1, 1],
04      '役職':[0, 0, 0, 1, 1]
05      }, index = ['松田', '浅木', '工藤', '瀬川', '福田']
06  )
07
08  data.groupby('役職').mean() # 役職ごとの集計
```

実行結果

	年齢	性別
役職		
0	25.666667	0.666667
1	40.000000	1.000000

C.3.4 ピボットテーブル集計

```
pd.pivot_table(データフレーム, index = 集計軸の列名,
    columns = 集計軸の列名,
    values = 集計対象の列,
    aggfunc = 関数名 ,
    margins = ブール値)
```

※ aggfunc はデフォルトで平均値計算。
※ margins = True と指定すると、集計軸1個だけでの小計を計算してくれる。

```
01  pd.pivot_table(data, index = '性別', columns = '役職',
        values = '年齢', aggfunc = max, margins = True)
```

実行結果

役職	0	1	All
性別			
0	25.0	NaN	25
1	30.0	40.0	40
All	30.0	40.0	40

C.3.5 2つのデータフレームの結合

・行方向の単純な結合

```
pd.concat([df1, df2], axis = 0)
```

※ df1,df2はデータフレーム
※ 2つのデータフレームは、列名が同じ必要がある。

・列方向の単純な結合

```
pd.concat([df1, df2], axis = 1)
```

※ 2つのデータフレームは、インデックスが同じ必要がある。

・内部結合

```
df1.merge(df2, how = 'inner', on = 結合キーの列名)
```

・データフレームの列名が異なるときの内部結合

```
 left_on = 'df1の列名', right_on = 'df2の列名'
```

・左外部結合

```
df1.merge(df2, how = 'left', on = 結合キーの列名)
```

※ df1のデータは必ず表示。

・右外部結合

```
df1.merge(df2, how = 'right', on = 結合キーの列名)
```

※ df2のデータは必ず表示。

C.3.6 データフレームの欠損値の確認

 データフレーム.isnull()

※ データフレームの各マスが、欠損値ならTrue、データがあるならFalse。

シリーズ.isnull()

※ シリーズの各マスが、欠損値ならTrue、データがあるならFalse。

```
01  import numpy as np
02  score2 = {
03  '工藤':[90, 70],
04  '浅木':[70, 80],
05  '松田':[70, 80],
06  '瀬川':[85, np.nan],   ← 欠損値
07  }
08  df2 = pd.DataFrame(score2, index = ['Python', 'ML'])
09
10  df2.isnull() # 欠損値の確認
```

実行結果

	工藤	浅木	松田	瀬川
Python	False	False	False	False
ML	False	False	False	True ← 欠損値

C.3.7 欠損値のある行や列の削除

- 行の削除
  データフレーム.dropna(axis = 0)

- 列の削除
  データフレーム.dropna(axis = 1)

```
01  df2.dropna(axis = 0)  # df2の欠損値のある行の削除
```

実行結果

	工藤	浅木	松田	瀬川
Python	90	70	70	85.0

C.3.8 欠損値のあるマスを他の値で穴埋め

- データフレーム全体の穴埋め
  データフレーム.fillna(穴埋めのデータ)

- 特定列の穴埋め
  データフレーム[列名].fillna(穴埋めのデータ)

```
01  df2.fillna(10)
```

実行結果
```
          工藤    浅木    松田    瀬川
Python    90     70     70     85.0
ML        70     80     80     10.0     欠損値だった
```

C.3.9 線形補間

 データフレーム.interpolate(limit_direction = ●●)

※ limit_direction = 'backword' と指定すると、末尾のデータが欠損値の場合、補間されない。
※ limit_direction = 'forward'(デフォルト引数)と指定すると、先頭のデータが欠損値だった場合、補間されない。
※ limit_direction = 'both' と指定すると、先頭・末尾両方が欠損値でも置換できる。

C.3.10 ダミー変数化

 pd.get_dummies(データフレーム, drop_first=True, dtype=int)

※ 第一引数は、シリーズでもよい。
※ drop_first = True とすると、(その列にあるデータの種類数−1)分の列が生成される。
※ drop_first = False とすると、(その列にあるデータの種類数)分の列が生成される。

C.4 データの可視化

- 棒グラフ

  データフレーム.plot(kind = 'bar', title = タイトル)

- 折れ線グラフ

  データフレーム.plot(kind = 'line', title = タイトル)

- 散布図

  データフレーム.plot(kind = 'scatter', x = x軸の列名,
      y = y軸の列名, title = タイトル)

- ヒストグラム

  データフレーム.plot(kind = 'hist', alpha = 透過度指定,
      title = タイトル)

※ alphaには0〜1の値を指定する。

- 箱ひげ図

  データフレーム.plot(kind = 'box', title = タイトル)

```
01  data = {
02      'Tokyo':[100, 121, 131],
03      'Osaka':[91, 125, 150]
04  }
05  #データフレームの作成
06  df3 = pd.DataFrame(data,index = ['April', 'May', 'June'])
07
08  # 棒グラフの作成
```

```
09  df3.plot(kind = 'bar', title = 'sales')
10  # 箱ひげ図
11  df3.plot(kind = 'box', title = 'sales')
12  df3.plot(kind = 'line', title = 'sales')
```

実行結果

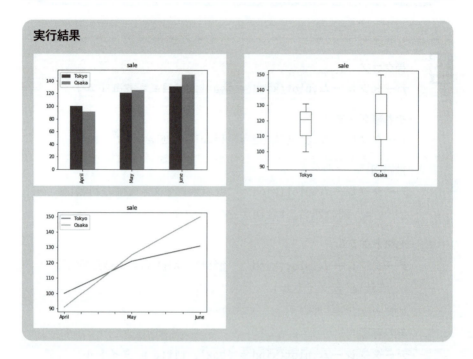

付録 D
速習 Polars 入門

本書で重点的に扱ってきたPandasは非常に柔軟にデータフレームの処理ができる一方で、大規模なデータを扱う際に処理が遅くなりやすいというデメリットがあります。対してPolarsは、処理速度の面でPandasに比べてとても高いパフォーマンスを発揮し、近年注目を浴びています。付録Dでは、Polarsの基本的な操作方法と基礎力のつく10の練習問題を用意しました。なお、本書が想定しているPolarsのバージョンは1.6.0です。

contents

- D.1 データフレームの作成と表示
- D.2 列の抽出や加工
- D.3 行の抽出
- D.4 集計
- D.5 練習問題1
- D.6 欠損値の処理
- D.7 データの並び替え
- D.8 データフレームの結合
- D.9 その他
- D.10 練習問題2
- D.11 練習問題3

D.1 データフレームの作成と表示

D.1.1 データフレームの作成

PolarsはPandasと同じように2次元の表データを「データフレーム」と呼びPandasと同様に、DataFrame関数を用います。

```
01  import polars as pl
02  # データフレームの作成
03  df = pl.DataFrame({
04      "group": ["A", "A", "B", "B", "C", "C"],
05      "value": [10, 20, 30, 40, 50, 60]
06  })
07  df.head(2) # 先頭2件の表示
```

D.1.2 ファイルの読み込み

csvファイルの読み込みもPandasと同じようにread_csv関数で行います。

```
01  df = pl.read_csv("cinema.csv")
02  df.tail(3) # 末尾3行の表示
```

jsonファイルを読み込むこともできます。

```
01  pl.read_json('sample_data.json')
```

D.1.3 列名の取得

列名はpandasと同じようにdf.columnsで取得できます。ただし、データの型はリストになります。

```
01  df.columns
```

D.1.4 シリーズの作成

利用頻度は少ないですが、Polarsには1次元のデータ集合であるシリーズも存在します。

```
01  pl.Series(name="test", values=[1,2,3])
```

D.2 列の抽出や加工

D.2.1 基本的な抽出

列を抽出するためにはdfのselectメソッド使います。

```
01  # シネマのデータからSNS1,salesのみを抽出
02  df.select(
03      'SNS1', 'SNS2'
04  )
```

　Polarsではデータの加工処理（列同士の四則演算や、列と定数値の四則演算など）を行う際に、Expressionを用います。Expressionはデータの集計や加工を表現するオブジェクトであり、このExpressionでデータの操作方法を定義し、それをselectメソッドなどのさまざまなメソッドの引数として渡すことができます。
　たとえば、列に対して一定の処理を行う場合はpl.col('列名')を利用します。

```
01  # SNS1 * 100の演算をするExpressionを定義
02  exp = pl.col('sales') * 100
03  
04  df.select(
05      'cinema_id',
06      'actor',
07      exp # Expressionを渡す
08  )
```

　もちろん、事前に定義せずに直接メソッドの()内に書いてもOKです。

```
01  # シネマのデータからcinema_id列、 SNS1 と SNS2の比率をとった列、
02  # salesを100倍して金額の単位を変えた列のみ抽出
03  df.select(
04      'cinema_id',
05      (pl.col('SNS1') / pl.col("actor")), # SNS1 / SNS2 の演算
06      pl.col('sales') * 100 # SNS1 * 100の演算
07  ).head()
```

列に対して新しい列名をつける場合、Expressionオブジェクトのaliasメソッドを用います。

```
01  df.select(
02      'cinema_id',
03      (pl.col('sales') * 100).alias("興行収入(千円)") # 列名を「興行収入(千円)」に変更
04  ).head()
```

D.2.2 新しい列の追加や削除

selectメソッドは元々の列から抽出するためのメソッドです。元々の列はそのままで、新しい列を追加したい場合はdfのwith_columnsメソッドを利用します。with_columnsの引数の中でもpl.col('列名')を利用できます。

```
01  # SNS1 / SNS2 の比率の列を追加
02  df.with_columns(
03      (pl.col('SNS1') / pl.col("SNS2")).alias("SNS1 / SNS2")
04  ).head()
```

また、定数の新しい列を作成する場合は、メソッドの引数内でpl.litを利用します。

```
01  # 全て0の列を追加する
02  df.with_columns(
03      pl.lit(0).alias('all_zero')
04  )
```

ちなみに列の削除はdfのdropメソッドを利用します。

```
01  # SNS1列とactor列を削除
02  df.drop( ['SNS1', 'actor'] )
```

D.2.3　インデックス列の追加

実はPolarsはPandasと違ってインデックスという概念がありません。そのため、便宜上インデックスのような「0から始まる整数の列」を作成したいというときのために、dfのwith_row_indexメソッドがあります。

```
01  df2 = df.with_row_index()
```

D.2.4　条件に応じた値を用いた列の追加

「A列がある条件を満たす行はXX、満たさないならばYY」といった列を作成するときは、メソッドの引数内でpl.whenを利用します。たとえば、きのこたけのこのデータで、派閥がきのこならば1、たけのこならば0といった列を作成するときには次のように書きます。

```
01  kt_df = pl.read_csv("KvsT.csv")
02
03  kt_df.with_columns(
04      pl.when(pl.col("派閥") == "きのこ").
05          then(1).otherwise(0).alias("sample")
06  )
```

D.3　行の抽出

D.3.1　基本的な抽出

条件などを用いて行の抽出を行う場合はdfのfilterメソッドを利用します。行の条件はselectメソッドと同様にpl.col('列名')を用いて表現します。

```
01  # original列が0の行を抽出
02  df.filter( pl.col('original') == 0 )
```

D.3.2　複数の条件での抽出

```
01  # 複数条件のときはpandasと同じように、()で括って、 & や | を使う
02  df.filter(
03      (pl.col('SNS1') > 700) & (pl.col('original') == 0)
04  )
```

D.4 集計

D.4.1 全体での集計

　Pandasと同じようにdfに対してmeanメソッドやmedianメソッドがあります。

```
01  print(df.mean()) # 平均の計算
02  df.median() # 中央値の計算
```

D.4.2 group_byでの集計

　ある基準でグループ分けして、集計をする際にはdfのgroup_byメソッドを利用します。

```
01  #originalの値ごとにSNS1の平均、標準偏差、データの個数を集計
02  df.group_by('original').agg(
03      pl.col('SNS1').mean().alias("mean"),
04      pl.col('SNS1').std().alias("std"),
05      pl.col('SNS1').count().alias("count"),
06  
07  )
```

　集計の基準となる列はgroup_byメソッドの引数で列名を指定し、実際の集計対象とその集計の仕方はaggメソッドの（）内でpl.col('列名')で指定します。

D.4.3 ピボットテーブル

ピボットテーブルを作成するためには pivot メソッドを利用します。Pandas の pivot メソッドと違って、columns 引数ではなく on 引数を用います。

```
survived_df = pl.read_csv('Survived.csv')
survived_df.pivot(
    on='Pclass', index='Survived', values='Age',
    aggregate_function=pl.all().mean()
)
```

D.5 練習問題1

D.5.1 練習問題1-1

9章で扱ったBank.csvをPolarsでデータフレームとして読み込んで変数dfに代入してください。そしてid列、age列、amount列のみ抽出して、先頭3件を表示してください。

解答

```
01  df = pl.read_csv('Bank.csv')
02  df.select('id', 'age', 'amount').head(3)
```

D.5.2 練習問題1-2

D.5.1のdfに対して、age列とamount列を抜き出して、中央値を出力してください。ただし、集計はmarital列がsingleとなっている行は対象外にしましょう。また、出力の列名はそれぞれ、age_medianとamount_medianにしてください。

解答

```
01  df.filter(pl.col('marital') != 'single').select(
02      pl.col('amount').median().alias("amount_median"),
03      pl.col("age").median().alias("age_median")
04  ).mean()
```

D.5.3　練習問題1-3

dfに対して次のような加工をしてください。

- marital列にはmarried, divorced, singleの3つのデータが管理されている。今、既婚か独身かを表す2値データに修正したい。既婚なら1、そうでないなら0とする。
- amountをageで除算したamount_per_age列を追加する。

解答

```
01  df2 = df.with_columns(
02      pl.when(pl.col('marital')=='married').then(1).otherwise(0).alias('marital'),
03      (pl.col('amount') / pl.col('age')).alias('amount_per_age')
04  )
```

D.5.4　練習問題1-4

D.5.3で加工したデータフレームに対して、maritalごとにamountとageの中央値をそれぞれ集計してください。ただし、集計対象はdurationが260以上350以下の行のみとします。

解答

```
01  df.filter(
02      (pl.col('duration') >= 260) & (pl.col('duration') <= 350),
03  ).group_by('marital').agg(
04      pl.col('amount').median(),
05      pl.col('age').median()
06  )
07
```

```
08  # 別解 Expressionオブジェクトにis_betweenメソッドがある
09  # df2.filter(
10  #     pl.col('duration').is_between(260, 350),
11  # ).group_by('marital').agg(
12  #     pl.col('amount').median(),
13  #     pl.col('age').median()
14  # )
```

D.5.5 練習問題1-5

　job列にはさまざまな職業のデータがあります。job列の値ごとの個数をカウントし、個数が5000以上のjobを抽出してください。

解答

```
01  # jobごとの個数を集計。便宜上id列で集計しているが別になんでもよい
02  temp_df = df.group_by('job').agg(
03      pl.col('id').count()
04  )
05  # 5000以上を抽出した後に列をjob列だけに絞る
06  temp_df.filter(
07      pl.col('id') > 5000
08  ).select('job')
```

D.6 欠損値の処理

D.6.1 欠損の数を計算

列ごとに欠損値がいくつあるかを調べるときにはnull_countメソッドを利用します。

```
01  df.null_count()
```

D.6.2 欠損の削除

欠損のある行を削除する場合はdrop_nullsメソッドを利用します。

```
01  df2 = df.drop_nulls()
02  df2.null_count()  # 欠損値が0個になったか確認
```

D.6.3 欠損の補完

欠損値を特定の値で補完したい場合はfill_nullメソッドを利用します。各列の平均値で補完する際は、strategy引数に'mean'と指定します。

```
01  df2 = df.fill_null(0)  # 全てを一律0で補完
02  df2 = df.fill_null(strategy='mean')  # 列ごとの平均値で補完
```

またExplressionオブジェクトにもfill_nullメソッドがあります。

D.6.4 応用的な欠損の補完

pl.coalesce関数を使えば、「A列の欠損値を、B列のその行の値、さらにB列も欠損してたらC列の値…」といった処理ができます。

```
sample_df = pl.DataFrame(
    {
        "a": [1, None, None, None],
        "b": [1, 2, None, None],
        "c": [5, None, 3, None],
    }
)

# A列が欠損してたらb列の値で補完、そこもさらに欠損していたらC列の値、
# さらにC列も欠損してたら10で補完
sample_df.with_columns(pl.coalesce(["a", "b", "c", 10]).alias("d"))
```

10章のような、「線形回帰の結果で補完」というテクニックは、事前に線形回帰の予測結果の列を作っておいて、このcoalesce関数を利用すればOKです。

D.7 データの並び替え

データの並び替えをしたい場合はdfのsortメソッドを利用します。

```
01  # originalを小さい順で並び替える。
02  # もし同じ値ならばSNS1でさらに小さい順に並び替える
03  df.sort(['original','SNS1'])
```

デフォルトでは昇順なので、降順にしたい場合はdescending引数をTrueに指定します。

```
01  # SNS2を大きい順で並び替える
02  df.sort(['SNS2'], descending=True)
```

D.8 データフレームの結合

D.8.1 内部・外部結合

内部結合や外部結合を行う場合にはjoinメソッドを利用します。たとえば、次のコードは外部結合をするためのコードです。

```
01  df = pl.read_csv('bike.tsv', separator='\t')
02  df2 = pl.read_csv('weather.csv', encoding='shift-jis')
03
04  df.join(df2, left_on='weather_id', right_on='weather_id', how='left')
```

how引数を設定しなければデフォルトで内部結合が行われます。

D.8.2 単純な結合

2つのデータフレームを単に横に結合、あるいは縦に結合したいときはpl.concat関数を利用します。縦方向に結合するサンプルコードは次のとおりです。

```
01  # 縦方向に結合
02  pl.concat([df2, df2])
```

次に、横方向に結合してみましょう。同じconcat関数でhow引数に'horizontal'を指定します。

Polarsでは1つのデータフレームに同じ列名を共存させることはできないため、行数が同じで列名が異なるデータフレームを準備する必要があります。

```
01  df3 = df.select('dteday','holiday')
02  df4 = df.select('weekday','workingday')
03
04  # 横に結合
05  pl.concat([df3, df4], how='horizontal')
```

D.9 その他

D.9.1 map処理

1列に対して関数を適用させるにはExpressionオブジェクトのmap_elementsメソッドを利用します。

```
01  df = pl.read_csv("datafolda/Survived.csv")
02
03  # Fare列の値を四捨五入する
04  df.select(
05      'PassengerId',
06      pl.col('Fare').map_elements(round, return_dtype=pl.Float64)
07  )
```

D.9.2 ダミー変数

Polarsでダミー変数を作る際にはデータフレームに対してto_dummiesメソッドを利用します。

```
01  df.select(
02      'Sex'
03  ).to_dummies(drop_first=True)
```

D.9.3 欠損かどうか？という条件

その列に対して、欠損しているかどうかに関する条件はExpressionオブジェクトのis_nullメソッドを用いることができます。

```
01  # Embarked列が欠損している行のみを抽出
02  df.filter(
03      pl.col("Embarked").is_null()
04  )
```

D.9.4 データのCSV出力

データフレームのwrite_csvメソッドを用いると加工したデータフレームをCSVとして出力できます。

```
01  df.write_csv("Test.csv")
```

D.9.5 uniqueメソッド

ある列に対して重複を除いた結果を取得したいときは、get_columnメソッドで1列を抜き出して、その結果に対してuniqueメソッドを用います。

```
01  # Embarked列の値から重複取り除いて表示
02  df.get_column('Embarked').unique()
```

D.10 練習問題2

D.10.1 練習問題2-1

「Bank.csv」を読み込んだdfに対して、jobごとのdurationの平均値を集計したデータフレームを作成し、元々のdfと結合してください。以後、結合したデータフレームはdf2とします。

解答

```
01  job = df.group_by('job').agg(pl.col('duration').mean())
02  df2 = df.join(job, on="job")
03
04  # 別解
05  # df.with_columns(
06  #   pl.col('duration').mean().over('job').alias('mean_duration_per_job')
07  # )
```

別解では、Expressionのoverメソッドを用いています。別解のように先に集計対象列を集計した後に、overメソッドで部分集合の基準となる列を指定すると、サクッと集計結果を結合できたりします。

D.10.2 練習問題2-2

durationには欠損があります。次の3通りの補完をしてみましょう。

- durationの平均値で補完する。補完結果はdf_null1変数に代入。
- durationの中央値で補完する。補完結果はdf_null2変数に代入。(ヒント) pl.colのExpressionオブジェクトのfill_nullメソッドを使う。

- 次の計算式の値で補完する。補完結果はdf_null3変数に代入。
  2 * age + amount + 100

解答

```
01  df_null1 = df.fill_null(strategy='mean')
02
03  df_null2 = df.with_columns(
04      pl.col('duration').fill_null(pl.col('duration').median())
05  )
06
07  df_null3 = df.with_columns(
08  (2 * pl.col('age') + pl.col('amount')/3 + 10).alias('sample') )
09
10  df_null3 = df_null3.with_columns(
11      pl.coalesce('duration','sample')
12  )
13  df_null3 = df_null3.drop('sample')
```

D.10.3 練習問題2-3

ageが平均値以上の行のみ抽出して、age列amount列job列のみ表示してください。ただし、表示順はageの小さい順で上から表示し、もしageの値が同じならばamountの小さい順で上から表示してください。

```
01  df.select(
02      'age','amount', 'job'
03  ).filter(pl.col('age') >= pl.col('age').mean()).sort(['age','amount'])
```

D.10.4 練習問題2-4

age列を、年代を表すように1の位を切り捨てた列を作ってください。このとき、0~9歳の場合は0としてよいものとします。

解答

```python
def to_decade(x):
    return int(x /10) * 10

df.with_columns(
    pl.col('age').map_elements(to_decade, return_dtype=pl.Int8).alias('decade')
)

# 別解、python基本文法のlambdaを使った場合
df.with_columns(
    pl.col('age').map_elements(lambda x: int(x /10) * 10, return_dtype=pl.Int8).alias('decade')
)
```

D.11 練習問題3

　本誌、4〜15章のPandas部分の内容をPolarsに書き換えてみましょう。付録Aで紹介しているサポートページから、Polarsで書いた場合のサンプルコード(ipynbファイル)をダウンロードすることができます。

付録 E
機械学習の数学
（基礎編）

機械学習に興味を持ち、より深く勉強しようとするなら
数学を中心とする各種理論は避けて通れません。この付録Eでは、
データサイエンティストとして最低限知っておきたい数学を、
基礎項目に絞ってご紹介します。

contents

- E.1　データとデータの距離（高校数学）
- E.2　データの総和を表すΣ（高校数学）
- E.3　微分（高校数学の基礎レベル）
- E.4　線形代数（大学数学の基礎レベル）
- E.5　偏微分（大学数学の基礎レベル）

> 付録Eは、読者のみなさんが高校生以上（または高校数学をかすかに覚えている程度）であることを
> 想定しています。これに当てはまらない方は、先生や先輩または参考書などの力を借りながら取り
> 組んでみてください。

E.1 データとデータの距離（高校数学）

E.1.1 三平方の定理（2次元と3次元での距離）

まずは比較的簡単な中学数学を少し復習しよう。三平方の定理を覚えているかな？

直角3角形の3辺の長さの関係に「三平方の定理（ピタゴラスの定理）」という定理がありました。

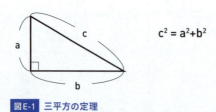

図E-1 三平方の定理

この公式を使うと、斜辺の長さcを次の式で求めることができます。

$$c = \sqrt{a^2 + b^2}$$

E.1.2 1〜3次元でのデータとデータの距離

この三平方の定理を利用することで、2次元平面上での2点のデータの距離を計算することができます。

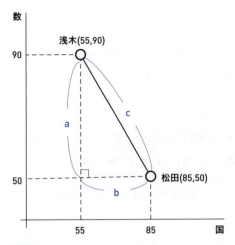

三平方の定理により、

$$c^2 = a^2 + b^2$$
$$c = \sqrt{a^2 + b^2}$$

ここで、a =（浅木の数学）-（松田の数学）
　　　　b =（松田の国語）-（浅木の国語）
よって、

$$c = \sqrt{（国語の差分）^2 + （数学の差分）^2}$$

図E-2　2次元平面上での2点のデータの距離を計算する

　また、同じように、3次元の空間座標の中でも、三平方の定理よりデータとデータの距離を計算することができます。イメージしやすいように、空間座標内の2点に対して、その2点を結ぶ線分が対角線となる直方体を考えます。

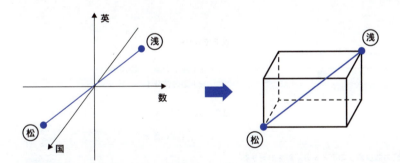

図E-3　2点を結ぶ線分を対角線とした直方体

　この直方体の辺は、元の空間座標の軸に対して平行であるので、三平方の定理を利用すると2人のデータ間の距離を計算することができます。

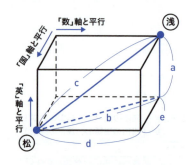

a、b、cの三角形において、三平方の定理により、
$$c^2 = a^2 + b^2 \cdots ①$$
b、d、eの三角形において、三平方の定理により、
$$b^2 = d^2 + e^2 \cdots ②$$
①、②より、
$$c^2 = a^2 + d^2 + e^2$$
$$c = \sqrt{a^2 + d^2 + e^2} \cdots ③$$

ここで、a =「英」の差分、d =「数」の差分、e =「国」の差分、より③に当てはめると、
$$c = \sqrt{(国の差分)^2 + (数の差分)^2 + (英の差分)^2}$$

図E-4　直方体の対角線の長さを計算する

同じように、1次元の数直線上のデータの距離も考えてみよう。

　直感的には、1次元のデータの距離はデータの差の絶対値となりますが、2次元や3次元の公式を踏襲して、「差分の2乗の平方根」としても問題ありません。

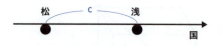

以下でもOK
$$c = |浅木の点 - 松田の点|$$
$$= |国の差分|$$

また、以下でもOK
$$c = \sqrt{(国の差分)^2}$$

図E-5　1次元の数直線上のデータの距離を計算する

　以上より、1～3次元上での、データとデータの距離とは、（項目数の違いはあれど）**差分の2乗を合計して、それの平方根**と表現できそうです。
　このように計算する距離のことを**ユークリッド距離**と呼びます。

実は数学には、ほかにもいろんな距離の計算法があるよ。ユークリッド距離はその中でも一般的な距離の計算法といえるね。

E.1.3　4次元以上のデータでのユークリッド距離

共通のルールを見つけることができたから、4次元以上のデータに対しても、同じように距離を考えることができるよ。

4次元？？

　SFやアニメの影響か、4次元と聞くと、「タイムマシン」や「時間軸」というキーワードを連想する方が多いようです。しかし、実際の解釈はもっと単純で、**1件のデータにX項目の情報があるならX次元**と考えてみてください。1件の「松田」というデータの中に、「国語の得点、数学の得点、英語の得点」という3項目の情報があるので3次元です。同様に、1件の「工藤」というデータの中に「国語の得点、数学の得点、英語の得点、理科の得点」と4項目の情報があったら、それは4次元のデータなのです。

なんだ、難しく考えすぎていたわ。

それでは、4次元以上の2つのデータに関して、距離を定義しましょう。

つまり浅木さんと松田くんが「国数理社」の4科目を受けたときの、2人の距離だね。

　N次元の2個のデータAとBのユークリッド距離

距離 = $\sqrt{(項目1の差分)^2 + (項目2の差分)^2 + \cdots + (項目Nの差分)^2}$

ところで、4次元のデータってどんなイメージなんですか？

それはね、俺もわかんないよ！

　人間がイメージできるのはどんなに頑張っても、3次元までです。どんなに頭のいい人でも4次元以上はイメージすることができません。4次元以降のデータ間の距離は、具体的なイメージはせずに抽象的に考えた結果です。

E.2 データの総和を表す Σ（シグマ）（高校数学）

E.2.1 シグマの基本的な定義

データ分析の計算において、データの集合を合計するという処理はとても頻繁に出てくる処理です。

最たる例は、平均値の計算だね。

x_1、x_2、x_3、x_4、x_5の5個のデータの例で考えてみましょう。この5個のデータを合計する計算式は、次のように書きます。

$x_1 + x_2 + x_3 + x_4 + x_5$

今回は、データが全部で5個だけなのですべて書き下すことができますが、データが100個もあると、全部書くのは次のようにとても大変な作業となります。

$x_1 + x_2 + \cdots + x_{99} + x_{100}$

そこで、図E-6のようにΣ記号を使うことで、このx_1〜x_{100}のデータ集合の足し算を簡潔に表現することができます。

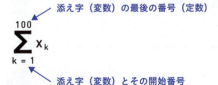

図E-6 Σ記号でデータ集合の足し算を表現する

Σ（シグマ）は、結局のところ「たくさんの足し算をサクッと表記する便利テクニック」だよ。

なんだ〜、高校のとき、覚えなきゃいけない記号や公式がたくさんあって苦手だったんですよ。案外大したことないですね！

 Σの定義

n個のデータ集合$x_1, x_2 \cdots x_n$の総和は、次のようにΣを使って表記することができる。

$$x_1 + x_2 + \cdots + x_n = \sum_{i=1}^{n} x_i$$

E.2.2　Σの基本の計算法則

このΣに関しては、いくつかの基本的な計算法則が知られています。特に、式の変形などのときにお世話になる次の3つを知っておきましょう。

 定数の和

データ集合の添え字とは関連のない定数bにおいて次の式が成り立つ。

$$\sum_{i=1}^{n} b = nb \quad \text{（定数bをn個足しただけ）}$$

定数倍の和

x_1〜x_iからなるn個のデータ集合Xと、その各データをa倍したデータ集合Yを考える。

$Y = y_1, y_2, \cdots y_n$
$y_i = ax_i$

このとき、次の式が成立する。

$$\sum_{i=1}^{n} y_i = \sum_{i=1}^{n} ax_i = a \sum_{i=1}^{n} x_i$$

 データ集合の和のΣ

データ数が同じn個のデータ集合XとYについて、各要素を足し算した新しいデータ集合Zを考える。

$z_i = x_i + y_i$

このとき、Zの総和は次のように分解できる。

$$\sum_{i=1}^{n} z_i = \sum_{i=1}^{n} \{x_i + y_i\} = \sum_{i=1}^{n} x_i + \sum_{i=1}^{n} y_i$$

E.3 微分（高校数学の基礎レベル）

E.3.1 微分の「意味」としての定義

浅木さんは、高校で微分ってやったよね。結局微分って何をしているか、答えられる？

うっ…高校のとき、呪文のように「エックスニジョウ ノ ビブンハ ニエックス」と公式丸暗記で覚えてました。結局あれって何やってるんですかね？

　微分を理解するために、まずは、ある関数の「変化の割合（xが1増えると、yはいくつ増えるか）」について考えるところから始めましょう。一般的に変化の割合は、関数上の2点を取って計算します。

$$変化の割合 = \frac{yの変化量}{xの変化量}$$

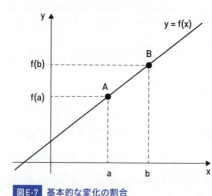

この図の場合、変化の割合は以下のように求められる。

$$変化の割合 = \frac{f(b)-f(a)}{(b-a)}$$

関数が直線の場合、変化の割合はその直線の傾きを表している。

図E-7　基本的な変化の割合

図E-7では点Aと点Bは少し離れている2点でしたが、微分とは、この2点が限りなく近づいたときの、その**微小区間における変化の割合**を計算することです。次の図E-8で、曲線の関数y = f(x)を考えてみましょう。

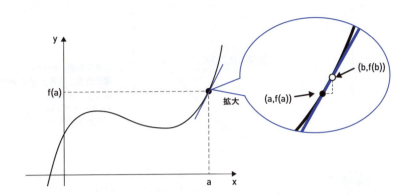

(a,f(a)) の地点（地点 a とする）を拡大してみると、その地点の非常に近いところに (b,f(b)) の地点（地点 b とする）があり、この2地点は、肉眼では判断できないような超至近距離にある。超至近距離といえども、地点 a も地点 b も関数上の点なので、2点間の変化の割合は同様に計算できる。

変化の割合 = $\dfrac{f(b)-f(a)}{(b-a)}$　※ただし、b は a に極限まで近づけた点。

図E-8 微小区間での変化の割合

このように、微分とは、そこそこ離れた2点ではなく、微小区間における変化の割合を計算することなのです。

あら！　意外と概念的には簡単なのね。

さらに、図E-8を見ていただくと、地点aに接線が引かれています。地点bをもし限界までaに近づけることができたならば、地点aと地点bを通る直線は、地点aにおける接線になるはずです。

- 微分とは微小区間での変化の割合を計算することである。
- 微小区間での2点を結ぶ直線はその地点での接線となる。
- 直線における変化の割合は直線の傾きと同義である。

以上3点をふまえると、**微分とは、その地点での接線の傾きを調べること**と捉えても問題ありません。

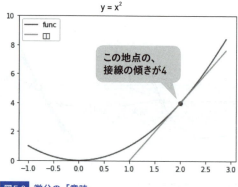

図E-9 微分の「意味」

その関数f(x)において、xのとある地点の接線の傾きを計算してくれる関数のことを、**導関数 f'(x)（読み方 エフ ダッシュ エックス）**と呼びます。つまり、f'(x)=2xとは、もともとの関数f(x) = x^2の**接線の傾きを調べるための関数**だったのです。

なるほど！　実はそんな単純なことだったのね。

E.3.2 微分の公式

微分に関する最低限覚えておくべき公式は、次の3つです。

 公式1：x^nの関数の微分

$$(x^n)' = nx^{n-1}$$

公式2：定数関数の微分はゼロ

定数関数 f(x) = a において以下が成り立つ。

f'(x) = 0

 公式3：和の微分は、微分の和

関数の和の微分は、最初に微分した導関数の和と等しい。たとえば2つの関数 f(x) と g(x) において、h(x) = f(x) + g(x) とした場合、以下が成り立つ。

h'(x) = f'(x) + g'(x)

E.3.3 微分をもとに関数の谷間を調べる

関数を微分することで、関数の谷間がどこにあるのか調べることができるよ。

図E-10は、$f(x) = x^2$の曲線と、x = 0の地点の接線です（接線の式はy = 0）。

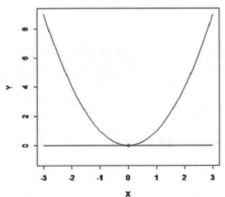

図E-10 微分を使えば、グラフの谷間の場所を調べられる

付録 E 機械学習の数学（基礎編） **601**

関数が谷間地点のとき、接線にはどういう特徴があるかわかるかな？

あぁ、ここらへんはうっすら覚えてます。確か、関数の谷間や山の頂上地点は、接線の傾きがゼロになるんですよね？

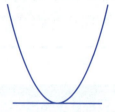

図E-11　山頂と谷底では、接線の傾きがゼロになる

　図E-11からもわかるように、なめらかな関数の場合、山の頂上や谷間で接線を引こうとすると、傾きがゼロの直線（つまり水平な直線）になります。山のてっぺんの関数の値を**極大値**、谷間の関数の値を**極小値**と呼びます。なお、極大値や極小値だからといって関数の最大値や最小値というわけではありません。

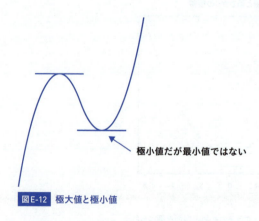

図E-12　極大値と極小値

たとえば、図E-12のような「上がって、下がって、上がる」3次関数の場合、極大値と極小値が存在しますが、その点は最大値でも、最小値でもありません。

2次関数みたいに、あらかじめ極小値＝最小値ってわかっているような関数もある。この場合、最小値を求めるために、傾きがゼロになる地点はどこか、と考えるのは有効だよ。

例題として、関数 $f(x) = 2x^2 + 3x - 2$ が最小値となる x はいくつになるか、考えてみましょう。

f(x)を微分すると次のようになります。

$f'(x) = (2x^2)' + (3x)' + (-2)'$　…公式3を利用
　　　 $= 4x + 3$ 　　　　　　　　…公式1、2を利用

よって、接線の傾きが0になる地点は次の方程式を解けば求められます。

$4x + 3 = 0$
$x = -3/4$ …答

E.4 線形代数（大学数学の基礎レベル）

E.4.1 行列とベクトルの概要

行列

行列は、縦×横の表形式に数値データを並べたデータ集合です。

[例]

$A = \begin{bmatrix} 1 & 2 \\ 3 & 4 \end{bmatrix}$ …2×2行列

$B = \begin{bmatrix} 5 & 6 & 7 \\ 8 & 9 & 10 \end{bmatrix}$ …2×3行列（2行3列の行列とも言う）

横が行で、縦が列なのね！

ベクトル

ベクトルは、1行n列またはm行1列の行列です。

[例]

$y = [\ 3\ \ 4\ \ 5\ ]$

$x = \begin{bmatrix} 1 \\ 2 \end{bmatrix}$

ベクトルは行列の特殊例と考えることができるね。

あれ？　高校のとき、ベクトルって矢印と習ったんですが…。

　ベクトルは向きと大きさを持つ量であり、「ベクトル＝矢印」という覚え方をした人が多いかと思います。しかし、高校の教科書を引っ張り出して見てみると、図E-13のように書かれているかと思います。

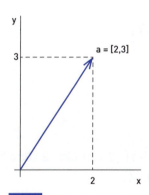

図E-13 矢印のイメージで描かれるベクトルの情報

　矢印の根元を原点に固定すると、矢印の頭部の座標だけで、矢印を一意に決めることができます。そのため、図E-13の場合、上の矢印を[2,3]のベクトルと言うことができるのです。

　しかし、抽象的に考えてみると[2,3]は、ただのx軸とy軸の座標であり、さらに言うと、ただの1行2列の数値データ集合と考えることもできます。ベクトルは本質的には矢印のことではなく、n行1列あるいは1行m列のデータ集合のことであり、矢印は2次元座標や3次元座標で表現することができるだけなのです。

　ちなみに、

$$x = \begin{bmatrix} 1 \\ 2 \end{bmatrix}$$

のように縦並びのベクトルを**縦ベクトル**、

$y = [1\ 2]$ のように横並びのベクトルを**横ベクトル**と言います。

xベクトルとyベクトルは、中身の数値は同じだけど、行列の計算では縦か横かの違いに注意が必要だよ。

E.4.2 行列やベクトルの計算

行列とベクトルの和

和は、対応している部分を単純に足し算します。

[例]

$$\begin{bmatrix} 1 \\ 2 \end{bmatrix} + \begin{bmatrix} 3 \\ 4 \end{bmatrix} = \begin{bmatrix} 4 \\ 6 \end{bmatrix} \rightarrow 1+3=4 \quad 2+4=6$$

$$\begin{bmatrix} 1 & 2 \\ 3 & 4 \end{bmatrix} + \begin{bmatrix} 10 & 20 \\ 30 & 40 \end{bmatrix} = \begin{bmatrix} 11 & 22 \\ 33 & 44 \end{bmatrix} \rightarrow \begin{array}{l} 1+10=11 \quad 2+20=22 \quad 3+30=33 \\ 4+40=44 \end{array}$$

行数や列数が一致していないもの同士は足し算できないよ。

行列の積

積に関しては、「行方向＊列方向」で見るのがポイントです。

どういうことか具体例で見てみよう。

$$\begin{bmatrix} 1 & 2 \\ 3 & 4 \end{bmatrix} \begin{bmatrix} 5 & 6 \\ 7 & 8 \end{bmatrix} = \begin{bmatrix} a & b \\ c & d \end{bmatrix} \rightarrow \begin{array}{l} a = 1*5 + 2*7 = 19 \quad b = 1*6 + 2*8 = 22 \\ c = 3*5 + 4*7 = 43 \quad d = 3*6 + 4*8 = 50 \end{array}$$

よって、

$$\begin{bmatrix} 1 & 2 \\ 3 & 4 \end{bmatrix} \begin{bmatrix} 5 & 6 \\ 7 & 8 \end{bmatrix} = \begin{bmatrix} 19 & 22 \\ 43 & 50 \end{bmatrix}$$

左側の行列は行方向で、右側の行列は列方向で見て、対応する値を先に掛け算します。そして最後に足し算します。

数式として、行列の積のやり方を定義しましょう。

行列A(m行n列)のi行j列の要素をa_{ij}とし、
行列B(n行l(エル)列)のi行j列の要素をb_{ij}とすると、
積の行列ABのi行j列は、次のように計算することができます。

$$\sum_{k=1}^{n} a_{ik} b_{kj}$$

また、この計算ルールをベースにすることで、ベクトルとベクトルの積や、行列とベクトルの積も計算できます。

ベクトルの積

基本的にベクトル同士の積は、横ベクトルと縦ベクトルで計算します。計算のやり方は、対応する要素同士を先に掛け算し、最後に合計をとる、というものです。

[例]

$$\begin{bmatrix} 1 & 2 \end{bmatrix} \begin{bmatrix} 3 \\ 4 \end{bmatrix} = 1*3 + 2*4 = 11$$

2つの縦ベクトルにおいて、一方を横ベクトルに変換し、横ベクトルと縦ベクトルの積を求める計算のことを**内積**と呼びます。

行列と縦ベクトルの積

[例]

$$\begin{bmatrix} 1 & 2 \\ 3 & 4 \end{bmatrix} \begin{bmatrix} 5 \\ 6 \end{bmatrix} = \begin{bmatrix} 17 \\ 39 \end{bmatrix} \rightarrow \quad 1*5 + 2*6 = 17 \quad 3*5 + 4*6 = 39$$

横ベクトルと行列

[例]

$$\begin{bmatrix} 1 & 2 \end{bmatrix} \begin{bmatrix} 3 & 4 \\ 5 & 6 \end{bmatrix} = \begin{bmatrix} 13 & 16 \end{bmatrix} \rightarrow \quad 1*3 + 2*5 = 13 \quad 1*4 + 2*6 = 16$$

> ちなみに行列の積は交換法則が成り立たないよ。

　2つの行列A、Bにおいて一般的にAB ≠ BAとなります（例外あり）。よければ、ぜひ適当な行列AとBで試してみてください。そのため、行列では掛け算の順序がとても大切です。

　なお、行列の積は結合法則については成り立ちます。結合法則とは3つの行列A,B,Cの行列積ABCを計算するときに、ABを先に計算して最後にCを掛け算するのと、BCを先に掛け算して最後にAを掛け算するのでは結果が同じになるという法則です。

　結合法則を式で表すと次のようになります。

(AB)C = A(BC)

E.4.3　連立方程式の線形代数による表記

　中学で学習した連立方程式ですが、線形代数を使うと1つの式にまとめることができます。たとえば、

$x + y = 10$

$3x + 2y = 23$

という2つの連立方程式を線形代数形式で書き直しましょう。まず、

$$A = \begin{bmatrix} 1 & 1 \\ 3 & 2 \end{bmatrix} \quad b = \begin{bmatrix} x \\ y \end{bmatrix}$$

と、置きます。このとき、行列とベクトルの積Abを計算してみると、

$$Ab = \begin{bmatrix} 1*x+1*y \\ 3*x+2*y \end{bmatrix} = \begin{bmatrix} x+y \\ 3x+2y \end{bmatrix}$$

となり、連立方程式の左辺側の式が、ベクトル内の要素に現れています。よって、連立方程式の右辺の値を用いて、$c = \begin{bmatrix} 10 \\ 23 \end{bmatrix}$ というベクトルを作ると、連立方程式はAb = cという1つの式にまとめることができます。

E.4.4 転置

行列やベクトルの行や列を入れ変える処理を転置といいます。記号はTで表します。

[例]

$A = \begin{bmatrix} 1 & 2 & 3 \\ 4 & 5 & 6 \end{bmatrix}$ とすると $A^T = \begin{bmatrix} 1 & 4 \\ 2 & 5 \\ 3 & 6 \end{bmatrix}$

一般に、行列Aのi行j列の要素をa_{ij}とするとAの転置行列A^Tのi行j列目の要素はa_{ji}と書くことができます。

転置に関して押さえるべき基本的な公式は次の3つです。

公式1：転置の転置は元に戻る

$(A^T)^T = A$

公式2：和の転置は、転置の和に分解できる

$(A+B)^T = A^T + B^T$

公式3：積の転置

$(AB)^T = B^T A^T$

積のときAとBの順番が入れ替わってる？

そう。積の転置に関しては注意が必要だよ！

ちなみに、縦ベクトル$a = \begin{bmatrix} 1 \\ 2 \end{bmatrix}$、$b = \begin{bmatrix} 3 \\ 4 \end{bmatrix}$の内積は、転置記号を利用することにより、

$$a \cdot b = [1, 2] \begin{bmatrix} 3 \\ 4 \end{bmatrix} = a^T b$$

と表現できます。

公式4：転置記号を利用したベクトルの内積の表現

縦ベクトルa、bにおいて、以下が成り立つ。

aとbの内積 $= a^T b$

E.4.5 ベクトルの長さ（大きさ）

ベクトルの内積を定義できたので、これを利用してベクトルの長さも定義できます。イメージしやすいように、2次元座標上のベクトルの長さを考えます。

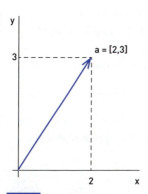

図E-14 2次元座標上のベクトルの長さを考える（図D-13再掲）

図E-14のような、[2,3]のベクトルの長さは三平方の定理より $\sqrt{2^2+3^2}$ で計算できます。ルートの中を変形してみると、

$$2^2+3^2 = [2,3] \begin{bmatrix} 2 \\ 3 \end{bmatrix}$$

と、なるので自分自身との内積に変形できます。これを3次元以上のベクトルにも拡張して、ベクトルの長さ（大きさ）について次のように定義します。

 ベクトルの長さ（大きさ）

縦ベクトルのaにおいて、aの長さ |a| は次のようになる。

$$|a| = \sqrt{a^\mathsf{T} a}$$

E.4.6 単位行列と逆行列

浅木さん。突然だけど、1って何？ どういう特徴を持った数？

1ですか？ 簡単すぎて、逆に難しいですね。自然数の最小値とかですか？

浅木さんの解答も間違ってはいませんが、「1」の特徴について「掛け算」と絡めて説明してみましょう。言われてみれば当然なのですが、1には「どんな数でも、1を掛けた答えは、元の数のまま」という特徴があります。

X * 1 = X

この特徴を持った値を、線形代数の世界にも作ります。その行列を「**単位行列**」と呼び、Eと表記することが多いです。単位行列は**左上から右下の対角要素がすべて1で、それ以外がすべて0の行列**です。

$$E = \begin{bmatrix} 1 & 0 & \cdots & 0 \\ 0 & 1 & 0 & 0 \\ \vdots & \vdots & \ddots & \vdots \\ 0 & 0 & \cdots & 1 \end{bmatrix}$$

一緒に掛け算する行列の大きさによって、2行2列か3行3列か、単位行列の大きさも変わるよ！

これについて、本当に掛け算しても、もとの行列のままなのかを確認してみましょう。

$$\begin{bmatrix} 1 & 2 \\ 3 & 4 \end{bmatrix} \begin{bmatrix} 1 & 0 \\ 0 & 1 \end{bmatrix} = \begin{bmatrix} 1*1+2*0 & 1*0+2*1 \\ 3*1+4*0 & 3*0+4*1 \end{bmatrix} = \begin{bmatrix} 1 & 2 \\ 3 & 4 \end{bmatrix}$$

すごい！　本当に元のままだわ！！

ちなみに、単位行列の場合、特例として積の交換法則が成り立ちます。つまり、行列Aと単位行列Eにおいて、次の式が成立します。

AE = EA = A

じゃあ、今度は数値の0の特徴を考えてみよう。

先ほどの、「1」の場合では掛け算という演算に絡めて「1」を特徴づけました。同様に0を何かの演算に絡めてみると、次の2つの特徴を挙げることができると思います。

- 0の特徴を掛け算に絡めて説明　⇒どんな数をかけても0になる
- 0の特徴を足し算に絡めて説明　⇒どんな数に0を足しても元のまま

単位行列と同じように、数値のゼロの特徴を持った値を線形代数の世界にも作ります。この行列をゼロ行列と言います。ゼロ行列はすべての要素が0の行列です。

[例] すべての要素が0の行列

$$0 = \begin{bmatrix} 0 & \cdots & 0 \\ 0 & \cdots & \vdots \\ 0 & \cdots & 0 \end{bmatrix}$$

E.4.7 逆行列

2x = 4 という一次方程式があるとして、みなさんはどのように解きますか？

おそらく大多数の方は、「両辺を2で割る」と考えるかと思います。しかし、考え方を変えると「両辺に2の逆数である1/2を掛け算する」というアプローチでも方程式は解けます。線形代数では、この「逆数で掛け算する」ということを行います。

> 行列の逆数？ 「1 / A行列」みたいな行列を作るんですか？

> 浅木さん、逆数の定義を「その数値の分子と分母を逆にした値」って思ってるでしょ？

逆数の本質的な定義は、

YはXの逆数である ⇔ XY = 1

となります。つまり、その数に掛けて1になる数です。

先ほど、通常の数値の世界で1に相当する、単位行列Eを紹介しました。このEを用いて、線形代数の世界で逆数を定義します。行列の逆数のことを**逆行列**といいます。

行列Aの逆行列はBである ⇔ AB = Eを満たす（かつ、BA = Eも満たす）

つまり、その行列にどんな行列を掛けたら単位行列になるのか考えるのです。Aの逆行列をBというように、文字を使い分けるのはわかりづらいので、一般的には、Aの逆行列をA^{-1}と表記します（Aインバースと読む）。

ちなみに、すべての行列に逆行列が存在するわけではなく、逆行列が存在する行列と存在しない行列があります。

> どういう行列なら、逆行列が存在するのかしら？

行列には**正則**という特徴が存在します(正則については本書のレベルを超えるので、興味のある人は線形代数の専門書籍を参照してしてください)。

「行列Aは正則である」ならば、「Aは逆行列を持つ」と言うことができます(逆も正しいです)。さらに、行列Aが正則であるためには、最低限の大前提としてAが正方行列(行数と列数が等しい行列)である必要があります。

よって現状の知識だけで逆行列に関する条件を述べるならば、

「Aは正方行列ではない」ならば「Aは逆行列を持たない」

となります(もちろん、「Aは正方行列である」ならば「Aは逆行列を持つ」とは限らない)。

E.4.8 逆行列を用いた連立方程式の解法

先ほど、連立方程式を行列とベクトルを用いて $Ab = c$ と表現しました(Aは2×2行列、bとcは2行1列のベクトル)。このとき、方程式の解である $b = \begin{bmatrix} x \\ y \end{bmatrix}$ をどうやって求めるのでしょうか?

ここでは、Aの逆行列A^{-1}を利用します。A^{-1}を行列形式の方程式の両辺に左側から掛けてあげると、次のようになります。

$A^{-1}(Ab) = A^{-1}c$
$(A^{-1}A)b = A^{-1}c$ …結合法則は成り立つ
$Eb = A^{-1}c$ …逆行列の定義より単位行列のEになる
$b = A^{-1}c$ …単位行列とベクトルの積も、ベクトルの値はそのまま

交換法則は成り立たないから、**左から掛ける**というところが大事だよ。

なお、本書では、逆行列の求め方は紹介していません。逆行列の具体的な求め方を知らなくても、機械学習の各手法の本質を勉強する上での妨げにはならないからです。

E.5 偏微分（大学数学の基礎レベル）

E.5.1 偏微分の基礎

偏微分とは、多変数の関数を微分することです。

$Z = 3x + 4y$ という関数 Z があったとしましょう。高校数学では微分対象の関数が F(x) など、1つの X が決まると計算できる関数でしたが、この関数 Z は値を計算するために、X と Y の 2 つの値（変数）が必要です。

この関数 Z を微分してみましょう。

うぅ…これまた難しそう…。

恐れるなかれ！ ほかの変数を無視して、ただの微分をするだけだよ！

前項で紹介したように、微分とは結局のところ接線の傾きであり、もっと具体的に言うと**その変数（1変数関数 y = f(x) ならば x のこと）をほんのちょっと増加させたときの、関数全体の増加量**のことです。その概念は多変数関数を扱う偏微分でも変わりません。偏微分では、**他の変数は動かさず、1つの変数だけを微小増加させたときの関数全体の変化量**を求めています。

関数 Z は次のように偏微分します。

$$\frac{\partial z}{\partial x} = \frac{\partial (3x+4y)}{\partial x} = 3 + 0 = 3$$

$$\frac{\partial z}{\partial y} = \frac{\partial (3x+4y)}{\partial y} = 0 + 4 = 4$$

数字の6を反転させたみたいな記号は何ですか？ それに、微分結果が2つある？

この記号はラウンドと読むよ。イメージとしては、関数ZはXとYの2つで構成されているから、Xで微分した場合と、Yで微分した場合に分けるんだ。

それでは、この2つの場合について見てみましょう。

① $\dfrac{\partial z}{\partial x}$ について

[式の意味] 関数 z を微分してください。ただし、x 以外は値を固定したと仮定して定数と同じように扱ってください。

[例]

$$\dfrac{\partial z}{\partial x} = \dfrac{\partial (3x+4y)}{\partial x} = 3 + \boxed{0} = 3$$

3x＋（定数）を x で微分するのと同じ

4y（y は定数）を x で微分すると 0

「x 以外の文字は、定数とみなして x で微分しろ」という指示

② $\dfrac{\partial z}{\partial y}$ について

[記号の意味] 関数 z を微分してください。ただし、y 以外は値を固定したと仮定して、定数と同じように扱ってください。

[例]

$$\dfrac{\partial z}{\partial y} = \dfrac{\partial (3x+4y)}{\partial y} = \boxed{0} + 4 = 4$$

3x（x は定数）を y で微分すると 0

y 以外の文字は、定数とみなして y で微分

なんだ。変な記号を使ってるだけで、結局高校レベルの微分なのね！

E.5.2 ベクトルで微分

さきほどの関数Zをまた使いましょう。ただし、表記の都合上 x と y を x_1、x_2 と書いています。

$Z = 3x_1 + 4x_2$

$x = \begin{bmatrix} x_1 \\ x_2 \end{bmatrix}$ といったように、関数Zに含まれている x_1、x_2 を利用したベクトル x を作ると、Zは x_1 と x_2 の関数ではなく、ベクトル x の関数と考えることもできます。

この項では、次の式のように、関数Zをベクトル x で微分することに関して考えます。

$\dfrac{\partial Z}{\partial x}$

ベクトルで微分！？ そんなのありなんですか？

ベクトルで関数を微分するときも概念的にはまったく変わらず「ベクトルをちょっと動かしたときに、関数Zはいくら増加するかの変化量」を考えます。さらに、結局のところこのベクトル x は「x_1、x_2」の2つの変数から構成されているので、「ベクトル x をちょっと動かす」とは、次の2つの要素に分解することができます。

- x_2 は値を固定したままで、x_1 をちょっと動かす。
- x_1 は値を固定したままで、x_2 をちょっと動かす。

> この2つの要素は、まさしく、x_1、x_2の偏微分のことだね！

よってベクトルによる微分は、以下のように定義します。

ベクトル構成要素である変数で偏微分し、結果をベクトルとして並べたもの

  関数 z をベクトル x で微分

$$\frac{\partial z}{\partial x} = \begin{vmatrix} \dfrac{\partial z}{\partial x_1} \\ \dfrac{\partial z}{\partial x_2} \end{vmatrix}$$

注意：線形代数におけるベクトル

「矢印＝ベクトル」という認識が強いと、微分の結果がベクトル（矢印）に強い違和感を覚えると思います。しかし、前述したとおり、線形代数におけるベクトルは矢印のことではなく1行（または1列）で表現されるデータ集合のことです。

　ベースとなる考え方は、この「注意」に記したとおりですが、最後に、頻出する関数に関するベクトル微分の結果を公式としてまとめましょう。以下の公式で出てくる x は、そこの項で扱ってきた x ベクトルのように、それぞれの要素が未定の x_1、x_2 の縦ベクトルと思ってください。

公式1：ベクトルの内積の場合

$Z = a^T x$ としたとき、 $\dfrac{\partial z}{\partial x} = a$

※aを定数の縦ベクトルとする。

 公式2：定数ベクトルの微分

$\dfrac{\partial b}{\partial x} = \begin{bmatrix} 0 \\ 0 \end{bmatrix}$ …つまりゼロベクトル

※bを定数の縦ベクトルとする。

 公式3：二次形式（横ベクトル×対称行列×縦ベクトル）

対称行列Aを利用して、
$Z = x^T A x$ としたとき（xは縦ベクトル）、以下が成り立つ。

$\dfrac{\partial z}{\partial x} = 2Ax$

※対称行列とは $A^T = A$ を満たす行列のこと。

[例]
$A = \begin{bmatrix} 1 & 4 & 5 \\ 4 & 2 & 6 \\ 5 & 6 & 3 \end{bmatrix}$

> 今回の内容で、必要な数学の基礎は以上だよ。久しぶりに数式に触れて、さすがの浅木さんも頭が疲れたかな。

　今回、距離やΣ、線形代数や微分など、基礎的な数学を幅広く紹介しました。pandasやscikit-learnの関数の内部は、これらに裏付けされたしくみで作られているため、このような「数学的な考え方や用語の知識」が機械学習そのものの理解や活用を助けることも少なくありません。

　機械学習との出会いをきっかけに、数学にも興味を持って親しんでいただけたら幸いです。

付録 F
最小2乗法の数学理論に挑戦

付録Eで紹介したような各種の数学理論を少し学ぶだけで、今まで
ブラックボックスだったscikit-learnなどの内部の動きが想像できたり、
検討の視野が広がるなどして、機械学習はもっと楽しくなります。
一例として、第6章で紹介した最小2乗法について、
その効率を劇的に改善するために使われている数学理論を
みなさんと一緒に証明してみましょう。

contents

F.1　重回帰分析の係数の導出（最小2乗法）

> この章の内容は、第 6 章や付録 E の理解を前
> 提としています。十分な復習を行ったうえで取
> り組んでみてください。

F.1 重回帰分析の係数の導出（最小2乗法）

問題が複雑になり過ぎないように、特徴量を2個で考えます。

今、$y = ax_1 + bx_2 + c$ という予測の回帰式を作りたいとします。教師あり学習では、特徴量x_1とx_2と実際の値tは測定済みなので、次のような表が作られます。

表F-1 x_1とx_2と実際の値t

	特徴量 x_1	特徴量 x_2	実際の値 t
1件目	x_{11}	x_{12}	t_1
2件目	x_{21}	x_{22}	t_2
…	⋮	⋮	⋮
N件目	x_{n1}	x_{n2}	t_n

この表をもとにn本の連立方程式を作ることができるよ。

$y_1 = ax_{11} + bx_{12} + c$
$y_2 = ax_{21} + bx_{22} + c$
⋮
$y_n = ax_{n1} + bx_{n2} + c$　　※yは予測値であって、実際の値ではない。

ここでcは1*cと考えると、i件目のデータにおいて、

$$y_i = [x_{i1}, x_{i2}, 1] \begin{bmatrix} a \\ b \\ c \end{bmatrix}$$

とベクトルの形で表現することができるので、1件目〜n件目までの連立方程式は、行列を使って表現すると、

$$\begin{bmatrix} y_1 \\ y_2 \\ \vdots \\ y_n \end{bmatrix} = \begin{bmatrix} x_{11} & x_{12} & 1 \\ x_{21} & x_{22} & 1 \\ \vdots & \vdots & \vdots \\ x_{n1} & x_{n2} & 1 \end{bmatrix} \begin{bmatrix} a \\ b \\ c \end{bmatrix}$$

と書くことができます。そして、y、X、wをそれぞれ

$$y = \begin{bmatrix} y_1 \\ y_2 \\ \vdots \\ y_n \end{bmatrix} \quad X = \begin{bmatrix} x_{11} & x_{12} & 1 \\ x_{21} & x_{22} & 1 \\ \vdots & \vdots & \vdots \\ x_{n1} & x_{n2} & 1 \end{bmatrix} \quad w = \begin{bmatrix} a \\ b \\ c \end{bmatrix}$$

と置くことによって、

y = Xw

と連立方程式を綺麗にまとめることができます。また、yは計算式をもとにした予測値ですが、実際の値である

$$t = \begin{bmatrix} t_1 \\ t_2 \\ \vdots \\ t_n \end{bmatrix}$$

も、存在しているはずです（ないと教師あり学習できません）。

さて、ここで第6章で紹介した最小2乗法を思い出してほしい。

　第6章6.3.2項で紹介した最小2乗法では、予測結果である直線上の値と実際の値の誤差を2乗し、合計した値を個数で割った値Eを考えました。付録Eで数学的な数値データ集合のベクトルという概念を学習しましたので、まずはベクトルを利用して全体の誤差Eを考えてみましょう。

データがn個あり、その予測値がy_i、実際の値がt_iであるとき、各データの誤差は、

$$e_1 = t_1 - y_1、e_2 = t_1 - y_2、\cdots e_n = t_n - y_n$$

と書けます。
　最小2乗法として最小化を目指す全体誤差Eは、各誤差の2乗の平均なので、

$$E = \frac{(e_1)^2 + (e_2)^2 \cdots + (e_n)^2}{n}$$

と書け、その分子だけを取り出して考えると、

$$誤差Eの分子 = (e_1)^2 + (e_2)^2 + \cdots + (e_n)^2$$

$e_1, e_2, \cdots e_n$を要素とした縦ベクトルをeとすると、

$$誤差Eの分子 = e^T e \quad ※自分自身との内積$$

ここで、$e = \begin{bmatrix} t_1 - y_1 \\ t_2 - y_2 \\ \vdots \\ t_n - y_n \end{bmatrix} = \begin{bmatrix} t_1 \\ t_2 \\ \vdots \\ t_n \end{bmatrix} - \begin{bmatrix} y_1 \\ y_2 \\ \vdots \\ y_n \end{bmatrix} = (t - y)$ であるので、

$$Eの分子 = (t - y)^T (t - y) \quad ※(t - y)は縦ベクトル$$

と式変形できます。よって、

$$E = \frac{(t - y)^T (t - y)}{n}$$

となります。最小2乗法の最終目標はEの最小化ですが、分母は必ず正の値なので、

「Eの分子が最小値となる」ならば「Eが最小値となる」

ということができ、結局Eの分子である$(t - y)^T (t - y)$を最小化するような係数

を考えればよいことになります。

以降、$L = (t - y)^T(t - y)$ として、Lをどんどん式変形していきましょう。

$L = (t - y)^T(t - y)$ ※ Lは$(t - y)$の自分自身の内積
$ = (t^T - y^T)(t - y)$ ※ $(A - B)^T = A^T - B^T$ を利用

ベクトル計算での分配法則は、実は、通常の分配法則と同じように計算できます（ただし掛け算の順番には注意が必要）。

$L = t^T t - t^T y - y^T t + y^T y$ ・・・①

①の式のyに、p623で導いた$y = Xw$を代入すると、次のようになります。

$L = t^T t - t^T Xw - (Xw)^T t + (Xw)^T (Xw)$ ・・・② ※ 順番には注意
$ = t^T t - t^T Xw - w^T X^T t + w^T X^T (Xw)$ ※ 積の転置公式 $(ab)^T = b^T a^T$ を利用

すでに頭パンクしそうですっ…かっ…かなり複雑な式で…。

だよね。ちなみにこの数式、少しだけシンプルにできるんだ。

実は、Lの2番目の項の$t^T Xw$と、3番目の項の$w^T X^T t$は必ず同じ値になります。それをこれから証明し、式の簡略化を目指すことにしましょう。

まずは、2番目の項の$t^T Xw$を式変形します。ベクトルの計算の性質として(横ベクトル)(行列)(縦ベクトル)の積の計算は、必ずただの数値になります。また、ベクトルや行列ではないただの数値は、転置したとしても値は同じになります。

$t^T Xw = (t^T Xw)^T$ ※ 数値の転置は同じ
$ = w^T X^T (t^T)^T$ ※ 積の転置転置公式

転置の転置は元の値に戻るので、$(t^T)^T = t$ ですので、

$$t^T X w = (t^T X w)^T$$
$$= w^T X^T (t^T)^T$$
$$= w^T X^T t \quad \cdots Lの第3項と一致$$

ほんとだ！ 同じになった！！

第2項と第3項の値が同じことがわかったので1つにまとめましょう。

$$L = t^T t - t^T X w - w^T X^T t + w^T X^T (Xw)$$
$$= t^T t - w^T X^T t - w^T X^T t + w^T X^T (Xw)$$
$$= t^T t - 2w^T X^T t + w^T X^T (Xw)$$

これで、Lの式変形は終わりだよ。

Lの計算式には、Xとwとtが登場しています。Xとtは測定済みなので、自由に変えられるのは回帰式の係数を表しているwです。つまり、Lはwの関数と考えることができます（wはベクトルであることをお忘れなく）。

では、話を戻しましょう。私たちの目的は、このLが最小となるような回帰式の係数を求めることでした。回帰式の係数とは、p622におけるa、b、cのことで、今はこの3つをまとめてwというベクトルで扱っています。

つまり、「関数L(w)が最小値となるようなwはいくつ？」ってことを考えるよ。

付録Eで、「(関数の微分) = 0」の方程式を解くことで、関数の谷間や山の頂上がどこにあるかを調べられるということを紹介しました。

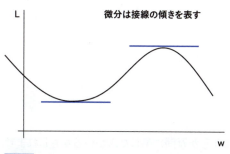

図F-1 「接線の傾き＝0」が関数の谷間や頂上を表す

え？　微分でわかるのは関数の谷間や頂上であって、そこが最大値や最小値とは限りませんよね。図F-1なんてまさしくそうじゃないですか！

ふっ、真実はいつも1つだよ浅木さん。実はこの関数L(w)はちょっと特殊で、谷が1つしかなく、しかもそれが最小値であることが知られているんだ。だから安心して微分しようぜ！

今回の関数L(w)がただ1つの最小値を持ち、そこが曲線の谷間であることは、本来ならきちんと証明をするべきですが、入門のレベルを超えることと、この付録で伝えたい最小2乗法の本質からはズレてしまうので、別の機会に譲ります。興味のある人は、「凸関数」というキーワードをネットで検索してみてください。

$$L(w) = t^T t - 2w^T X^T t + w^T X^T (Xw)$$　　※ただし、tとwはベクトル、Xは行列

この式について、変形したL(w)をベクトルwに関して微分していきましょう。わかりやすいように、1項ずつ微分します。

1) 第1項、$t^T t$ をwで微分

$$\frac{\partial (t^T t)}{\partial w} = 0$$　　※tは定数ベクトルだから、$t^T t$ も定数。定数を微分すると0

2) 第2項、$2w^T X^T t$ を w で微分

$X^T t = d$ と置きます（d は縦ベクトル）。

$$\frac{\partial 2(w^T d)}{\partial w} = 2d$$

なぜここで微分の結果が2dになるか疑問に感じた人がいるかもしれませんが、ここでは付録Eの公式（p620）を利用しています。付録Eの公式では $d^T w$ を w で微分すると d になることがわかりますが、$d^T w$ はベクトルの内積なので、計算結果はただの値です。そのため転置しても同じ値になるので、

$$w^T d = (w^T d)^T$$
$$= d^T w$$

となり、$w^T d = d^T w$ が成り立つので、一見、形が違うようですが、公式を使えるのです。

3) 第3項、$w^T X^T (Xw)$ を w で微分

実は、$X^T X$ は対称行列です。

$$(X^T X)^T = X^T (X^T)^T$$
$$= X^T X$$

ここで、$X^T X = A$ と置くと $w^T X^T (Xw) = w^T Aw$ となり、A は対称行列であるので、付録Eの公式を使うことができ、

$$\frac{\partial (w^T Aw)}{\partial w} = 2Aw$$

となります。以上の1）〜3）をまとめると次のようになります。

$$\frac{\partial L}{\partial w} = \frac{\partial (t^T t)}{\partial w} - 2\frac{\partial (w^T d)}{\partial w} + \frac{\partial (w^T Aw)}{\partial w}$$

$$= 0 - 2d + 2Aw$$
$$= -2d + 2Aw$$

この値が = 0になる方程式を解けばよいので、

$$-2d + 2Aw = 0$$

となり、-2dを右辺に移項して両辺を2で割ると、

$$Aw = d$$

となります。Aとdを元の形に戻すと次のようになります。

$$X^T Xw = X^T t \quad \cdots ③$$

ここで、$(X^T X)$ の逆行列である $(X^T X)^{-1}$ を③の両辺に左から掛けると、

$$(X^T X)^{-1} X^T Xw = (X^T X)^{-1} X^T t \quad \cdots ④$$

となります。なお、逆行列の性質により次の式が成り立ちます。

$$A^{-1} A = E \quad \text{※ Eは単位行列}$$

よって④は、

$$Ew = (X^T X)^{-1} X^T t \quad \cdots ⑤$$

となります。さらに単位行列は、その性質により、

$$Ew = w$$

となりますので、これを用いて⑤は次のように変形できます。

$$w = (X^T X)^{-1} X^T t$$

　この数式は、Lが最小となるようなw（回帰式の係数a、b、c）を、測定済みのXとtだけから計算することができることを示しています。

それにしても、大学のときの4年間分以上に頭を使いました。でも、数学って難しいけど役に立つんですね。

ボクはちょっと数学苦手だから、2人の様子を見てただけだけど…。でもこれって別に知らなくても、scikit-learnがやってくれるんですよね？

　この付録では、重回帰分析の裏側で使われている数学理論を皆さんと体験してみました。かなり難しく感じた方、途中の理解をスキップしながら読み進めた方もいるでしょうが、まずはそれでも十分です。

　そして松田くんが言うとおり、この数学理論はすでにscikit-learnなどのライブラリに組み込まれていますから、皆さんが直接使うことはないでしょう。

　しかし、「数学を知らなくていいか」に対する答えは、みなさんがどんなデータサイエンティストを目指すかによって変わります。

　scikit-learnは、一般的な解析手法について便利な関数を提供してくれます。その命令を呼び出せば、「一般的な解析業務」で困ることはないでしょう。

　しかし、もしあなたが、人々や社会が直面する新たな課題、特殊な事例、最先端の試みに対して、データサイエンスの力でなんらかの「解」を示し貢献することを目指すならば、scikit-learnという大きな手のひらの上で戦えることに満足している場合ではありません。

　データで未来を切り拓いていくあなたの武器として、「数学」が加わるきっかけが本書となれたら幸いです。

付録G
練習問題の解答

chapter 1　AIと機械学習

練習1の解答

C.

[解説]　機械学習では、データを与えるだけでコンピュータがデータ間の法則を導いてくれるため、人間が法則を考える必要はない。

練習2の解答

1. 回帰
2. 分類

[解説]　どちらも株価に関する予測だが、2は具体的な数値ではなく、「上がる」か「下がる」かという選択肢の1つを予測しようとするので、「分類」である。

練習3の解答

9500

[解説]　平均気温が30℃と判明しているので、モデルの数式の右辺に代入すると、

$$2.5 \times 30 + 20 = 75 + 20 = 95$$

左辺の単位が[百個]となっているので、予測販売個数は9500個となる。このような計算式による回帰を「線形単回帰」と呼び、本書第6章で紹介している。

chapter 2　機械学習に必要な基礎統計学

練習2-1の解答

A.

[解説]　中央値とは「データを小さい順に並べた際の真ん中の順位の値」である。順位そのものではない。

練習2-2の解答

C.
[解説] 相関係数は−1以上＋1以下の値しかとらない。

練習2-3の解答

C.
[解説] 箱ひげ図では、最小値・第1四分位数・中央値・第3四分位数・最大値、および外れ値の有無を確認することができる。

chapter 3　機械学習によるデータ分析の流れ

練習3-1の解答

C→E→B→A→D

練習3-2の解答

D.
[解説] 実際のデータを用いた学習では、1度目でうまくいくことはほぼありえない。モデルの学習のさせ方について試行錯誤を繰り返して、最終的に期待する予測性能以上のモデルの構築をめざす。

練習3-3の解答

(1) pandas　　→　B.データの前処理
(2) scikit-learn　→　A.モデルの学習

chapter 4　機械学習の体験

練習4-1の解答

```
01  data = {
02      'データベースの試験得点':[70, 72, 75, 80],
03      'ネットワークの試験得点':[80, 85, 79, 92]
04  }
05  df = pd.DataFrame(data)
```

練習4-2の解答

```
01  df.index = ['一郎', '次郎', '三郎', '太郎']
02  df    # dfの参照
```

練習4-3の解答

```
01  df2 = pd.read_csv('ex1.csv')
```

練習4-4の解答

```
01  df2.index # インデックスの一覧表示
```

練習4-5の解答

```
01  df2.columns # 列名の一覧表示
```

[解説]　実行結果はリストのように添え字で特定要素を指定できるので、df2.columns[0]やdf2.columns[2]と書くと特定の列名だけを表示できる。

練習4-6の解答

```
01  col = ['x0','x2']
02  df2[col]
```
抜き出したい列名のリスト

chapter 5 | 分類1：アヤメの判別

練習5-1の解答

```
01  import pandas as pd
```

練習5-2の解答

```
01  df = pd.read_csv('ex2.csv')
02  df.head(3)
```

練習5-3の解答

```
01  df.shape
```

練習5-4の解答

```
01  df['target'].value_counts()
```

[解説] 正解データの種類と個数を事前に集計する必要があるのでvalue_countsメソッドを利用する。irisデータでは個数は均一であったが、偏りがある際には少し注意が必要（第7章で解説）。

練習5-5の解答

```
01  df.isnull().sum()
```

```
実行結果
x0        0
x1        1
x2        1
x3        0
target    0
dtype: int64
```

練習5-6の解答

```
01  df2 = df.fillna(df.median())
```

[解説] fillnaメソッドでは、複数列に対して一括して欠損値を補完することができる。df変数自体は変化しないので、新しいdf2変数に結果を代入する。

練習5-7の解答

```
01  xcol = ['x0', 'x1', 'x2', 'x3']
02  x = df2[xcol]
03  t = df2['target']
```

練習5-8の解答

A　訓練データ　　B　テストデータ

練習5-9の解答

```
01  from sklearn.model_selection import train_test_split
02
03  x_train, x_test, y_train, y_test = train_test_split(x, t,
04      test_size = 0.2, random_state = 0)
```

練習5-10の解答

A.

[解説]

A. 正しい。ただ、比率を利用しているのであり、比率そのものが不純度ではないのでその点には注意。

B. 間違い。不純度が小さいほうが良い分岐条件である。

C. 間違い。木を深くしても正解率が上がるとは限らない。

D. 間違い。決定木モデルのメリットは、アウトプットが視覚的にわかりやすい図になることである。

練習5-11の解答

```
01  from sklearn import tree
02  model = tree.DecisionTreeClassifier(max_depth = 3,
03      random_state = 0)
04
05  model.fit(x_train, y_train)
```

練習5-12の解答

正解率は (20+7)/(20+2+3+7) = 0.84375

[解説] 予測が当たったデータは必ず集計表の対角線上(左上から右下への直線上)のマスとなる。

練習5-13の解答

```
01  model.score(x_test, y_test)
```

練習5-14の解答

```
01  newdata = pd.DataFrame([[1.56,0.23, -1.1,2.8]],
02                      columns=x_train.columns)
```

```
03  answer = model.predict(newdata)
04  answer
```

実行結果
```
array([1])
```

chapter 6 | 回帰1：映画の興行収入の予測

練習6-1の解答

```
01  import pandas as pd
02
03  df = pd.read_csv('ex3.csv')
```

練習6-2の解答

```
01  df.head(5)
```

練習6-3の解答

・作成される計算式の例

(targetの値) = A × (x0の値) + B × (x1の値) + C × (x2の値) + D × (x3の値) + E

※ A、B、C、D、Eは定数。

練習6-4の解答

・欠損値の確認

```
01  df.isnull().sum()
```

・欠損値の穴埋め

```
01  df2 = df.fillna(df.median())
```

練習6-5の解答

```
01  df2.plot(kind = 'scatter', x = 'x0', y = 'target')
```

[解説] 散布図の作成なのでplotメソッドのkind引数はscatterにする。

練習6-6の解答

```
01  for name in df.columns:
02      if name == 'target':
03          continue
04      df2.plot(kind = 'scatter', x = name, y = 'target')
```

[解説] 表示してみるとx2とtargetの散布図に外れ値（青丸）が確認できる。

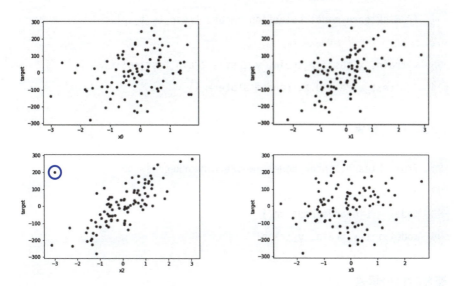

練習6-7の解答

```
01  no = df2[ (df2['x2'] < -2) & (df2['target'] > 100)].index
02
03  df3 = df2.drop(no, axis = 0)
```

[解説] 練習6-6の散布図より、x2が-2未満で、targetが100以上の値で検索すればよいことがわかる。

練習6-8の解答

```
01  x = df3.loc[:, :'x3']
02  t = df3['target']
```

[解説]
・loc処理に「:B」と記載すると、B列も含まれてしまう。
・x = df3.loc[:, :'target'] と書かないように注意。

練習6-9の解答

```
01  from sklearn.model_selection import train_test_split
02
03  x_train, x_test, y_train, y_test = train_test_split(x, t,
04      test_size = 0.2, random_state = 1)
```

練習6-10の解答

```
01  from sklearn.linear_model import LinearRegression
02
03  model = LinearRegression()
04  model.fit(x_train, y_train)
```

練習6-11の解答

　平均絶対誤差は、データに対する予備知識がある際に利用します。反対に、予備知識がない場合は決定係数を利用します。今回はデータの列名が隠されていて、何に関するデータであるか判断できないため、決定係数を使います。

練習6-12の解答

```
01  model.score(x_test, y_test)
```

実行結果
0.9820345074421969

[解説] 決定係数が約0.98と高い値になっているため、作成したモデルは非常に高い予測性能を持っているといえる。

chapter 7 　分類2：客船沈没事故での生存予測

練習7-1の解答

```
01  import pandas as pd
02  
03  df = pd.read_csv('ex4.csv')
04  df.head(3)
```

練習7-2の解答

```
01  df['sex'].mean()
```

実行結果：0.5133333333333333より、男性比率は約51.3％といえる。
[解説] 0と1の「2値データ」の場合、1となったデータの比率は、その列の平均値である。

練習7-3の解答

```
01  df.groupby('class').mean()['score']
```

実行結果
```
class
0    68.850195
1    69.510764
2    71.611092
3    67.572909
4    68.814253
Name: score, dtype: float64
```

練習7-4の解答

```
01  pd.pivot_table(df, index = 'class', columns = 'sex',
02      values = 'score')
```

実行結果
```
sex        0           1
class
0      68.358569   69.274011
1      67.472218   71.379432
2      71.704884   71.532109
3      63.897676   72.013815
4      69.952314   67.676191
```

ア：3等級　　イ：男性

練習7-5の解答

```
01  dummy = pd.get_dummies(df['dept_id'],
02                  dtype=int, drop_first = True)
03  df2 = pd.concat([df, dummy], axis = 1)
04  df2 = df2.drop('dept_id', axis = 1)
```

練習7-6の解答

正解：B

[解説]
A：過学習は、訓練データとテストデータの予測性能に開きがある状態のこと。
B：データ数を多くすることで過学習を予防できる。
C：複雑なモデルにすると過学習が起きやすくなる。
D：仮に過学習が起きていなくても、予測性能が期待する結果を満たしていなければモデルを作り直す必要がある。

chapter 8　回帰2：住宅の平均価格の予測

練習8-1の解答

間違っている項目：1、3、4

[解説]
1. チューニングのトライアル＆エラー終了後、テストデータでの性能テスト前に、訓練データと検証データを全体の訓練データとして、再学習させる。
3. 恣意的なチューニングをしないために検証データとテストデータに分割しているので、テストデータを十分に吟味したら意味がない。
4. 訓練および検証データとテストデータに分割したあとにダミー変数化を行うと、意味の異なるダミー変数が作成される可能性があるので、ダミー変数化だけはデータの分割前に行う。

練習8-2の解答

間違っている項目：1、2

[解説]
1. 重回帰分析は、特徴量を増やしすぎると過学習を起こしやすい。
2. 標準化をすることで統一できるのは平均値の値と標準偏差の値であり、最大値と最小値の幅は、同じになるとは限らない。

練習8-3の解答

A列	B列	交互作用特徴量
2	7	14
3	4	12
5	1	5

[解説] 交互作用特徴量は、対応する行同士を掛け算した値で作る。

chapter 10 中級者への最初の1歩を踏み出そう

練習10-1の解答

正解：3

[解説]
1. 外部結合の解説。
3. 外部結合は、結合相手がない行についても結果を出力するため、その行に欠損値が生じる。

練習10-2の解答

正解：2

[解説]
2. 他の教師あり学習の手法でも問題ない。
3. 適切な欠損値を予測するために、チューニングをするに越したことはないが、本来求めたい予測モデルとは異なるため、時間対効果に留意する。

練習10-3の解答

正解：1

[解説]
2. 標準偏差の説明。分散や標準偏差は、平均値を利用したばらつきの指標で、四分位範囲は中央値を利用した指標。

3. 第3四分位数 + 1.5×IQR 以上が、大きいほうの外れ値の範囲である。

練習10-4の解答

模範解答は付録Aを参照してダウンロードできます。

chapter 11 さまざまな教師あり学習：回帰

練習11-1の解答

正解：4

[解説]
1. リッジ回帰は、データサイエンティストが特徴量を選択する必要がある。
2. リッジ回帰は、誤差を小さくすることと係数を小さくすることの両方を考慮している。
3. 訓練データに関しては、リッジ回帰より通常の重回帰のほうが誤差が小さくなりやすい。

練習11-2の解答

正解：2、3

[解説] ラッソ回帰も、係数を小さくする制約を置いているので、過学習を予防できる手法である。また、ラッソ回帰は不要な特徴量の係数を0にするので、意味のある特徴量を絞るための特徴量選択にも利用することができる。

練習11-3の解答

正解：3

[解説]
1. 分類木と回帰木をまとめて決定木と呼ぶ。
2. 回帰木は、リーフの正解データの平均値を予測結果とする。

練習11-4の解答

模範解答は付録Aを参照してダウンロードできます。

chapter 12 | さまざまな教師あり学習：分類

練習12-1の解答

正解：予測結果は確率であるのに、合計値が1.0にならない。

[解説]　今回は正解データがAとBとCの3種類であるため、モデルの予測結果は、「Aとなる確率、Bとなる確率、Cとなる確率」である。確率であるので総和が1となる必要があるが、表は1を超えている。

練習12-2の解答

正解：1、4

[解説]
1. バギングはN行からN個のデータを復元抽出する。
4. バギングはすべてのモデルが並列的に学習できるので、ブースティングより学習が早く終わりやすい。

練習12-3の解答

正解：複数モデルの予測結果の平均値を最終的な結果とする。

練習12-4の解答

正解：2、3

[解説]
2. 誤分類した情報を共有するからといって、次のモデルが「必ず」予測性能が良くなるとは限らない。前のモデルが間違えたデータを注視するあまり、別のデータを間違えることが起こりうる。
3. アダブーストではランダムサンプリングは行われない。

chapter 13 さまざまな予測性能評価

練習13-1の解答

本当はたけのこ派なのに「きのこ派」と予測してしまうことを防ぎたいので、「きのこ派と予測した中で、本当にきのこ派である件数の比率」を高くするようにするべき。この比率はまさしくきのこ派の適合率です。

練習13-2の解答

問題文から、死亡に関する予測より生き残りに関する予測を重視すべきことは汲み取れますが、厳密に適合率と再現率のどちらを重視するべきかは本文からは読み取れません。そのため、生き残った人に関するf1-scoreで評価します。

練習13-3の解答

模範解答は付録Aを参照してダウンロードできます。

chapter 14 教師なし学習1：次元の削減

練習14-1の解答

正解：3
[解説] 次元削減は特徴量（表でいう列）を少数個にまとめる分析であって、データ件数をまとめる分析ではない。

練習14-2の解答

正解：3
[解説]
1. 主成分分析は、分散が最大となるような軸を選ぶ。
2. 主成分分析は、新しい軸を作ることが目的で結果として次元削減ができる。
4. 新しい軸は、最大で（もとの次元数）まで作成できる。

練習14-3の解答

正解：4

[解説]
1. 累積寄与率を調べることで適切な列の個数が判断できる。
2. 寄与率は新しい軸ごとに計算できる。
3. 累積寄与率が0.8以上だと好ましい。

練習14-4の解答

コード1　データの読み込みと前処理

```
01  df = pd.read_csv('cinema.csv')
02  df = df.drop('cinema_id', axis = 1)
03  # 欠損値補完
04  df = df.fillna(df.mean())
05  # 可能なら外れ値の確認もするが
06  # 今回は割愛
```

コード2　データの標準化

```
01  from sklearn.preprocessing import StandardScaler
02  sc = StandardScaler()
03  sc_df = sc.fit_transform(df)
04  sc_df = pd.DataFrame(sc_df, columns = df.columns)
```

コード3　累積寄与率を調べる

```
01  # 累積寄与率を調べる
02  from sklearn.decomposition import PCA
03  model = PCA(whiten = True)
04  model.fit(sc_df)
05
06  total = []
07  for i in model.explained_variance_ratio_:
```

```
08        if len(total) == 0:
09            total.append(i)
10        else:
11            tmp = total[-1] + i
12            total.append(tmp)
13    total
```

実行結果

```
[0.5401206784462206,
 0.7261760786703706,
 0.8624874337165253,
 0.9677581622696745,
 1.0]
```

コード4　主成分負荷量を調べる

```
01  model = PCA(whiten=True, n_components = 3)
02  model.fit(sc_df)
03  new = pd.DataFrame(model.transform(sc_df), columns=['pc1',
04  'pc2', 'pc3'])
05  new_df = pd.concat([new, sc_df], axis = 1)
06  cor_df = new_df.corr()
07  cor_df.loc['pc1':'pc3', 'SNS1':]
```

実行結果

	SNS1	SNS2	actor	original	sales
pc1	0.736368	0.598555	0.837999	0.469117	0.936901
pc2	-0.050756	-0.534089	-0.037073	0.800559	0.013415
pc3	-0.531509	0.536704	-0.017275	0.324773	-0.072303

各列の名称については次のようなものが妥当と考える。

- pc1は、全体的に正の相関があるので「人気度」。
- pc2は、originalと正の相関があるので「原作」。
- pc3は、SNS1と負の相関があってSNS2と正の相関がある（pc3が高いならば、SNS1の投稿は少なく、SNS2の投稿は多い）ので「映画に関心のあったターゲット層がSNS1とSNS2のどちらを利用しているか？」。

chapter 15　教師なし学習2：クラスタリング

練習15-1の解答

```
01  import pandas as pd
02  df = pd.read_csv('Survived.csv')
```

練習15-2の解答

```
01  df = df.drop(['PassengerId', 'Ticket', 'Cabin', 'Embarked'], axis = 1)
```

練習15-3の解答

```
01  df = df.fillna(df.mean(numeric_only=True))
```

練習15-4の解答

```
01  dummy = pd.get_dummies(df['Sex'], drop_first = True, dtype=int)
02  df = pd.concat([df, dummy], axis = 1)
03  df = df.drop('Sex', axis = 1)
```

練習15-5の解答

```
01  from sklearn.covariance import MinCovDet
02  
03  mcd = MinCovDet(random_state=0)
```

```
04  mcd.fit(df)
05
06  maha_dis = mcd.mahalanobis(df)
07
08  tmp = pd.Series(maha_dis)
09  tmp.plot(kind = 'box')
```

実行結果

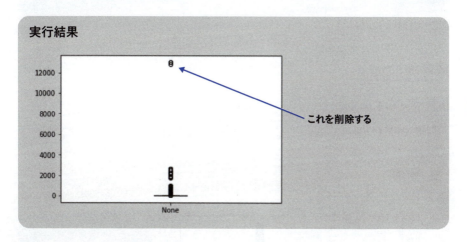

これを削除する

```
01  num = tmp[ tmp > 10000 ].index
02
03  df = df.drop(num)
```

練習15-6の解答

```
01  from sklearn.preprocessing import StandardScaler
02
03  sc = StandardScaler()
04  sc_df = sc.fit_transform(df)
05
06  df2 = pd.DataFrame(sc_df, columns = df.columns)
```

データフレームに変換。列名には前のdfを利用している

練習15-7の解答

```
01  from sklearn.cluster import KMeans
02
03  model = KMeans(n_clusters = 2, random_state = 0)
04  model.fit(df2)
05
06  df2['cluster'] = model.labels_
```

練習15-8の解答

```
01  c = df2.groupby('cluster').mean()
02  c.plot(kind = 'bar')
```

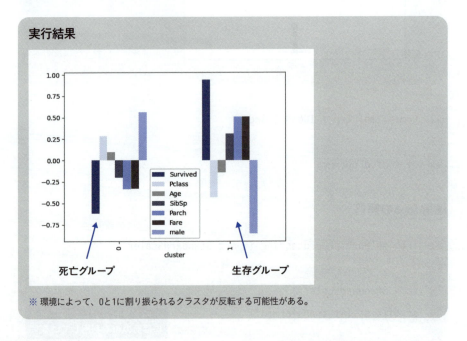

実行結果

※ 環境によって、0と1に割り振られるクラスタが反転する可能性がある。

INDEX
索引

数字

1次元のデータ	99
2次元のデータ	99
2値分類	522

A

AdaBoostClassifier 関数	417
aggfunc	235
agg メソッド	572
AI	32
AIブーム	50
alias メソッド	569
Amazon Web Services	→AWS
Anaconda	90
Anaconda ディストリビューション	14
any メソッド	136
array 型	109
ascending	278
astype メソッド	340
AWS	520

B

base_estimator 引数	417

C

classes_ 関数	164
classification_report 関数	437
coalesce 関数	578
coef_	209
concat 関数	247, 580
conda	28
corr メソッド	273
cross_validate 関数	446, 447
CSV出力	583
CSV ファイル	96

D

DataFrame 型	91
DataFrame 関数	91, 566
decision tree	147
DecisionTreeClassifier	153
DecisionTreeClassifier 関数	106, 151
descending 引数	579
describe メソッド	352
df.columns	567
dropna()	342
dropna メソッド	138
drop_nulls メソッド	577

653

drop メソッド	570
dtype	353
dump 関数	115

E

Expression	568

F

f1-score	439
False	135
feature_importances_	252, 253
fillna メソッド	140, 141
fill_null メソッド	577
filter メソッド	571
fit メソッド	106, 203
from キーワード	105

G

get_column メソッド	583
get_dummies 関数	242
group_by メソッド	572
groupby メソッド	233, 236

H

head メソッド	97, 98
how 引数	580

I

IBM Watson	520
iloc	314
Index	95
intercept_	209
interpolate メソッド	340
inverse_transform 関数	307
IQR	350
is_null メソッド	582
isnull メソッド	135

J

join メソッド	580
json ファイル	566
JSON ファイル	324
JupyterLab	14

K

KFold 関数	445
KMeans	504
k-means++ 法	498
k-means 法	493
K 回学習	447
K 分割交差検証	442

L

Lasso	380
learn 関数	227
LightGBM	522
linear_model	287
linear_model モジュール	201
LinearRegression 関数	201, 203
loc	236, 338

loc 機能 ······ 190

M

MAE	→平均絶対誤差
map	276, 277
map_elements メソッド	582
map 処理	582
map メソッド	276
matplotlib	354
max_depth	152
mean_absolute_error 関数	206
mean メソッド	572
median メソッド	572
merge 関数	330
metrics モジュール	206
ML	→機械学習
model_selection モジュール	218
MSE	→平均2乗誤差

N

NaN	135
n_components パラメータ	469
n_estimators 引数	418
null_count メソッド	577
numeric_only 引数	142
numpy	132
numpy 型	109

O

on 引数	573

outliner 変数 ······ 353

P

pandas	79, 90
PCA	470
pickle	115
pivot_table 関数	234
pivot メソッド	573
pl.coalesce 関数	578
pl.concat 関数	580
pl.lit	569
plot_tree 関数	166
plot メソッド	179, 181, 240, 354
pl.when	570
polars	79
PolynomialFeatures	374
predict_proba メソッド	400
predict メソッド	109, 110, 203
preprocessing モジュール	283
Python	12

R

random_state	152
range 関数	19
read_csv 関数	96, 97, 324, 566
read_json 関数	327, 328
Ridge	377
RMSE	429

S

scikit-learn	81, 105
score メソッド	113, 114, 204
scoring パラメータ	447
select メソッド	569, 571
Series 型	100
shape	93
shift-jis	323
sklearn	105
sort_values メソッド	278
sort メソッド	579
SQL	344
SSE	509
StandardScaler	283
strategy 引数	577
StratifiedKFold	449
str 型	437
subplots	355
sukkiri.jp	524
sum メソッド	136

T

tail メソッド	97, 98
temp	328
to_dummies メソッド	582
train_test_split 関数	156, 158
transform メソッド	283, 289
tree_.feature	161
tree_.threshold	163
tree_.value	164

tree モジュール	105
True	135
TSV ファイル	320
type 関数	92

U

unique メソッド	132, 583
UTF-8	323

V

value_counts メソッド	133

W

with_columns メソッド	569
with_row_index メソッド	570
with ステートメント	115
write_csv メソッド	583

X

Xgboost	414

あ行

アダブースト	414
アンサンブル学習	403
アンダーサンプリング	424
一般社団法人データサイエンティスト協会	89
インデックス	91, 94
エラー修正支援機能	526
エルボー法	509, 512

エンコーディング規則	324
折れ線グラフ	337
音声の機械学習	519

か行

回帰	40, 173
多項式—	294
回帰式	196
回帰直線	199
回帰木	381
階級	67
外部結合	332, 334, 580
過学習	229, 368, 369
学習	45
確率	390
画像の機械学習	518
カテゴリカルデータ	→質的データ
カラム名	91
木	402
キーバリュー構成	326
機械学習	12
音声の—	519
画像の—	518
文章の—	519
—の目的	74, 76
機械学習アルゴリズム	46
基準軸	233
基本統計量	54, 352
逆変換	307
逆行列	614
行	91
—の削除	188
—の追加	296
—の取り出し	191
強化学習	44
教師あり学習	37, 43, 102
教師データ	38, 102, 155
教師なし学習	40, 43
共分散	65
共分散行列	348
行名	91
行列	604
極小値	602
極大値	602
寄与率	480
累積—	482
区切り文字	320
クラスタ内誤差平方和	509
クラスタリング	41, 490, 491
クロス集計	234, 236
訓練データ	156
計算処理	46
係数	209, 210
結合キー	329
結合法則	608
欠損値	134, 138, 577
—の穴埋め	140
—の削除	138, 140
欠損の削除	577
欠損の補完	577

決定係数	207, 288, 306
決定木	147
―の描画関数	166
―の深さ	152, 161
―モデルの再現性	151
決定木モデル	80, 105, 107
検証データ	263
合計	143
交互作用特徴量	→特徴量
構造化データ	52, 53
勾配ブースティング	414
答えデータ	37
固有ベクトル	462
混同行列	434

さ行

再現性	150, 151
再現率	433
最小2乗法	198, 360
最小値	54, 68, 143
最大値	54, 68, 143
最頻値	141, 143, 222
散布図	61, 181
三平方の定理	590
シード値	107, 152
シグマ	595
シグモイド関数	391
時系列データ	335, 338
次元削減	42, 457, 458
質的データ	53

四分位範囲	350, 353
重回帰分析	→線形重回帰分析
重回帰モデル	80, 203
主成分	462
主成分得点	471
主成分分析	459
シリーズ	100, 132, 338
人工知能	→AI
深層学習	50
推論	39
数式	46
図示	147
スライス構文	193
正解データ	38, 145
正解ラベル	→正解データ
正解率	112, 153
正則	615
正則化項	362, 396
正の相関	63, 65
切片	209
説明変数	→特徴量
ゼロ行列	613
線形回帰分析	195, 197
線形重回帰分析	197
線形代数	604
線形単回帰分析	196
線形補間	339
相関行列	274
相関係数	62, 64, 273
測定可能な特性（項目）	38

た行

第1四分位数 ……………………………… 57, 68
第3四分位数 ……………………………… 57, 68
代表値 …………………………………………… 54
代表点 ………………………………………… 494
多項式 ………………………………… →特徴量
多項式回帰 …………………………………→回帰
多項式特徴量 ……………………………… 294
縦ベクトル ………………………………… 605
ダミー変数 ………………………………… 582
ダミー変数化 ………………………… 242, 246
単位行列 …………………………………… 612
単回帰分析 ………………………… →線形単回帰分析
中央値 ……………………… 54, 68, 141, 143, 350
チューニング …………………………… 227, 290
直線関係 …………………………………………… 63
強いAI …………………………………………… 33
ディープラーニング ……………………… 50
ディクショナリ ……………………………… 91
ディクショナリ型 ………………………… 325
定数項 ……………………………………… 210
データサイエンティスト ………………… 12, 89
データの収集 ……………………………… 77
データフレーム ………………… 91, 93, 566
　　―の行の検索 ……………………… 186
　　―分割 …………………………………… 102
適合率 ……………………………………… 433
テストデータ ……………………………… 156
デフォルト引数 …………………………… 228
転置 …………………………………… 328, 609

導関数 ……………………………………… 600
統計指標の計算方法 …………………… 143
特徴量 ………………………………… 38, 145
　　交互作用― ……………………… 298
　　多項式― ………………………… 294
　　―の影響度 ……………………… 210
　　―の追加 ………………………… 292
特徴量エンジニアリング …………… 293
特徴量重要度 ……………………… 252, 253
度数 ………………………………………… 67
度数分布図 ………………………… →ヒストグラム
特化型AI …………………………………… 34

な行

内積 ………………………………………… 607
内部結合 …………………………… 329, 334, 580
並び替え ………………………………… 579
入力データ ………………………………… 37
ネイピア数 ……………………………… 391
ノイズ ……………………………………… 367
ノード ……………………………………… 147

は行

バイアス …………………………………… 366
バイアス・バリアンス分解 …………… 367
ハイパーパラメータ ……………………… 450
バギング ………………………………… 410
白色化 ……………………………………… 469
箱ひげ図 …………………………………… 68
外れ値 ……………………… 56, 68, 178, 301, 345

―の削除	182
罰則項	362
ばらつき	60
ばらつき	→分散
バリアンス	366, 368
汎用型AI	33
非構造化データ	52
ヒストグラム	67, 337
ピタゴラスの定理	→三平方の定理
左外部結合	333
微分	598
ピボットテーブル	234, 573
評価	82, 84
標準化	282, 290
標準化済データ	472
標準偏差	60, 143
ブースティング	410, 413
ブートストラップサンプリング	410
不均衡データ	219
復元抽出	410
符号化文字集合	324
不純度	148
負の相関	63, 65
フローチャート	147
分割	145, 158
分岐条件	147, 161
―のしきい値	163
分散	57, 143
文章の機械学習	519
分類	40

分類木	381
平均2乗誤差	200, 205, 427
平均絶対誤差	205, 206, 426
平均値	54, 141, 143
ベクトル	604
ペナルティー項	362
変化の割合	598
偏差	58
偏微分	616
棒グラフ	240
法則	36
ホールドアウト法	156, 193

ま行

前処理	78, 102
末端ノード	164
マハラノビス距離	348
目的変数	→正解データ
文字コード	322, 324
文字列型	437
モデル	45, 46
―の学習	81
―の選択	80
―の評価	82, 111
―の保存	115, 117
―の予測性能	111
―の読み込み	117
―変数	407
戻り値のカンマ指定	228

や行

ユークリッド距離	592, 593
横ベクトル	606
予測	88
予測結果	307
予測性能	200
弱いAI	34

ら行

ラッソ回帰	378
乱数	150
——のシード	152
ランダムサンプリング	364, 412
ランダムフォレスト	402
ランダムフォレストモデル	80
リーク	387
リーフ	164
リスト	28
リッジ回帰	360, 370
量的データ	53
リレーショナルデータベース	344
累積寄与率	482
列	42, 91
——の削除	188
——の参照	98
——の追加	296
——の取り出し	191
列名	91, 94
連結	247, 248
ロジスティック回帰	390
ロナルド・フィッシャー	129

わ行

ワンホットエンコーディング	→ダミー変数化

■著者
須藤秋良（すとう・あきよし）

株式会社フレアリンク CDSO(chief data science officer)。教育業界のデータ解析や医学研究の統計解析コンサルティングなどを行い、最近では Django や Rails を利用した機械学習 Web アプリの開発といったエンジニア業務も務める。
また、これら業務の知見を活かし、データサイエンス系セミナーの研修講師も務め、これまで担当した研修受講者は総数 3000 名を超える。

■監修・執筆協力
中山清喬・飯田理恵子

■イラスト
高田ゲンキ（たかた・げんき）

神奈川県出身／ 1976 年生。東海大学文学部卒業後、デザイナー職を経て、2004 年よりフリーランス・イラストレーターとして活動。書籍・雑誌・web・広告等で活動中。
ホームページ http://www.genki119.com

STAFF	
編集	小宮雄介
編集協力	八島俊介
イラスト	高田ゲンキ
DTP制作	SeaGrape
カバー・本文デザイン	米倉英弘(米倉デザイン室)
編集長	片元 諭

■本書のご感想をぜひお寄せください

https://book.impress.co.jp/books/1124101073

読者登録サービス CLUB impress

アンケート回答者の中から、抽選で図書カード(1,000円分)などを毎月プレゼント。
当選者の発表は賞品の発送をもって代えさせていただきます。
※プレゼントの賞品は変更になる場合があります。

■商品に関する問い合わせ先

このたびは弊社商品をご購入いただきありがとうございます。本書の内容などに関するお問い合わせは、下記のURLまたは二次元コードにある問い合わせフォームからお送りください。

https://book.impress.co.jp/info/

上記フォームがご利用いただけない場合のメールでの問い合わせ先
info@impress.co.jp

※お問い合わせの際は、書名、ISBN、お名前、お電話番号、メールアドレス に加えて、「該当するページ」と「具体的なご質問内容」「お使いの動作環境」を必ずご明記ください。なお、本書の範囲を超えるご質問にはお答えできないのでご了承ください。

- 電話やFAXでのご質問には対応しておりません。また、封書でのお問い合わせは回答までに日数をいただく場合があります。あらかじめご了承ください。
- インプレスブックスの本書情報ページ https://book.impress.co.jp/books/1124101073 では、本書のサポート情報や正誤表・訂正情報などを提供しています。あわせてご確認ください。
- 本書の奥付に記載されている初版発行日から4年が経過した場合、もしくは本書で紹介している製品やサービスについて提供会社によるサポートが終了した場合はご質問にお答えできない場合があります。

■落丁・乱丁本などの問い合わせ先
FAX 03-6837-5023
service@impress.co.jp
※古書店で購入された商品はお取り替えできません。

スッキリわかるPythonによる機械学習入門 第2版

2024年12月11日 初版発行
2025年 5月 1日 第1版第2刷発行

著 者 須藤 秋良
監 修 株式会社フレアリンク
発行人 高橋 隆志
編集人 藤井 貴志
発行所 株式会社インプレス
〒101-0051 東京都千代田区神田神保町一丁目105番地
ホームページ https://book.impress.co.jp/

本書は著作権法上の保護を受けています。本書の一部あるいは全部について(ソフトウェア及びプログラムを含む)、株式会社インプレスから文書による許諾を得ずに、いかなる方法においても無断で複写、複製することは禁じられています。

Copyright © 2024 Akiyoshi Sutoh. All rights reserved.

印刷所 日経印刷株式会社
ISBN978-4-295-02060-8 C3055

Printed in Japan